仿真面板

仿真	输入	输出	逻辑块	强制!	强制值
Spotweld Station					
WeldCounter_Total_ProducedP...		0		☐	0
WeldCounter.Process_End			■	☐	■
WeldCounter.Reset_Maintenance			■	☐	■
WeldCounter.Execute_Mainten...			■	☐	■
WeldCounter.Total_ProducedP...			0	☐	0
WeldCounter.ProducedParts			0	☐	0
WeldCounter.WeldCycles			0	☐	0
WeldCounter.Need_Maintenance			5	☐	0
TABLE CLAMP 2_TO_OPEN		●		☑	■
TABLE CLAMP 2_OPEN	■			☐	■
TABLE CLAMP 2_CLOSE	■			☐	■

图 4-61

信号查看器

信号名称	内	类	Rc	地	IEC	PL	外	资源	注释
在此处			在	在	在				在此
WeldCou	☐	BC		No	Q	☑		● WeldCou	
TABLE C	☐	BC		No	Q	☑		● TABLE CL	
TABLE C	☐	BC		No	Q	☑		● TABLE CL	
TABLE C	☐	BC		No	I	☑		● TABLE CL	

序列编辑器　路径编辑器　干涉查看器　信号查看器

图 4-70

仿真面板

仿真	输入	输出	逻辑块	强制!	强制值
Spotweld Station					
WeldCounter_Total_ProducedP...		0		☐	0
TABLE CLAMP 2_TO_CLOSE		●		☑	■
TABLE CLAMP 2_OPEN	■			☐	■
TABLE CLAMP 2_CLOSE	■			☐	■
TABLE CLAMP 2_TO_OPEN		●		☑	■

图 4-75

仿真面板

仿真	输入	输出	逻辑块	强制!	强制值	地址
Spotweld Station						
WeldCounter_Total_Produce...		0		☐	0	Q
TABLE CLAMP 2_TO_CLOSE		●		☑	■	Q
TABLE CLAMP 2_OPEN	■			☐	■	I
TABLE CLAMP 2_CLOSE	■			☐	■	I
TABLE CLAMP 2_TO_OPEN		●		☑	■	Q

图 4-88

图 6-6

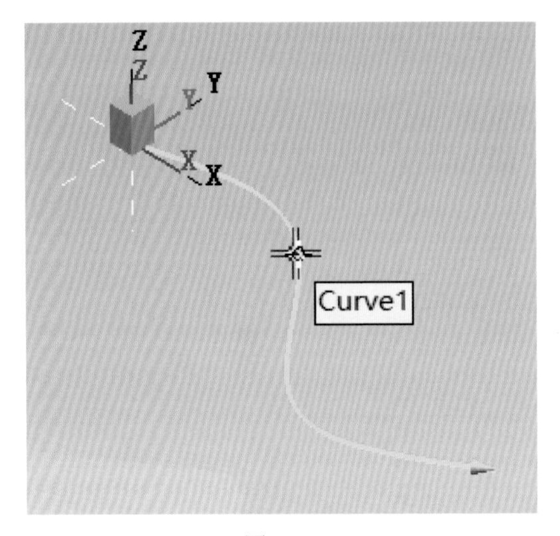

图 6-28

智能制造解决方案丛书

西门子数字化制造工艺过程仿真

Process Simulate基于事件的循环仿真应用

高建华　张凯航　麻祥　编著

清華大學出版社
北　京

内 容 简 介

本书以一个包含多个机器人、升降机、转台焊接夹具、滑橇机运线（输送机）等多种资源设备的焊接工位为例，由浅入深、循序渐进地讲述关于物料流、传感器、逻辑块、智能组件、过程控制、机运线（输送机）、机器人，以及对应的信号、逻辑、程序等内容的定义方法和使用过程，最终实现通过信号、逻辑、程序控制整个焊接工作的循环仿真。

本书共 7 章，重点讲解 Process Simulate 基于事件的循环仿真，即生产线仿真模式下有关物料流、传感器、逻辑块、智能组件、过程控制、机运线（输送机）以及机器人的主要功能和操作方法。本书配有同步练习资料，读者可扫描图书封底二维码下载。

本书适用于工程技术培训，也适合广大工程技术人员自学，还可以作为相关专业的教学用书。

图书在版编目（CIP）数据

西门子数字化制造工艺过程仿真：Process Simulate 基于事件的循环仿真应用 / 高建华，张凯航，麻祥编著 . —北京：清华大学出版社，2022.7

（智能制造解决方案丛书）

ISBN 978-7-302-61016-8

Ⅰ . ①西… Ⅱ . ①高… ②张… ③麻… Ⅲ . ①数字技术－应用－机械制造工艺 Ⅳ . ① TH16-39

中国版本图书馆 CIP 数据核字 (2022) 第 097538 号

责任编辑：袁金敏
封面设计：杨玉兰
版式设计：方加青
责任校对：胡伟民
责任印制：杨 艳

出版发行：清华大学出版社
网　　址：http://www.tup.com.cn，http://www.wqbook.com
地　　址：北京清华大学学研大厦A座　　**邮　　编：**100084
社 总 机：010-83470000　　**邮　　购：**010-62786544
投稿与读者服务：010-62776969，c-service@tup.tsinghua.edu.cn
质 量 反 馈：010-62772015，zhiliang@tup.tsinghua.edu.cn
印 装 者：北京嘉实印刷有限公司
经　　销：全国新华书店
开　　本：185mm×260mm　　**印　　张：**15　　**插　　页：**1　　**字　　数：**365 千字
版　　次：2022 年 7 月第 1 版　　**印　　次：**2022 年 7 月第 1 次印刷
定　　价：59.80元

产品编号：096126-01

前　言

西门子 Tecnomatix Process Simulate（以下简称 Process Simulate）是一款专门针对生产工序过程仿真的软件系统，主要包括装配工艺仿真、机器人仿真、人机工程仿真、虚拟调试等功能。通过仿真验证，可以提前发现装配顺序的合理性及可装配性问题；可以实现多机器人协同工作及路径优化，并检验可能出现的工艺性问题；可以评估人机交互过程中出现的可达性、可视性及舒适度问题等。

子曰："工欲善其事，必先利其器。"为给广大读者提供一本优秀的专业教材和参考书，作者根据社会需求并结合应用经验，编著了此书，希望广大读者阅读完本书后，能够快速上手使用 Process Simulate 的相关模块。

本书重点讲解了 Process Simulate 基于事件的循环仿真，即生产线仿真模式下有关物料流、传感器、逻辑块、智能组件、过程控制、机运线（输送机）以及机器人的主要功能和操作方法。

本书共 7 章，分别是 Process Simulate 循环仿真、Process Simulate 物料流、Process Simulate 传感器、Process Simulate 逻辑块和智能组件、Process Simulate 过程控制、Process Simulate 输送机、Process Simulate 基于事件的机器人技术。本书配有同步练习资料，为读者更好地学习提供最佳途径。

在阅读本书时，读者应尽可能地发挥主观能动性，多练习多实践，从而获得更多的应用体验和体会。希望本书能起到抛砖引玉的作用，打开读者的思路。在此基础上，读者能够举一反三，融会贯通。

本书由高建华、张凯航、麻祥编著，西门子资深专家顾问黄恺老师审校。在此对西门子工业软件公司及黄恺老师表示衷心的感谢。

鉴于作者水平有限，不当之处在所难免，敬请读者批评指正。

最后，祝所有读者在学习过程中一切顺利！

2022 年 2 月

目 录

第1章

Process Simulate 循环仿真

在 Process Simulate 软件中提供了两种可以加载制造工艺过程仿真研究文件的模式。

1.“标准模式”：基于时间的仿真模式。将定义好的操作序列从开始到结束进行仿真模拟，通过标准模式只能仿真模拟一个生产周期。

2.“生产线仿真模式”：基于事件的循环仿真模式。生产线仿真模式可以基于事件和触发器来仿真模拟多个动态生产周期，而不是预定义的序列。

在生产线仿真模式下，Process Simulate 中的操作（除复合操作之外）都会自动生成 Operation_end 信号。当仿真过程中需要评估执行哪些操作时，这些信号会被用作默认转换条件。当运行模拟仿真时，每次某个操作执行结束时，这个特定的运算操作结束信号被设置为 true，信号持续 1 个计算周期（即时间间隔），然后重置为 false，如图 1-1 所示。每次执行操作时，都会重复此操作。

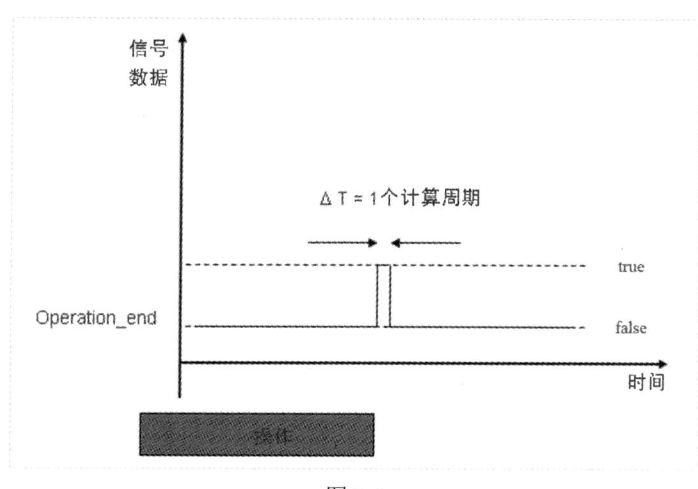

图 1-1

1.1 创建操作序列的循环仿真

要实现操作序列的循环仿真，需要进入“生产线仿真模式”中完成创建。在这个过程中，需要创建循环仿真结构，并创建需要的“信号”“过渡条件”“信号事件”等要素，从而实现整个操作序列的循环仿真。具体操作步骤如下。

01 单击“打开研究”按钮，如图 1-2 所示，在弹出的“打开”对话框中，选择“Session 1-Cyclic Simulation”文件夹中的“S01-E01.psz”研究文件，然后单击对话框中的“打开”按钮，如图 1-3 所示。系统将以标准模式打开该研究文件，如图 1-4 所示。

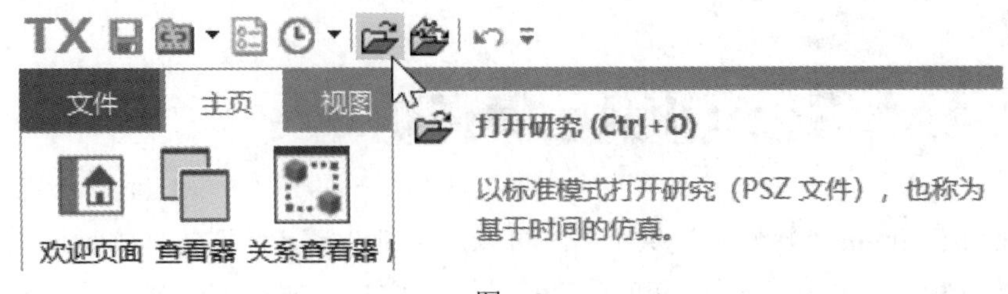
TX
文件
主页
视图
欢迎页面
查看器
关系查看器
打开研究 (Ctrl+O)
以标准模式打开研究（PSZ 文件），也称为基于时间的仿真。

图 1-2

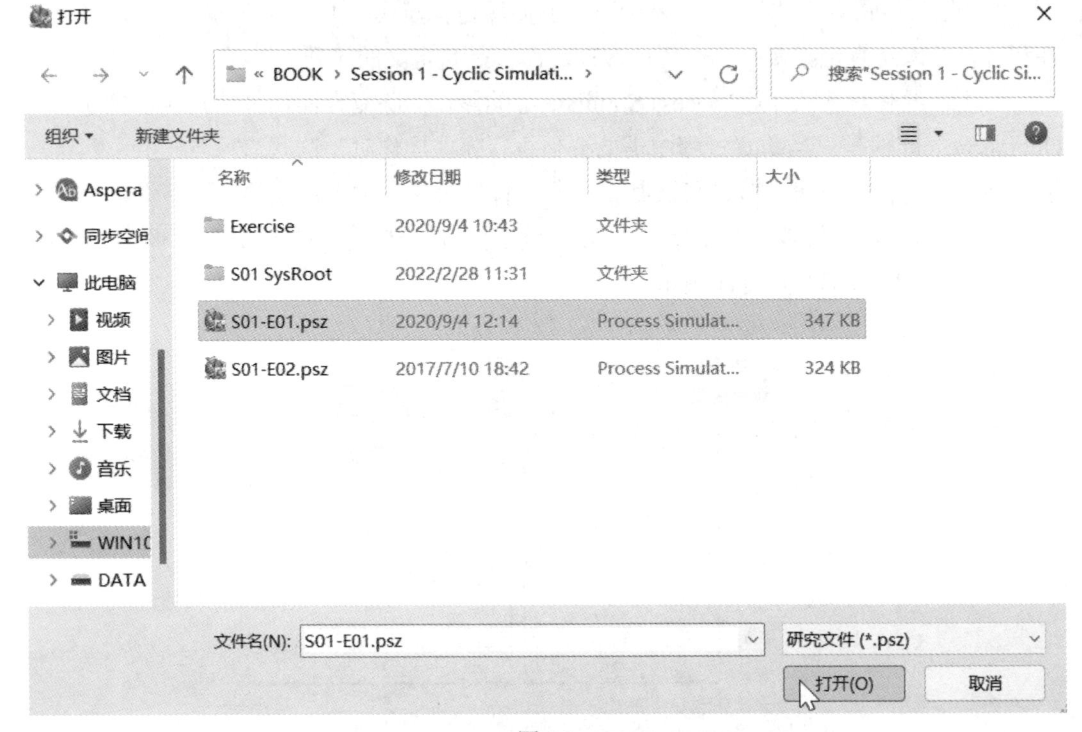
打开
« BOOK › Session 1 - Cyclic Simulati... ›
搜索"Session 1 - Cyclic Si...
组织
新建文件夹
名称
修改日期
类型
大小
Exercise
2020/9/4 10:43
文件夹
S01 SysRoot
2022/2/28 11:31
文件夹
S01-E01.psz
2020/9/4 12:14
Process Simulat...
347 KB
S01-E02.psz
2017/7/10 18:42
Process Simulat...
324 KB
Aspera
同步空间
此电脑
视频
图片
文档
下载
音乐
桌面
WIN10
DATA
文件名(N):
S01-E01.psz
研究文件 (*.psz)
打开(O)
取消

图 1-3

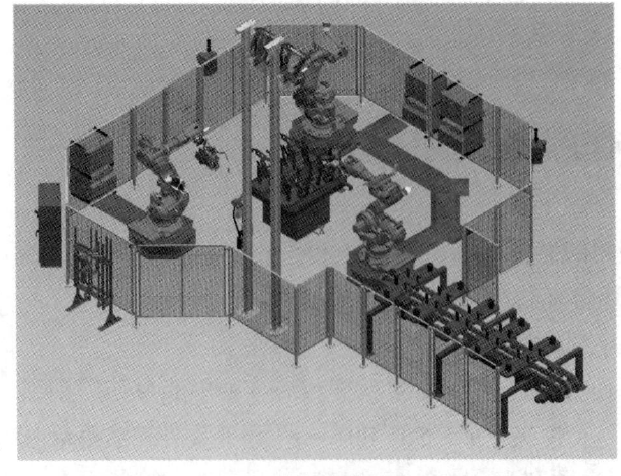

图 1-4

02 右击“操作树”查看器中的“STATION”操作，如图 1-5 所示，在弹出的快捷菜单中选择“设置当前操作”选项，如图 1-6 所示。在“序列编辑器”查看器中，可以看到已将“STATION”操作设为当前操作，如图 1-7 所示。在“序列编辑器”查看器中，单击“正向播放仿真”按钮 ▸，运行该操作仿真。

图 1-5

图 1-6

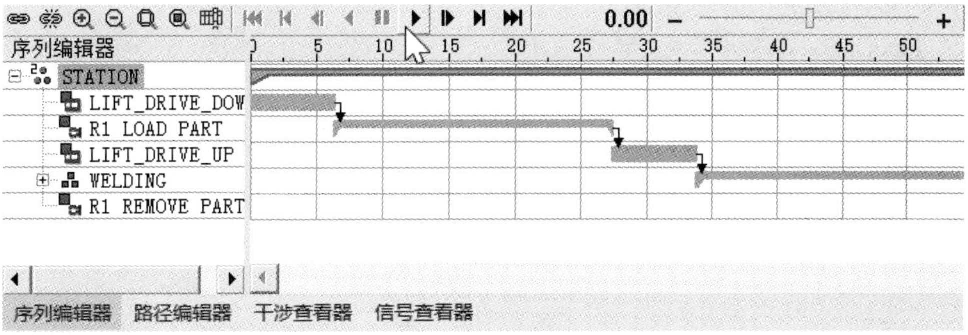

图 1-7

03 可以看到仿真模拟根据“序列编辑器”中定义的操作序列只运行了一个周期，这是基于时间的仿真的标准行为。接下来实现操作序列多周期的循环仿真。

04 单击“主页”菜单下的“生产线仿真模式”按钮（图 1-8），在弹出的“切换研究模式”对话框中单击“否”按钮（图 1-9），并在弹出的警告对话框中单击“关闭”按钮（图 1-10），关闭该警告对话框。

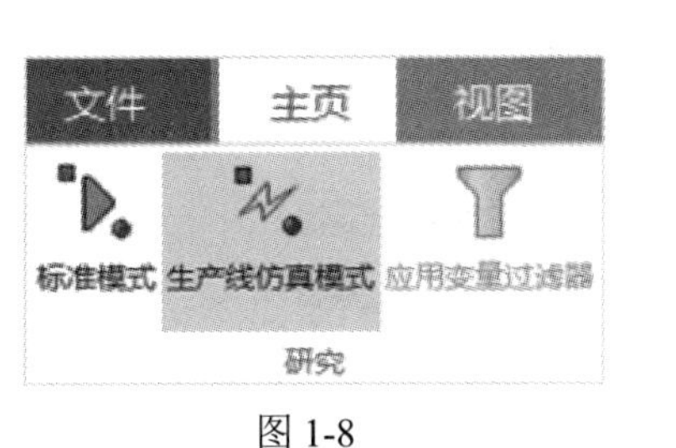

图 1-8

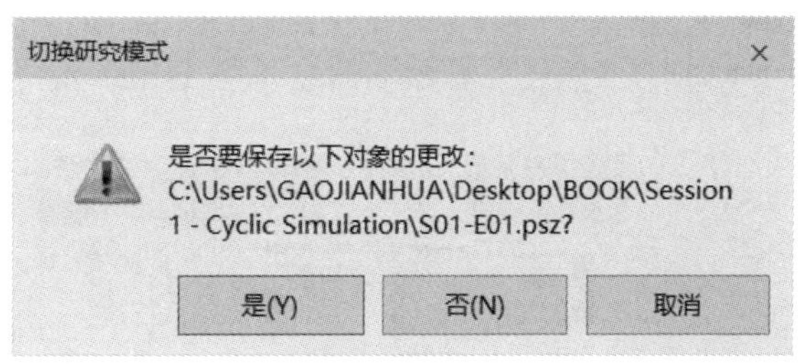

图 1-9

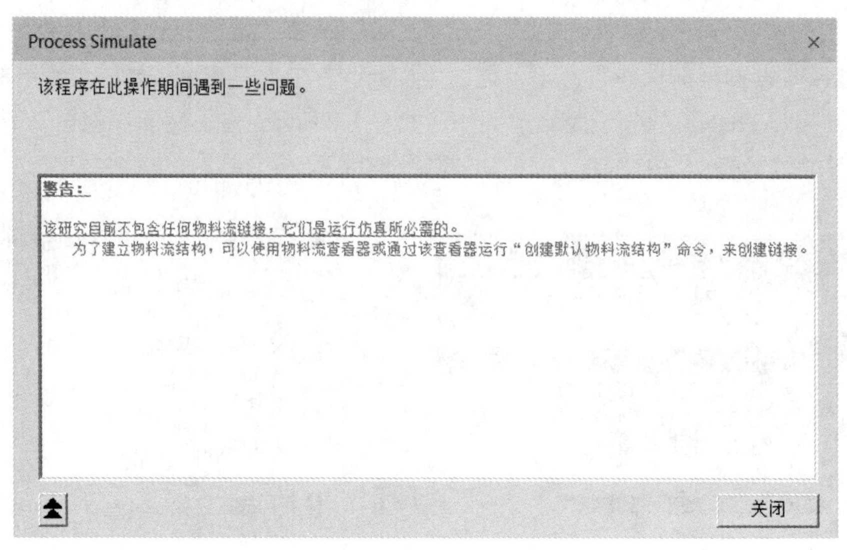

图 1-10

05 此时已将操作序列切换到了“生产线仿真模式”，在“操作树”查看器中有了一个“LineOperation”根节点（图 1-11）。

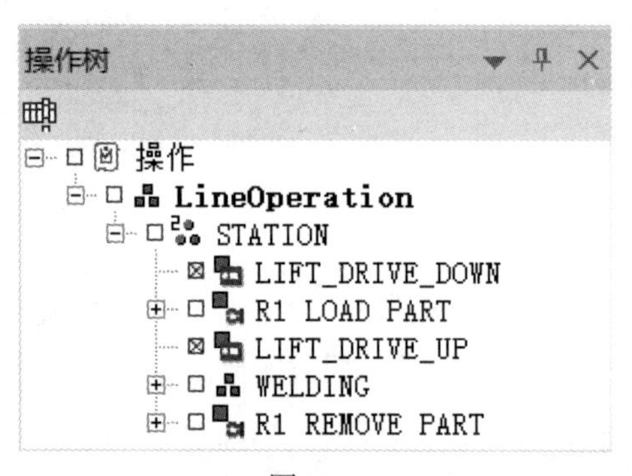

图 1-11

06 将“LineOperation”设置为当前操作，并在序列编辑器中播放仿真。可以看到，此时仿真的运动动作不受控制。原因就是基于事件的仿真行为与基于时间的仿真是不同的。

07 接下来讲解生产线仿真模式是如何工作运行的。在“主页”菜单下，执行“查看器”（图 1-12）→“信号查看器”命令（图 1-13），打开“信号查看器”面板（图 1-14）。

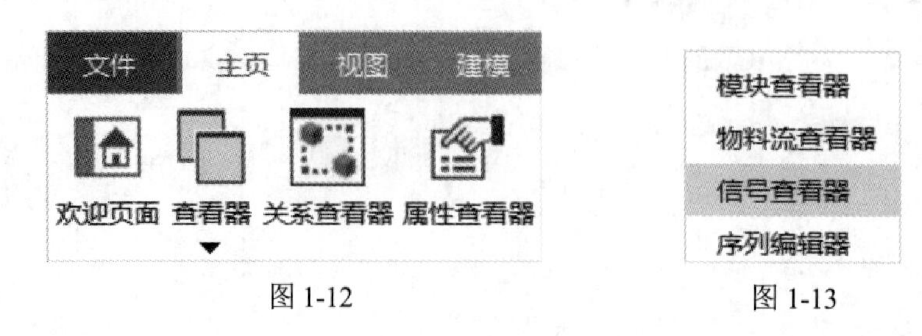

图 1-12　　图 1-13

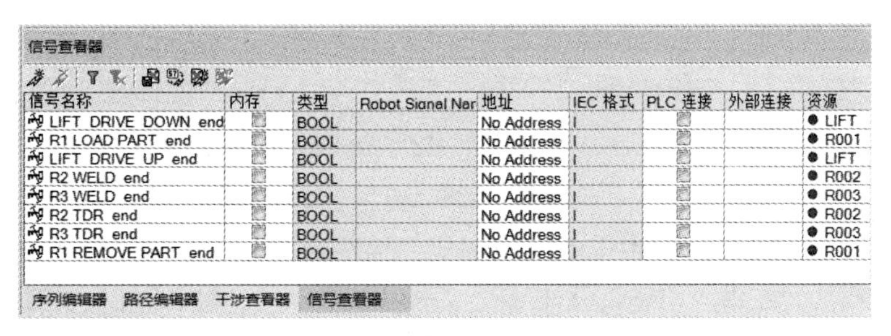

图 1-14

08 在“信号查看器”左边的“信号名称”栏中，可以看到各种操作的“结束信号”，目前也是唯一的信号。当 Process Simulate 的每一个操作被创建时，该信号会被自动生成。“结束信号”为布尔信号，并且具有简单的行为：当操作结束时，其结束信号从 false（0）变为 ture（1），持续 1 个时间间隔，然后变回 false，从而有效发出 1 个短的 true 脉冲。

09 单击“序列编辑器”查看器中的“定制列”按钮，如图 1-15 所示。在弹出的“定制列”对话框中的“可用字段”列表中，依次选择“过渡”“正在运行”选项，并通过单击 › 按钮，将“过渡”“正在运行”选项放入右边“按以下顺序显示字段”列表中，单击“确定”按钮，如图 1-16 所示，退出“定制列”对话框。可以看到“序列编辑器”查看器中新增了“过渡”“正在运行”列，如图 1-17 所示。

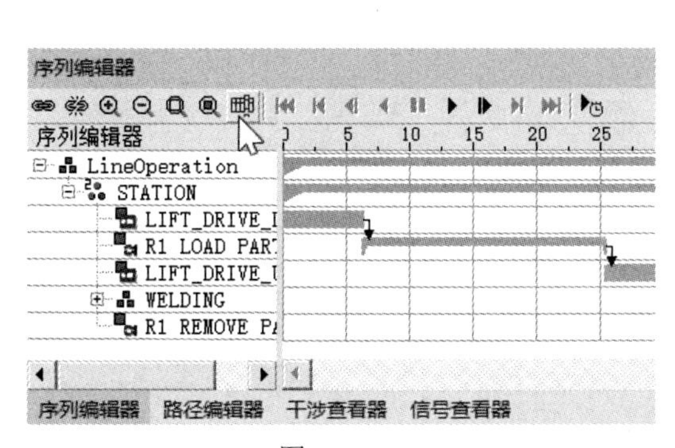

图 1-15

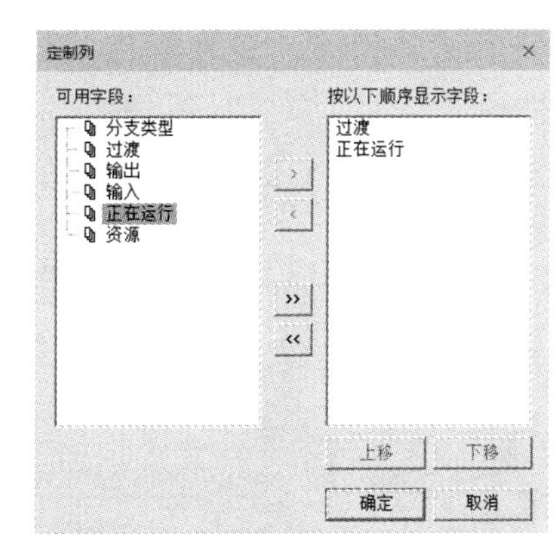

图 1-16

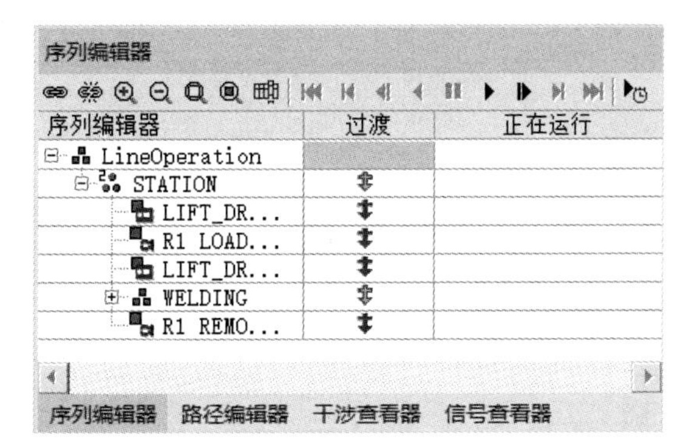

图 1-17

10 “过渡”列包含了链接的操作之间指定的转换条件。与“标准模式”不同，在“生产线仿真模式”中，一个操作会在其前一个操作任务执行完成的情况下被执行，并且，还要满足操作间指定的转换条件。如果我们要检查操作间的过渡条件，可以双击“序列编辑器”查看器中“过渡”栏下面的 按钮。

例如，检查开始进行“LIFT_DRIVE_UP”操作的过渡条件，首先双击“R1 LOAD PART”操作右边“过渡”栏中的 按钮，如图 1-18 所示，弹出“过渡编辑器”对话框，如图 1-19 所示，单击“过渡编辑器”对话框中的“编辑条件”按钮，在弹出的对话框中可以看到“LIFT_DRIVE_UP”操作执行的过渡条件是 "R1 LOAD PART_end"（图 1-20），这表示每当 "R1 LOAD PART_end" 信号被设置为 true，“LIFT_DRIVE_UP”操作就将会启动。

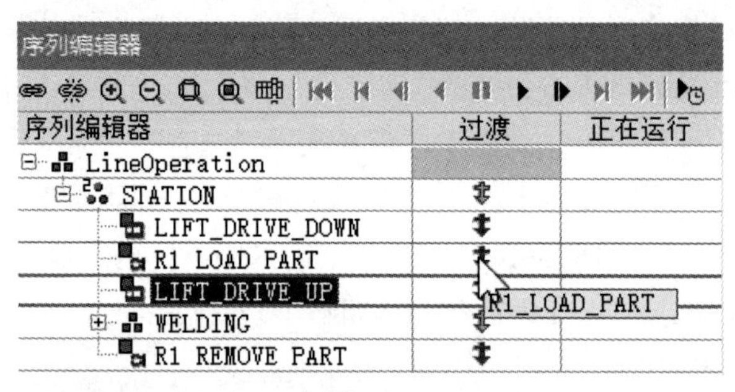

图 1-18

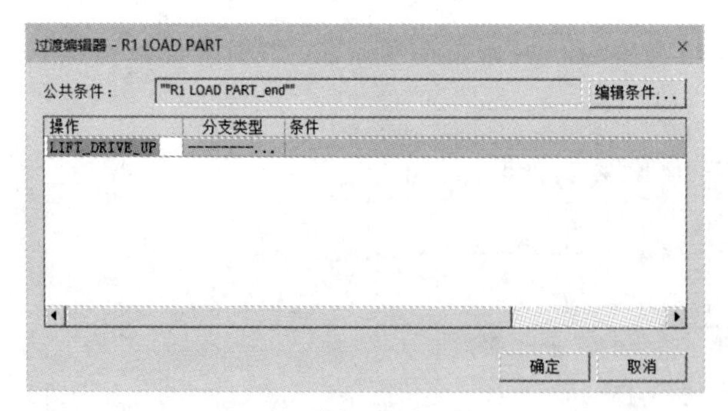

图 1-19

图 1-20

11 接下来检查仿真是如何运行的。

通常情况下，在“序列编辑器”查看器中单击“正向播放仿真”按钮 后如图 1-21 所示，仿真将立即运行。在本例中，“LIFT_DRIVE_DOWN”操作开始运行。

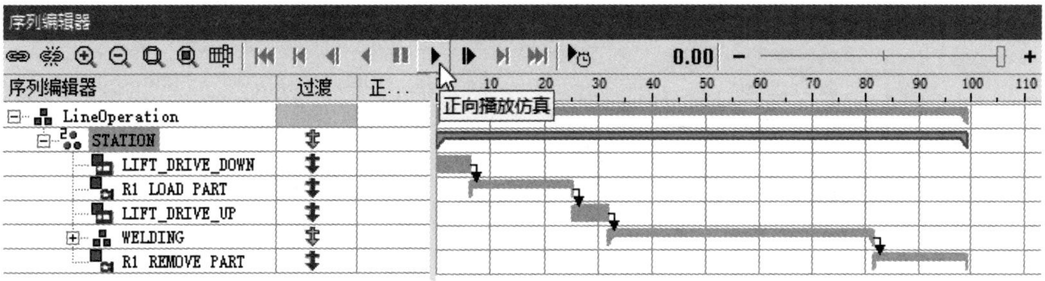

图 1-21

12 在“序列编辑器”查看器中，单击“正向播放仿真”按钮 ，然后立刻单击“暂停仿真”按钮 ，可以看到“LIFT_DRIVE_DOWN”操作在运行并在右侧“正在运行”列中显示了一个运行图标 （图 1-22）。在仿真运行过程中，每次“LIFT_DRIVE_DOWN”操作结束时，“LIFT_DRIVE_DOWN _end”信号就在一个时间间隔内变为 true，并立即再次开始启动操作。此循环行为直到仿真停止，并且与仿真运行时的所有操作相关。

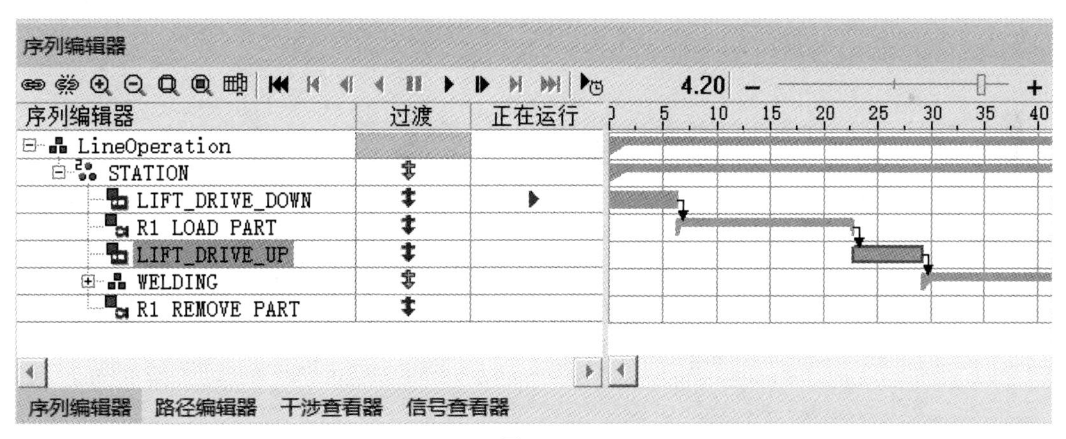

图 1-22

13 在“序列编辑器”查看器中，再次单击“正向播放仿真”按钮 ，如图 1-23 所示，让仿真运行一段时间。此时观察升降装置，可以看到该装置向下移动到底部位置，然后再次回到顶部，接着开始又一次向下移动，如此循环往复。这是因为“LIFT_DRIVE_DOWN”是序列中的第一个操作，其会运行直到完成，然后再次设置“LIFT_DRIVE_DOWN_end”信号为 true，并且重新启动运行。

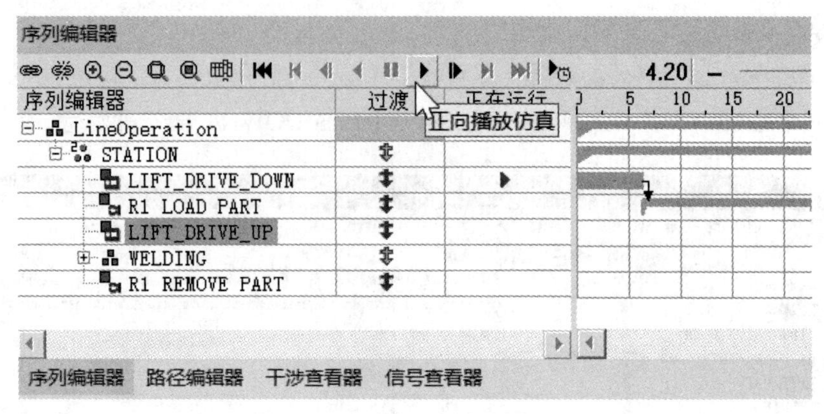

图 1-23

14 如果希望以循环仿真的方式运行整个操作，以便每个循环在前一个循环结束时开始，操作步骤如下。

在“LIFT_DRIVE_DOWN”之前建立一个新的操作，以控制整个序列操作执行的开始。使用“非仿真操作”类型的操作（这样的操作在仿真过程中不执行任何实际操作）来完成此设定。操作步骤如下。

（1）在“操作树”查看器中，将“STATION”操作设置为当前操作。

（2）在“操作”菜单下，执行“新建操作”（图 1-24）→“新建非仿真操作”命令（图 1-25），在弹出的“新建非仿真操作”对话框中输入操作名称 INITIALIZATION，持续时间为默认值 0，如图 1-26 所示。

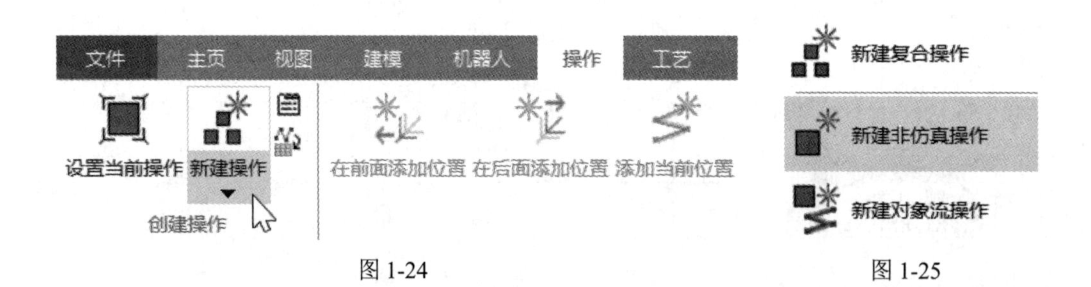

图 1-24　　　　图 1-25

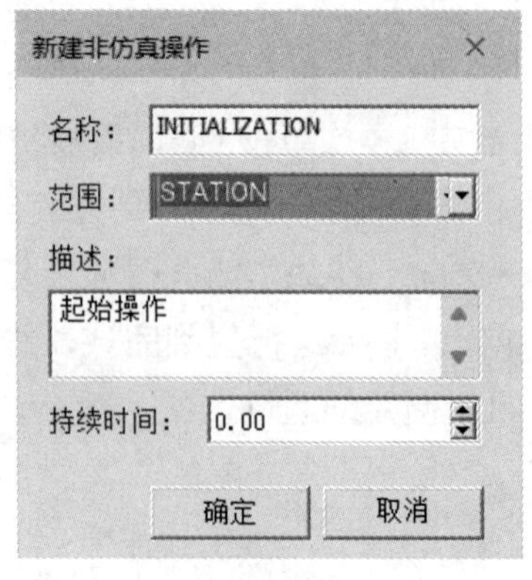

图 1-26

（3）在“序列编辑器”查看器中，将新建的“INITIALIZATION”操作拖曳到“LIFT_DRIVE_DOWN”操作之前，如图 1-27 所示；此时，新创建的“INITIALIZATION”操作成为序列中的第一个操作，如图 1-28 所示。

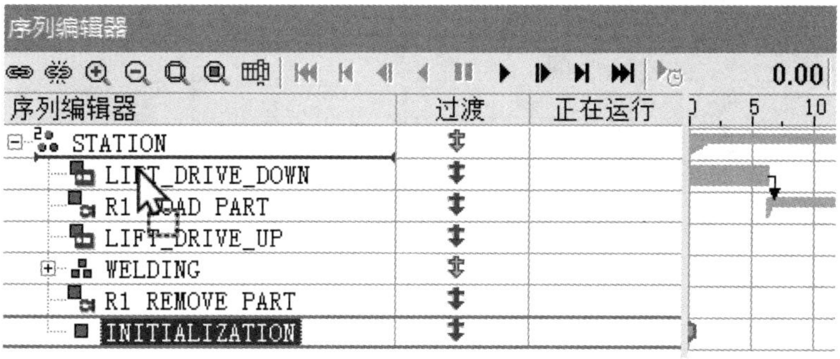

图 1-27

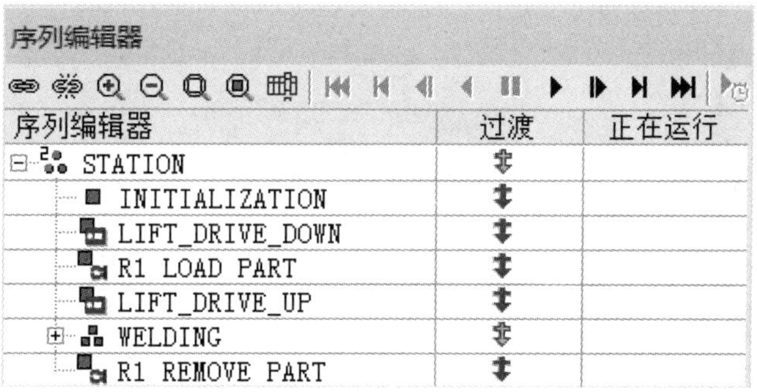

图 1-28

（4）再单击“链接”按钮，将新创建的“INITIALIZATION”操作关联到“LIFT_DRIVE_DOWN”操作，如图 1-29 所示，结果如图 1-30 所示。相关操作方法在《西门子数字化制造工艺过程仿真——Process Simulate 基础应用》一书中有详细描述，本书不再赘述。

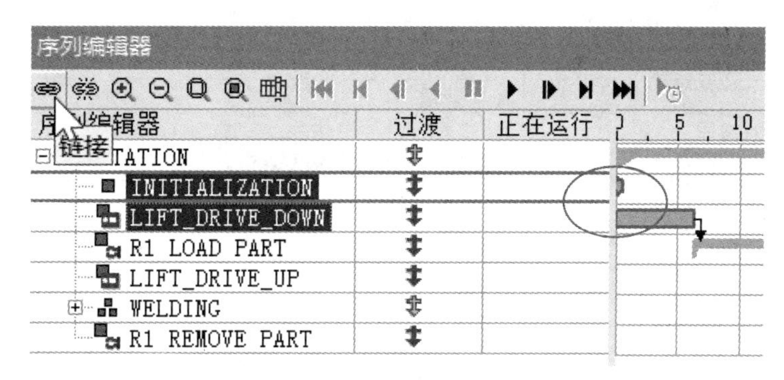

图 1-29

序列编辑器

序列编辑器	过渡	正在运行
STATION		
INITIALIZATION		
LIFT_DRIVE_DOWN		
R1 LOAD PART		
LIFT_DRIVE_UP		
WELDING		
R1 REMOVE PART		

图 1-30

（5）为了控制整个操作序列的执行，将创建一个信号。在“信号查看器”面板中，单击“新建信号”按钮，如图 1-31 所示，在弹出的“新建”信号对话框中，选择信号类型为“显示信号”，名称为 FIRST，单击“确定”按钮退出对话框（图 1-32）。在“信号查看器”面板中，可以看到新增加了一个 FIRST 信号，如图 1-33 所示。

信号查看器

信号名称	内存	类型	Robot Signal Nar
新建信号 IVE DOWN end		BOOL	
R1 LOAD PART end		BOOL	
LIFT DRIVE UP end		BOOL	
R2 WELD end		BOOL	
R3 WELD end		BOOL	
R2 TDR end		BOOL	
R3 TDR end		BOOL	
R1 REMOVE PART end		BOOL	
INITIALIZATION end		BOOL	

序列编辑器　路径编辑器　干涉查看器　信号查看器

图 1-31

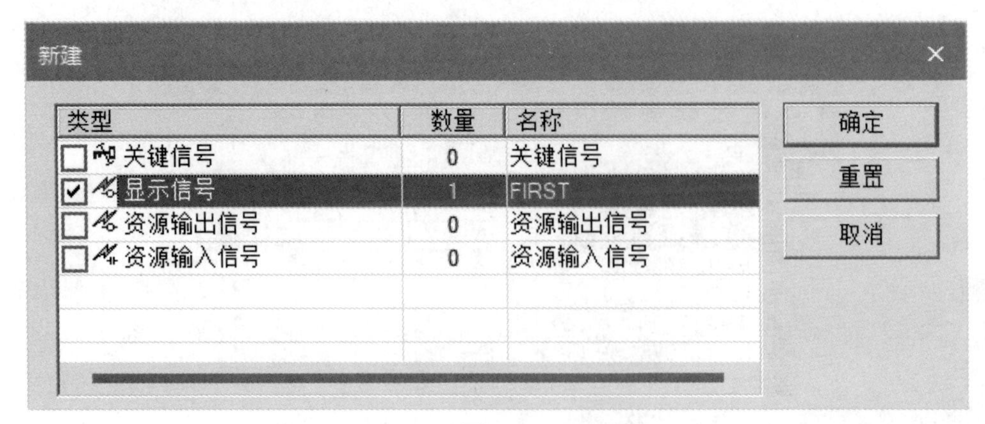

图 1-32

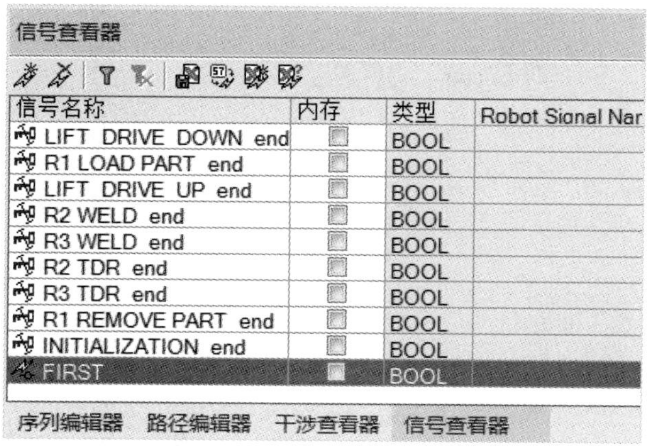

信号查看器

信号名称	内存	类型	Robot Signal Nar
LIFT DRIVE DOWN end		BOOL	
R1 LOAD PART end		BOOL	
LIFT DRIVE UP end		BOOL	
R2 WELD end		BOOL	
R3 WELD end		BOOL	
R2 TDR end		BOOL	
R3 TDR end		BOOL	
R1 REMOVE PART end		BOOL	
INITIALIZATION end		BOOL	
FIRST		BOOL	

序列编辑器 路径编辑器 干涉查看器 信号查看器

图 1-33

（6）在“序列编辑器”查看器中，双击“INITIALIZATION”操作右边“过渡”列中的 按钮，如图 1-34 所示，在弹出的如图 1-35 所示的“过渡编辑器”对话框中单击“编辑条件”按钮，在弹出的如图 1-36 所示的对话框中将默认的信号 INITIALIZATION_end 改为 NOT FIRST。单击两次“确定”按钮，退回 Process Simulate 软件应用界面。

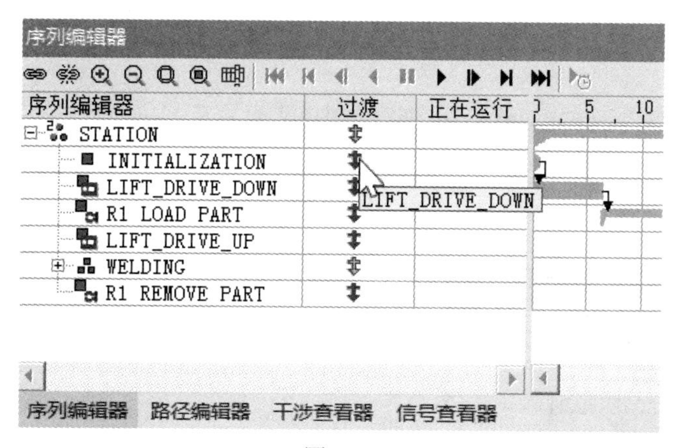

图 1-34

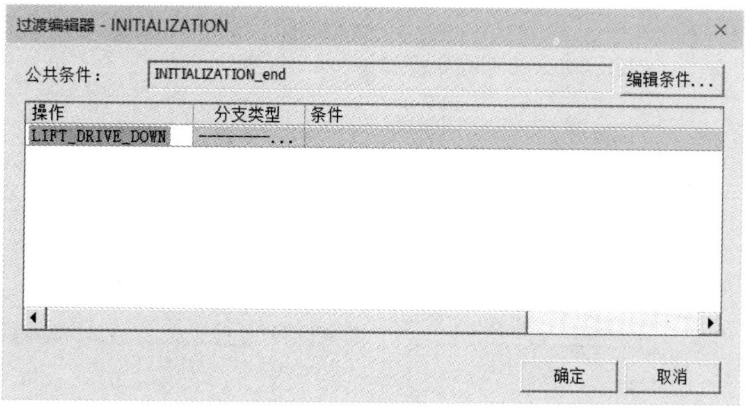

过渡编辑器 - INITIALIZATION

公共条件： INITIALIZATION_end 编辑条件...

操作	分支类型	条件
LIFT_DRIVE_DOWN	---------...	

确定 取消

图 1-35

图 1-36

（7）在“序列编辑器”查看器中，右击“LIFT_DRIVE_DOWN”操作（图 1-37），在弹出的快捷菜单中选择“信号事件”选项（图 1-38），弹出“信号事件”对话框，在“要生成 / 连接的对象”栏中选择“first”信号，并将信号设为 true，在“开始时”栏中选择“任务开始后”选项（图 1-39），单击“确定”按钮，退出对话框，结果如图 1-40 所示。

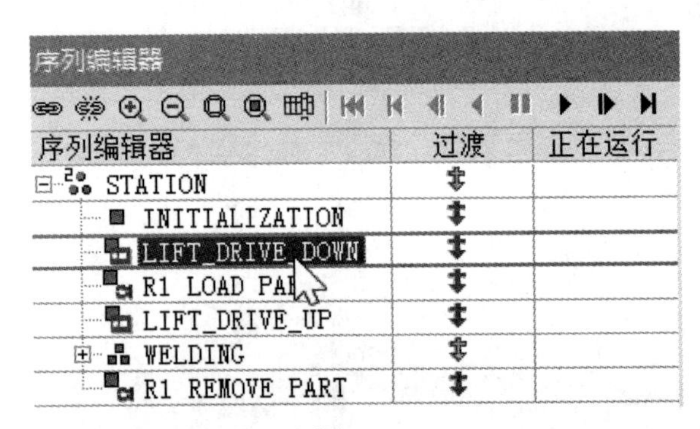

图 1-37

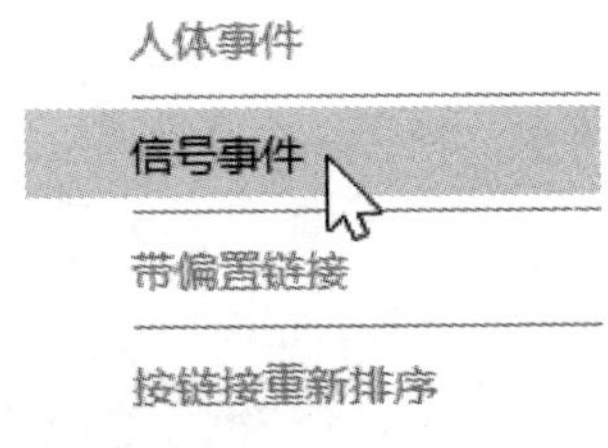

图 1-38

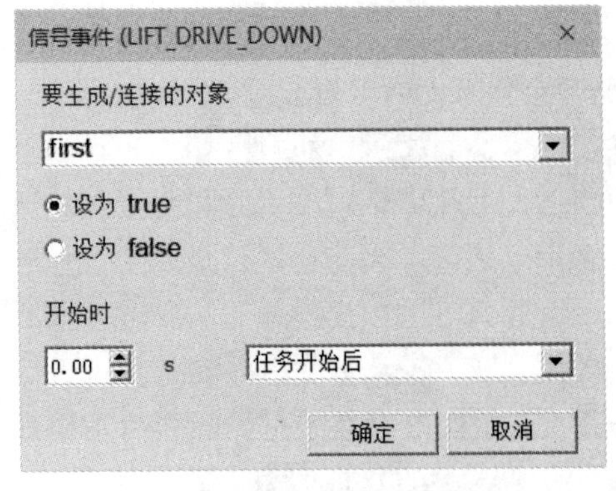

图 1-39

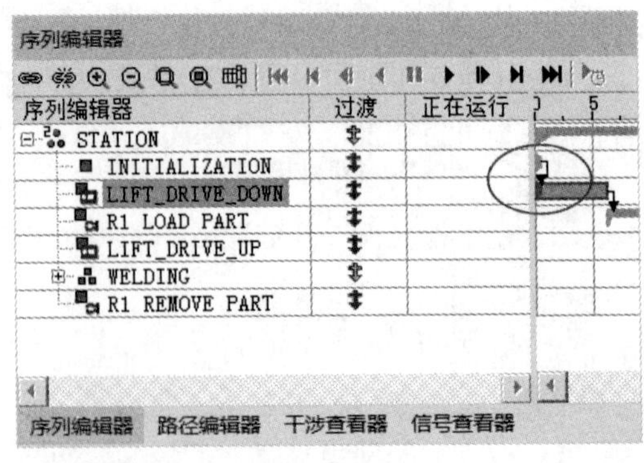

图 1-40

（8）在“序列编辑器”查看器中单击“正向播放仿真”按钮 ▶，让仿真运行。可以看到还是一个单循环的完整操作，出现这种情况的原因是“INITIALIZATION”操作位于序列之首，会一直被执行，因为在它前面没有过渡条件，所以会立即开始，立即完成（持续时间 =0）。“INITIALIZATION”操作到“LIFT_DRIVE_DOWN”操作的过渡条件被改为 NOT FIRST，值设为 true（即 NOT FIRST = true，那么 FIRST = false）。当“INITIALIZATION”操作完成后，立刻会有两个事情发生：“LIFT_DRIVE_DOWN”操作开始，并通过使用“信号事件”将 FIRST 信号设置为 true。“INITIALIZATION”操作再次启动之后，当操作完成时，过渡条件被评估为 false（NOT true = false），这意味着在第一个循环之后直到新的仿真开始（因为 NOT true 是恒定的 false），将不再继续执行“LIFT_DRIVE_DOWN”操作。

（9）为了实现不断循环的仿真操作，更改从“INITIALIZATION”操作到“LIFT_DRIVE_DOWN”操作的过渡条件，以便在序列的最后一个操作“R1 REMOVE PART”结束时，其过渡条件值依然为 true。

（10）在“序列编辑器”查看器中，双击“INITIALIZATION”操作右边“过渡”列中的 ⬍ 按钮，在弹出的“过渡编辑器”对话框中单击“编辑条件”按钮，在弹出的对话框中将信号 NOT FIRST 改为 NOT FIRST OR "R1 REMOVE PART_end"（图 1-41）。单击两次“确定”按钮，退回 Process Simulate 软件应用界面。

图 1-41

（11）将“Line Operation”设置为当前操作，并在序列编辑器中播放仿真。可以看到仿真会一直持续循环进行，直到停止仿真。

（12）停止仿真，在“文件”菜单下，执行“断开研究”→“另存为”命令，如图 1-42 所示，弹出“另存为”对话框，输入另存为文件名：S01-E01_OK，如图 1-43 所示，单击“保存”按钮。

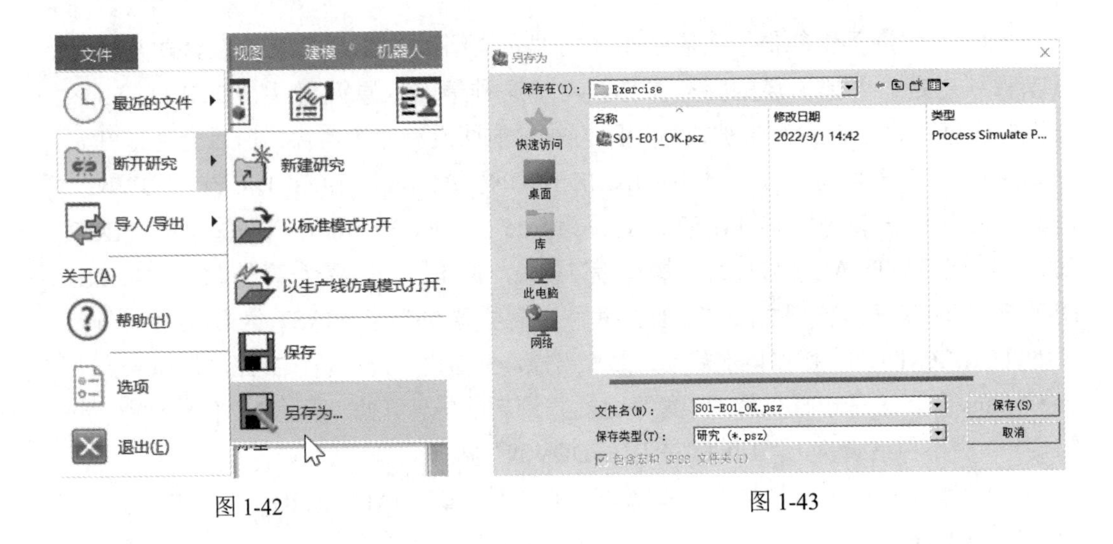

图 1-42　　图 1-43

1.2　创建操作间过渡条件

“过渡条件”就是链接的操作之间指定的转换条件。与“标准模式”不同，在“生产线仿真模式”中，一个操作要被执行，除了其前一个链接操作任务已执行完成外，还要满足操作间指定的转换条件，即“过渡条件”，否则操作也不能正常运行。下面通过创建或者编辑操作间的“过渡条件”，进一步理解“过渡条件”在仿真过程中带来的影响。

01 单击“以生产线仿真模式打开研究”按钮，弹出“打开”对话框，选择“S01-E01_OK.psz”研究文件（图 1-44），然后单击“打开”按钮。系统将以生产线仿真模式打开该研究文件。

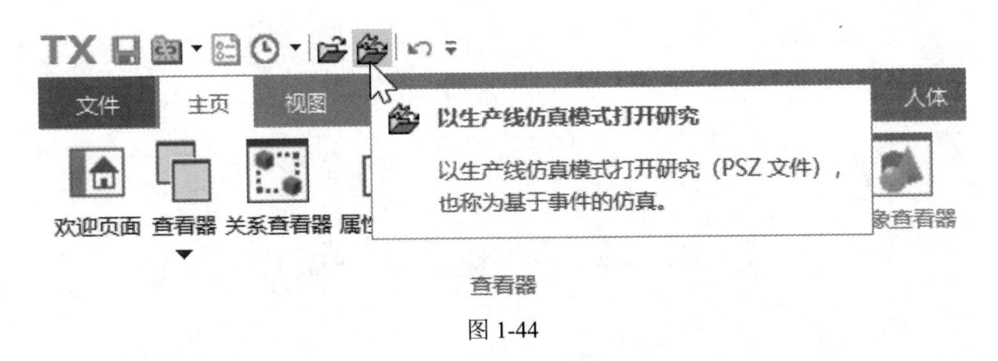

图 1-44

02 在“序列编辑器”查看器中，单击“正向播放仿真”按钮，如图 1-45 所示，运行仿真。可以看到操作仿真将会无限循环运行，直到被停止。

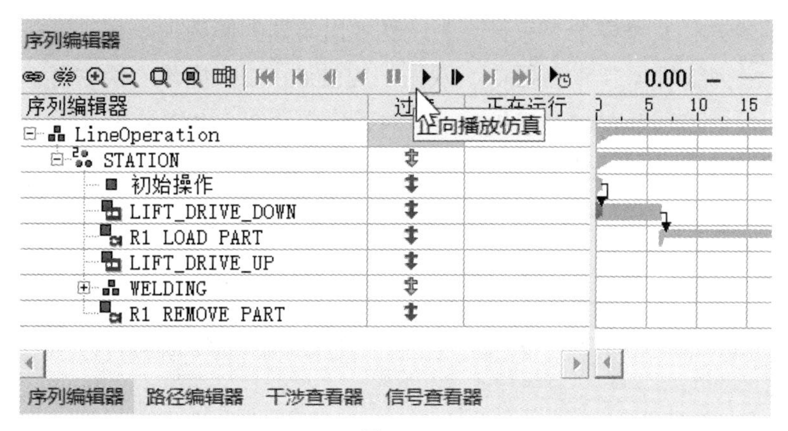

图 1-45

03 为了更好地理解“过渡条件”，将“R2 WELD”和“R3 WELD”之间的过渡链接移除。在“序列编辑器”查看器中，选择“R2 WELD”和“R3 WELD”操作，然后单击“断开链接”按钮（图 1-46），结果如图 1-47 所示。

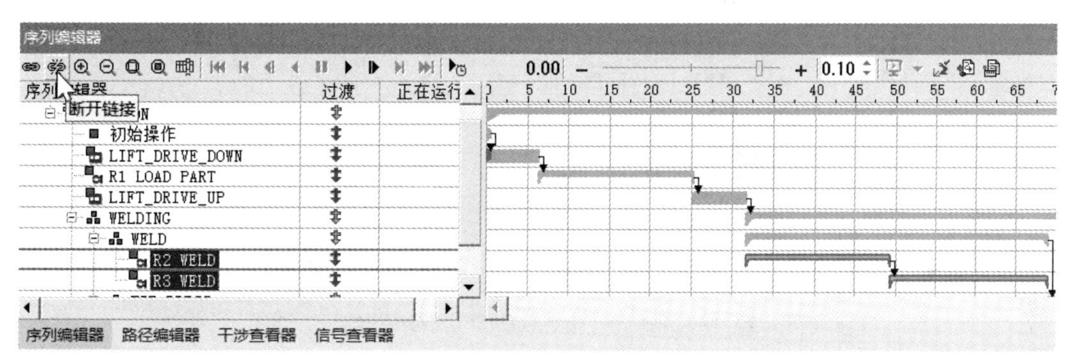

图 1-46

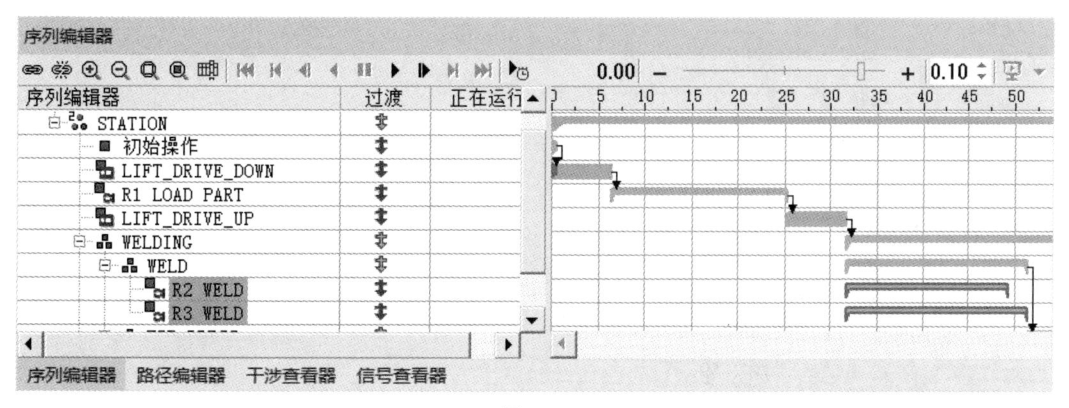

图 1-47

04 在“序列编辑器”查看器中，再次单击“正向播放仿真”按钮，运行仿真。可以看到操作仿真并没有受到影响，依然是无限循环运行直到被停止。原因就是各操作间的过渡条件并没有出现冲突或者无法满足的问题。接下来，对操作的过渡条件做一些编辑修改，看看对仿真结果会带来什么影响并找出问题的原因加以解决。

05 在“序列编辑器”查看器中，双击“WELDING”操作右边“过渡”列中的 ⇕ 按钮（图 1-48），在弹出的“过渡编辑器”对话框中（图 1-49）单击“编辑条件”按钮，在弹出的对话框中，将信号改为 "R2 WELD_end" AND "R3 WELD_end"（图 1-50）。单击两次“确定”按钮，退回 Process Simulate 软件应用界面。

> **注意**
>
> "R2 WELD_end" AND "R3 WELD_end" 完成信号是“R1 REMOVE PART”操作开始的过渡条件。

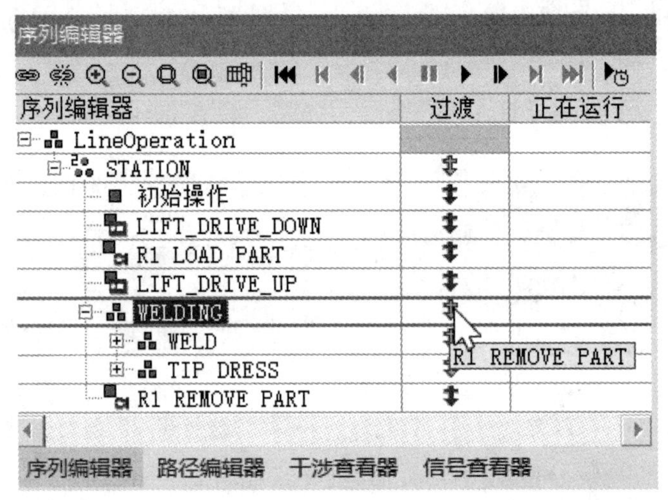

图 1-48

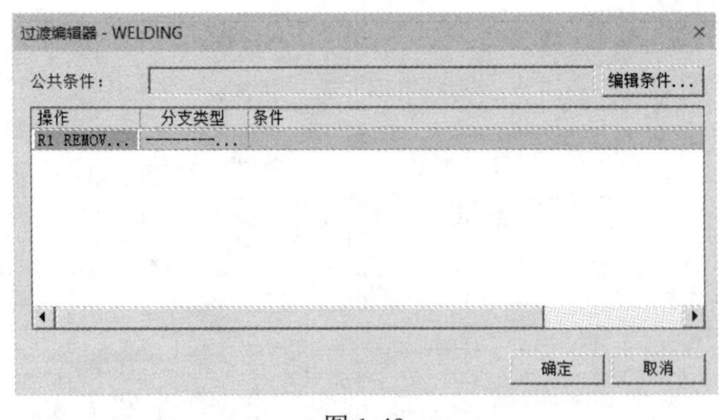

图 1-49

过渡编辑器 - WELDING
"R2 WELD_end" AND "R3 WELD_end"
确定　取消

图 1-50

06 在“序列编辑器”查看器中，再次单击“正向播放仿真”按钮 ▶，运行仿真。可以看到操作仿真在“R2 WELD”和“R3 WELD”操作完成焊接后停止了。下面分析一下原因。

（1）从“WELDING”复合操作到下一个操作“R1 REMOVE PART”的过渡条

件是两个焊接操作“R2 WELD”和“R3 WELD”过渡条件的组合，即“R2 WELD_end”和“R3 WELD_end”。也就是“R1 REMOVE PART”操作要开始执行，需要“R2 WELD_end”和“R3 WELD_end”同时发出 true 的脉冲信号才可以。

（2）接下来分别查看“R2 WELD”和“R3 WELD”操作的工作时间。在“操作树”查看器中，右击“R2 WELD”操作，在弹出的快捷菜单中，选择“操作属性”选项（图 1-51）；在弹出的属性对话框中，单击“时间”折页项，可以看到 "R2 WELD" 操作的工作时间为 19.93 秒（图 1-52）。同理，可以看到“R3 WELD”操作的工作时间为 19.65 秒（图 1-53）。

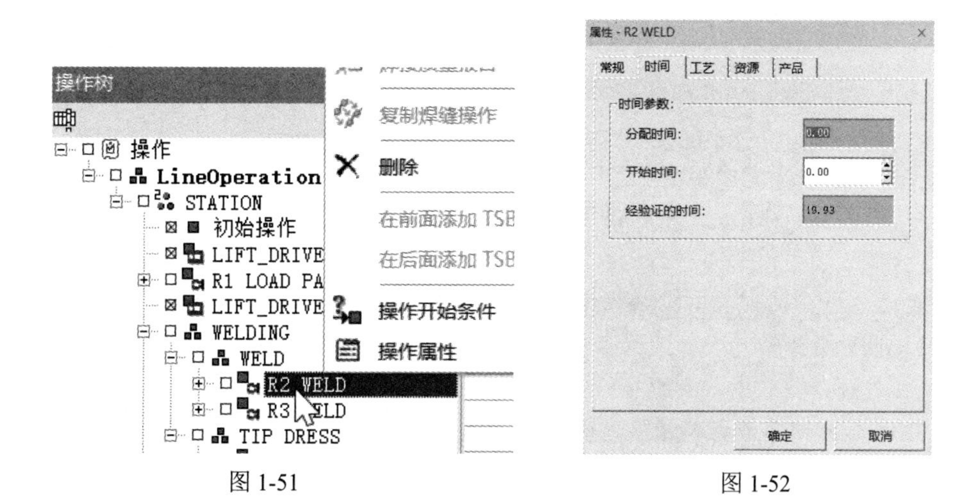

图 1-51　　图 1-52

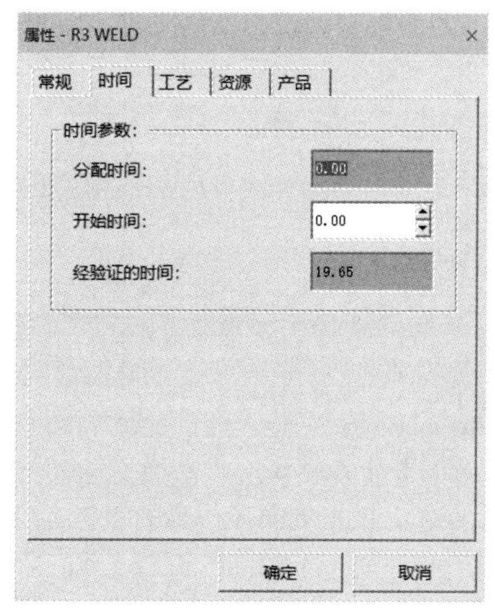

图 1-53

（3）“R2 WELD”和“R3 WELD”操作工作时间不同，也就意味着这两个操作永远不会同时结束，因此也就不能在同一时刻发出“R2 WELD_end”和“R3 WELD_end”为 true 的脉冲信号。其结果就是“R2 WELD”和“R3 WELD”过渡条件永远不成立，因此造成“R1 REMOVE PART”操作无法启动。

07 “R1 REMOVE PART”操作不运行的原因找到了，现在来解决这个问题。已经知道“R2 WELD”操作的工作时间比“R3 WELD”操作的工作时间长，因此指定“R1 REMOVE PART”操作的过渡条件时，只考虑工作时间较长的“R2 WELD”操作结束的脉冲信号。

在“序列编辑器”查看器中，双击“WELDING”操作右边“过渡”列中的 按钮（图 1-54），在弹出的“过渡编辑器”对话框中（图 1-55），单击对话框中的“编辑条件”按钮，在弹出的对话框中，将信号改为：”R2 WELD_end”（图 1-56）。单击两次“确定”按钮，退回 Process Simulate 软件应用界面。

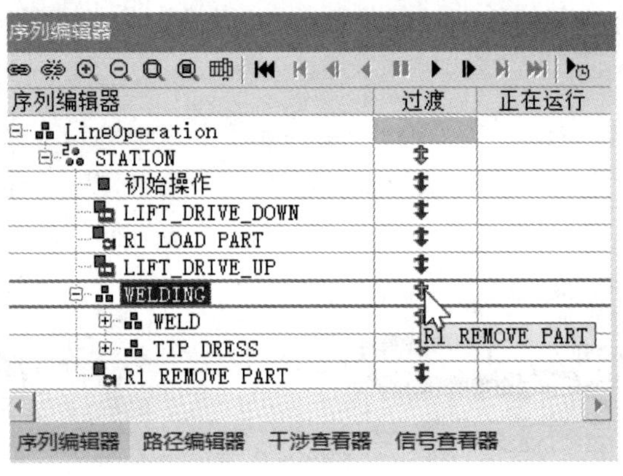

图 1-54

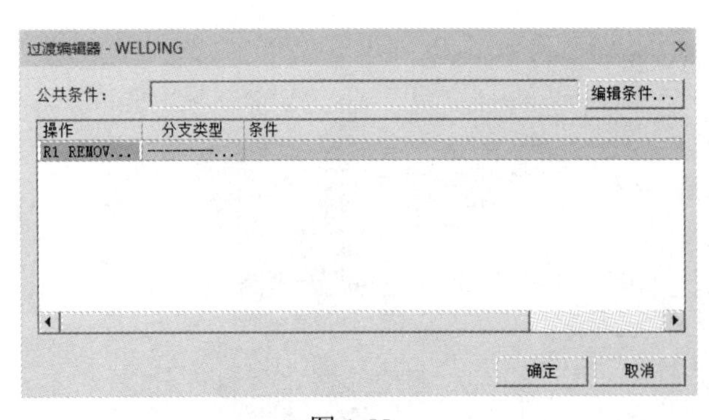

图 1-55

图 1-56

08 在“序列编辑器”查看器中，单击“正向播放仿真”按钮 ，运行仿真，验证所做的更改。可以看到整个操作又恢复到循环仿真的状态运行。

09 将完成的研究文件另外保存。

注意，如果问题依然没有解决，还可以进一步查找原因，步骤如下。

（1）在“序列编辑器”查看器中，单击“正向播放仿真”按钮 ▶，然后立刻单击“暂停仿真”按钮 ⏸。然后在“操作树”查看器中，右击“R1 REMOVE PART”操作，在弹出的快捷菜单中选择“操作开始条件”选项（图 1-57），弹出“操作开始条件”对话框，可以看到“R1 REMOVE PART”操作的开始条件是 "R2 TDR_end" AND "R2 WELD_end"（图 1-58）。多了一个“R2 TDR_end”过渡条件，接下来把此过渡条件删除。

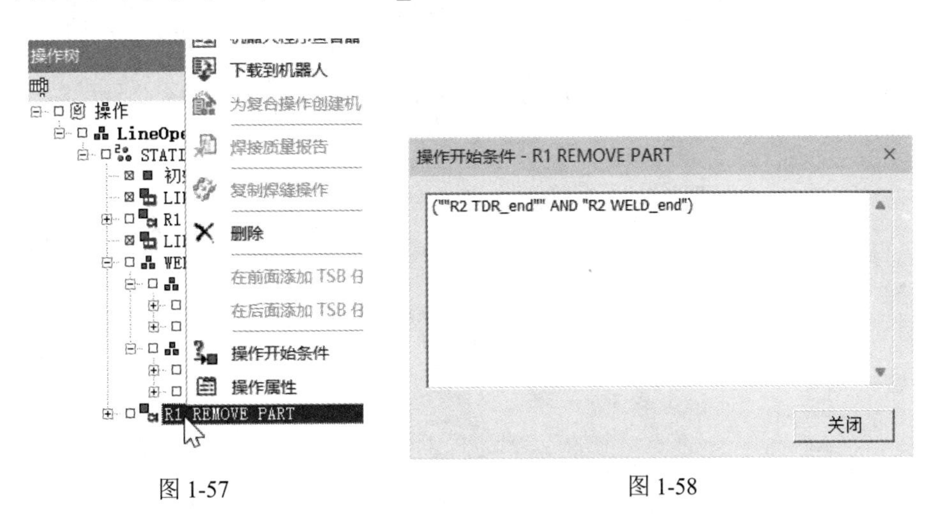

图 1-57　　　　图 1-58

（2）在“序列编辑器”查看器中，双击“R2 TDR”操作右边“过渡”列中的 ⇕ 按钮（图 1-59），弹出“过渡编辑器”对话框，单击“编辑条件”按钮，在弹出的对话框中，将信号“R2 TDR_end”删除（图 1-60）。单击两次“确定”按钮，退回 Process Simulate 软件应用界面。

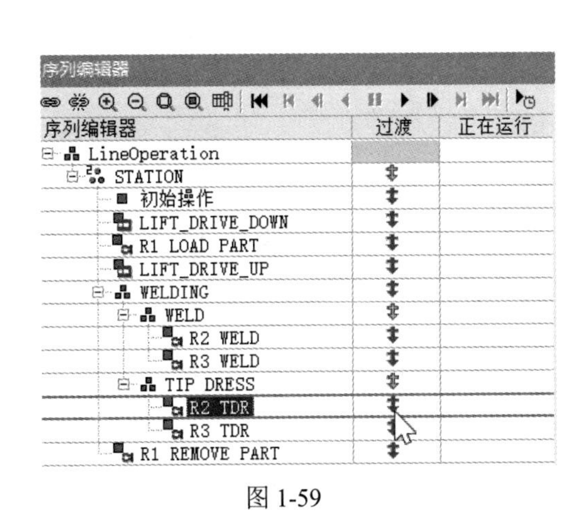

图 1-59

图 1-60

（3）在“序列编辑器”查看器中，单击“正向播放仿真”按钮 ▶，运行仿真，验证所做的更改，可以看到问题已经解决。

第2章
Process Simulate 物料流

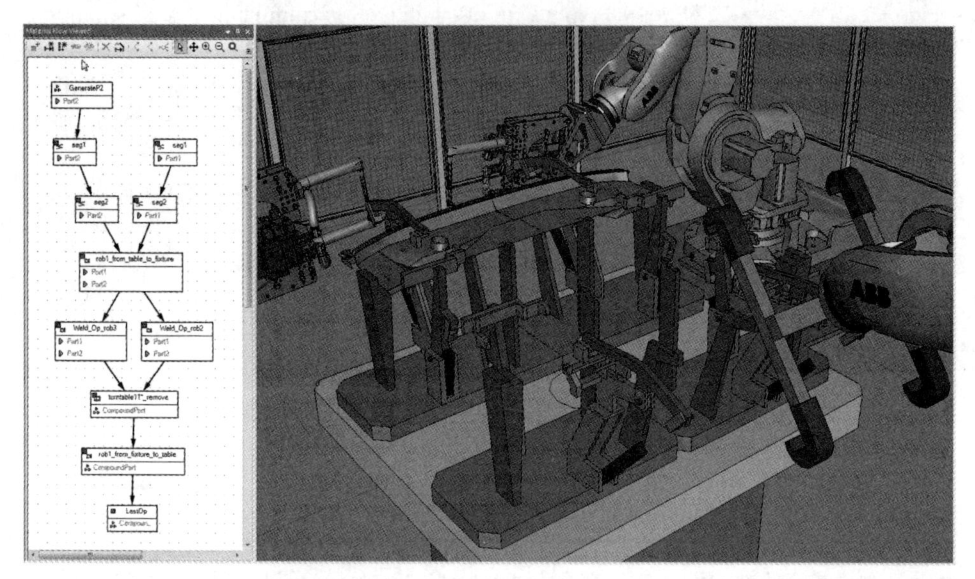

物料流表达了在生产线仿真过程中，零部件或者生产物料在各操作工序间流转传递的过程。该过程如图 2-1 所示。

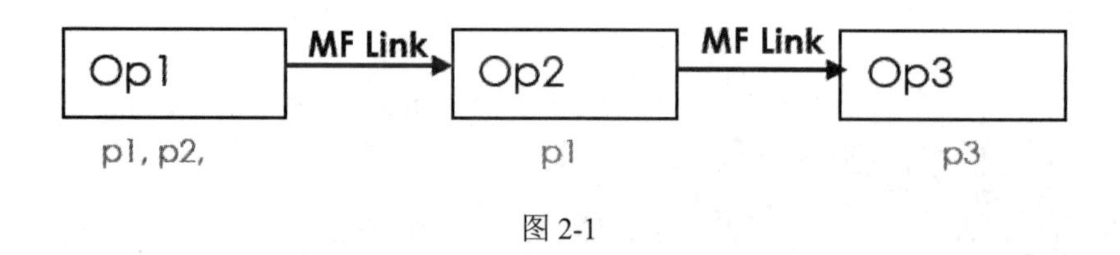

图 2-1

图 2-1 中：

- p1、p2、p3 表示的是零部件（物料），即操作工序使用或者消耗的零部件（物料）。
- Op1、Op2、Op3 表示的是操作工序。
- MF Link 是物料流链接（Material Flow Link）。
- Op1 与 Op2 之间 MF Link 的含义是：Op1 操作工序使用或者产生的所有零部件（物料）都可以用于 Op2 操作工序。

需要注意的是，Op1 操作工序使用的所有零部件（物料）都会通过物料流链接（MF Link）传递到 Op2 操作工序处。尽管可能 Op2 操作工序只使用了其中一个零部件或者一种物料，但是所有的零部件（物料）无论是否被 Op2 操作工序使用，都会积累并通过物料流链接（MF Link）传递到下一个操作工序 Op3 处。

2.1 创建物料流

要创建操作工序间的物料流，只能在“物料流查看器”（图 2-2）中进行，在“物料流查看器”中可以创建、删除、编辑各操作工序间的物料流链接（MF Link）。

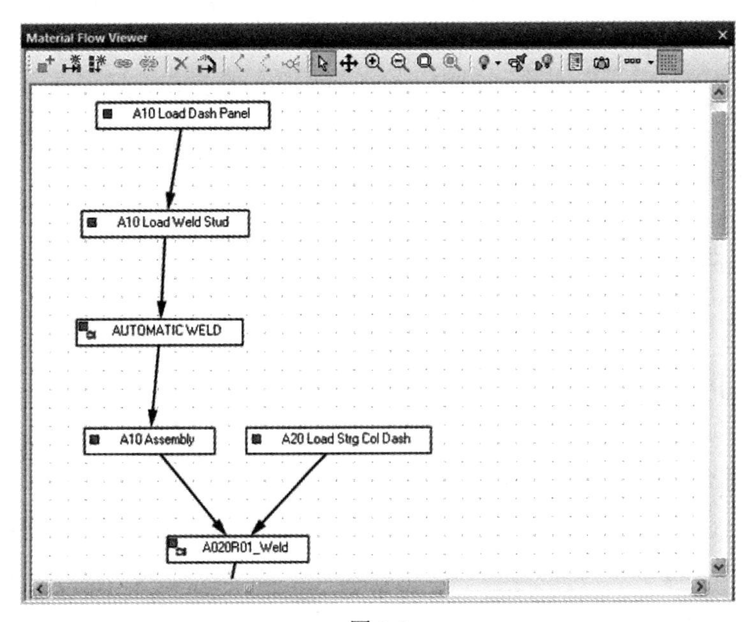

图 2-2

在创建物料流的过程中，从一个操作工序可以输出多个物料流链接（MF Link）到后续的操作。可以将物料流链接（MF Link）的类型设置为可选的或者同时（同步）的，如图 2-3 所示。

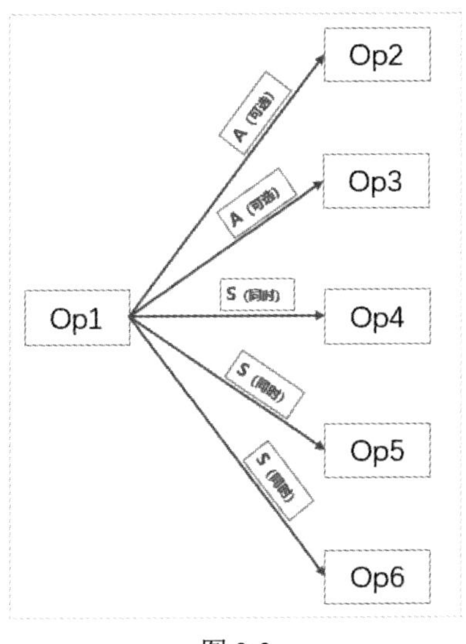

图 2-3

从图 2-3 所示的操作工序间物料流链接（MF Link）情况可以获悉，零部件（物料）从 Op1 到 Op2 和 Op3 是“可选链接”，从 Op1 到 Op4、Op5、Op6 是“同时链接”。那么零部件（物料）实际运行情况是：Op1 传递的零部件（物料）被传递到了 Op4、Op5 和 Op6 以及 Op2 或者 Op3。

通过“物料流查看器”可以建立操作工序间的物料流，因此“物料流查看器”中包含两种类型的对象：操作和链接。但不是所有的操作都可以显示在“物料流查看器”中，能显示的操作都必须是单一操作，例如，设备操作、握爪操作、焊接操作、拾放操作、对象流操作、非仿真操作等。如果是复合操作，则不能显示在“物料流查看器”中。这些单一操作也就是真正在仿真运行的操作，这些操作会使用到零部件（物料）并且传递零部件（物料）。需要注意，“物料流查看器”中没有添加物料流链接（MF Link）的操作将会被在下次加载时从查看器中移除，这些操作会被区别标记以示提醒。

2.2 “物料流查看器”工具栏介绍

执行“主页”→“查看器”→“物料流查看器”命令（图 2-4），或者执行“视图”→“查看器”→“物料流查看器”命令（图 2-5），就可以将“物料流查看器”（图 2-6）打开。

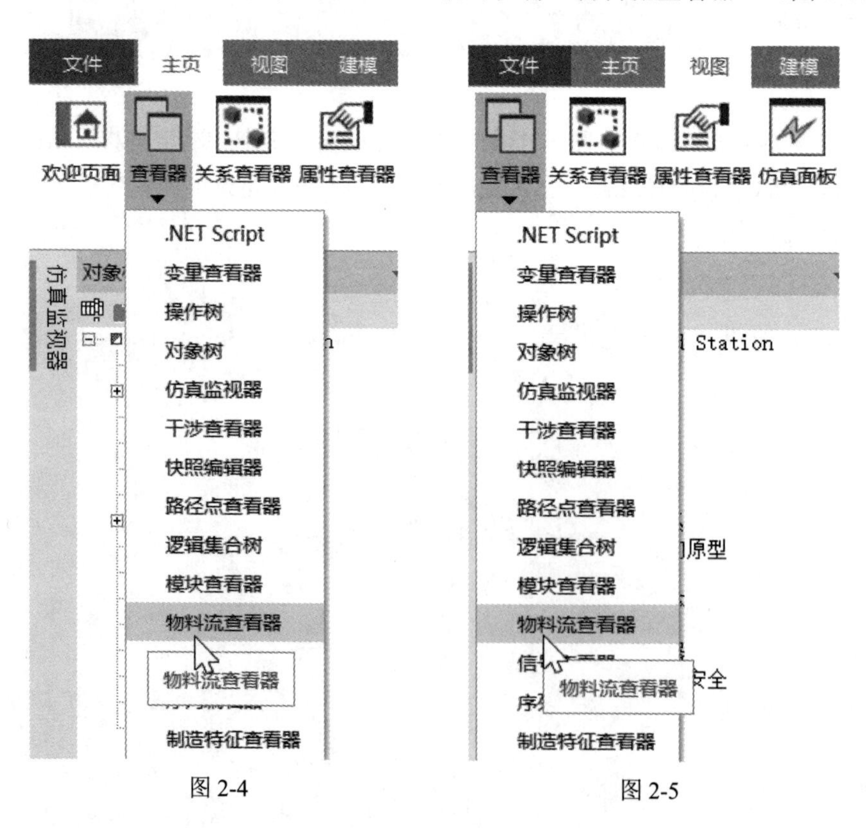

图 2-4　　　　图 2-5

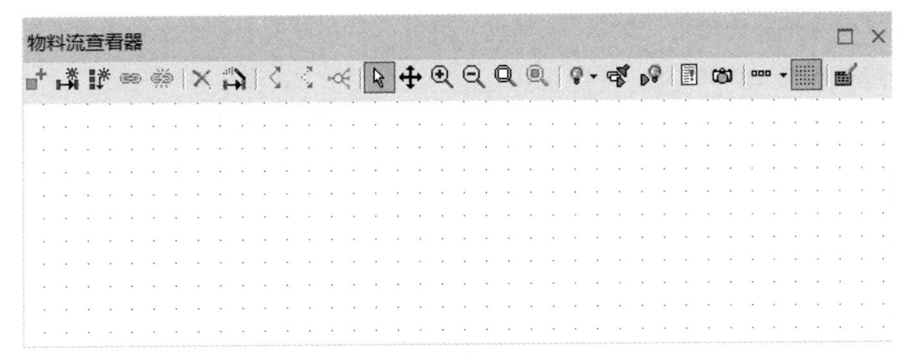

图 2-6

“物料流查看器”工具栏如图 2-7 所示，各按钮命令的具体功能介绍如下。

图 2-7

- “添加操作”命令：选择操作添加到“物料流查看器”中。
- “新建物料流链接（MF Link）”命令：创建一个新的操作间物料流链接（MF Link）。
- “生成物料流链接（MF Link）”命令：根据确定的操作顺序自动创建所选操作间的链接。
- “链接操作”命令：在所选操作之间创建物料流链接（MF Link）。
- “断开链接操作”命令：断开所选操作之间的物料流链接（MF Link）。
- “删除”命令：将选中的物料流链接（MF Link）对象或者操作对象从“物料流查看器”中删除。
- “创建默认物料流结构”命令：系统根据操作自动创建默认的物料流结构。
- “设为同步链接”命令：将选定的可选链接设置为同步链接。
- “设为可选链接”命令：将选定的同步链接设置为可选链接（注意，系统默认物料流链接是同步链接）。
- “创建备选组”命令：可以将多个现有链接组合成组。“备选组”中包含多个链接，但组内的链接是同步链接。当选择了多个链接并创建了一个“备选组”之后，这些链接的类型会被自动改为“同步”。另外，需要注意，不能直接从组里增加或者移除链接，必须先通过“删除”命令删除备选组，然后再使用“创建备选组”命令重新创建。
- “选择”命令：可以选择并拖曳操作对象或者选择链接对象。
- “平移”命令：可以移动整个物料流结构。
- “放大”命令：可以放大整个物料流结构。
- “缩小”命令：可以缩小整个物料流结构。

- “缩放至合适尺寸”命令：将整个物料流结构以最适合“物料流查看器”窗口的方式进行显示。
- “缩放至选择”命令：将所选对象以最适合“物料流查看器”窗口的方式进行显示。
- “显示和隐藏”命令：用于显示和隐藏操作的相关命令，如图 2-8 所示。

图 2-8

- “高亮显示零件消耗操作”命令：选择一个零部件（物料）外观，在“物料流查看器”中，将高亮显示所有消耗了该零部件（物料）的操作及相关链接。
- “显示零件”命令：在“物料流查看器”中显示各操作中分配的零部件（物料）。
- “物料流有效性报告”命令：该报告用于检查“物料流查看器”中内部或外部操作的有效性。该报告包括三种不同类型的操作项，如图 2-9 所示。

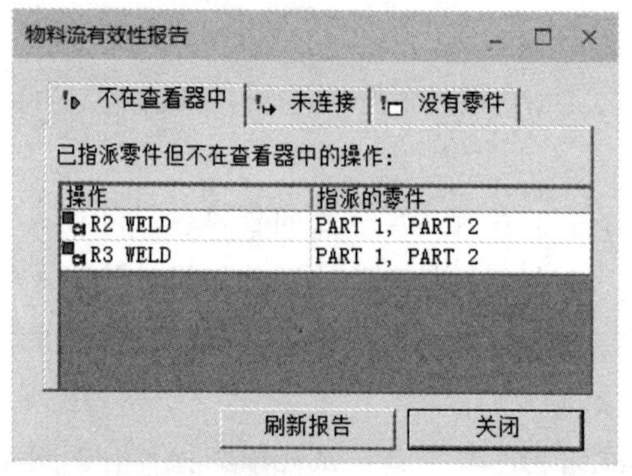

图 2-9

- “不在查看器中”：被分配了零件，应该参与在物料流结构中，但目前不在“物料流查看器”中的操作。
- “未连接”：在“物料流查看器”中，但是没有进料或出料物料流链接（MF Link）的操作，因此是与物料流结构失去链接的，在下次启动“物料流查看器”时也不会被加载进来。
- “没有零件”：在“物料流查看器”中有链接的操作，但是在查看器中是多余的，因为没有被分配零件。
- “导出至图像文件”命令：可以将“物料流查看器”中的整个物料流结构内容导出为图片格式文件（*.jpg）。
- “布局显示”命令：可以切换物料流结构的布局方式（水平或垂直排列），如图 2-10 所示。

- “切换网格”命令：可以显示或隐藏网格。
- “设置”命令：可以针对物料流和零件外观做相应设置，如图 2-11 所示。

图 2-10

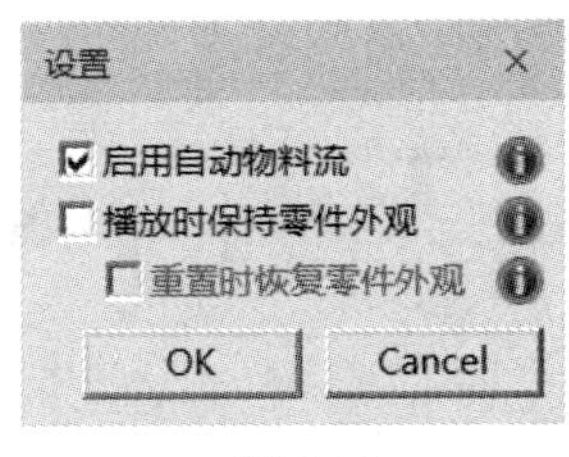

图 2-11

2.3 物料流应用

下面通过一个应用案例来详细了解一下操作间“物料流”的创建过程。

01 单击“以生产线仿真模式打开研究”按钮（图 2-12），弹出“打开”对话框，选择“Session 2-Material Flow”文件夹中的“S02-E01.psz”研究文件，然后单击“打开”按钮（图 2-13），系统将以生产线仿真模式打开该研究文件（图 2-14）。在弹出的警告对话框中，单击“关闭”按钮（图 2-15），关闭该警告对话框。

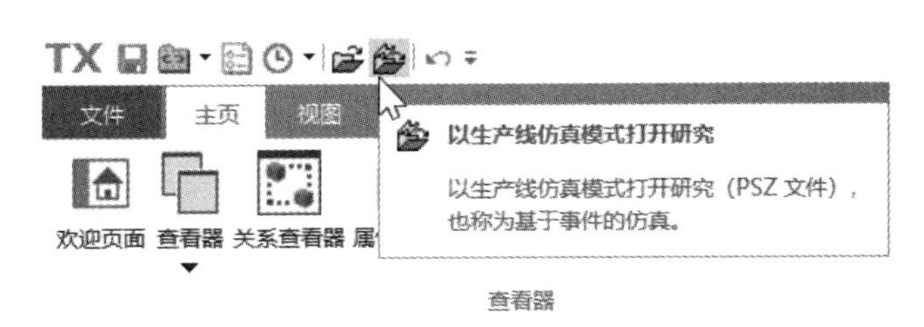

图 2-12

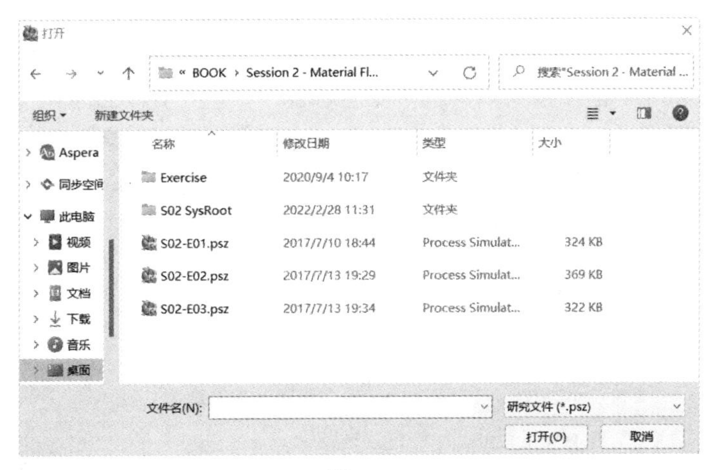

图 2-13

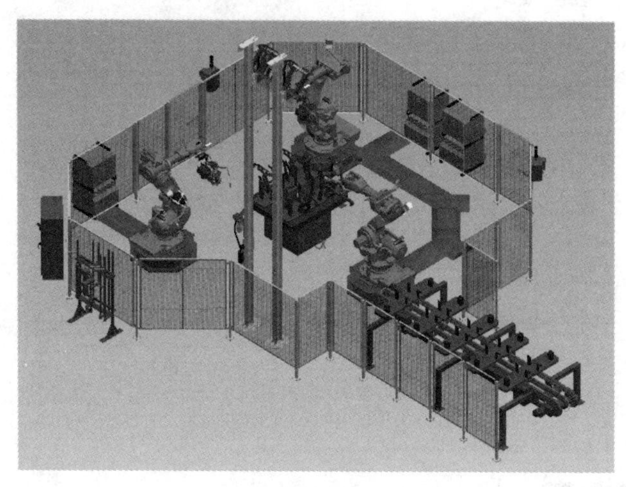

图 2-14

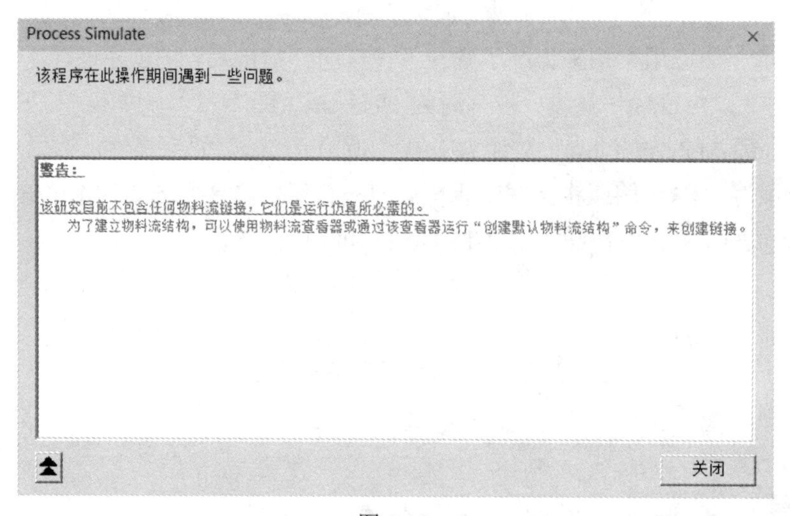

图 2-15

02 右击“操作树”查看器中的“LineOperation”操作（图 2-16），在弹出的快捷菜单中选择“设置当前操作”选项（图 2-17），在“序列编辑器”查看器中，可以看到已将“LineOperation”操作设为当前操作（图 2-18）。在“序列编辑器”查看器中，单击“正向播放仿真”按钮 ▸（图 2-18），运行该操作仿真。

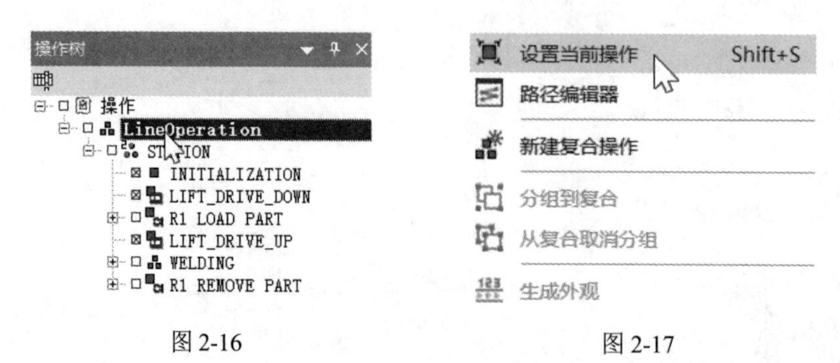

图 2-16　　图 2-17

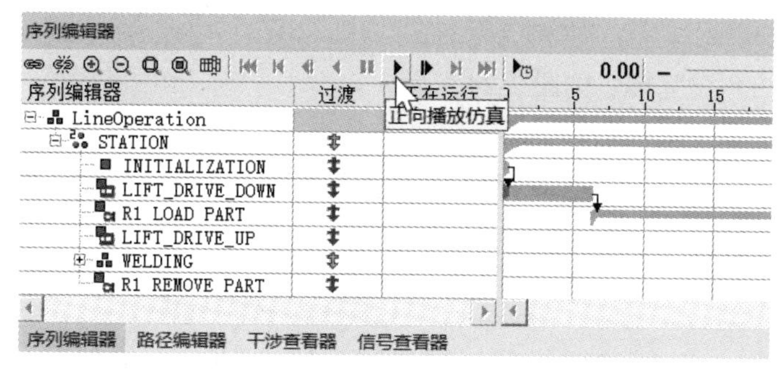

图 2-18

03 通过运行操作仿真，可以观察到在物料流方面存在的一些问题：首先，在升降机设备上没有看到零部件（物料）（图 2-19）；其次，零部件（物料）出现在焊接平台底座所在的地板上（图 2-20）；最后，虽然零部件会在仿真过程中显示，但会在操作过程中不断消失和重现，并没有按照工艺过程流转。

图 2-19

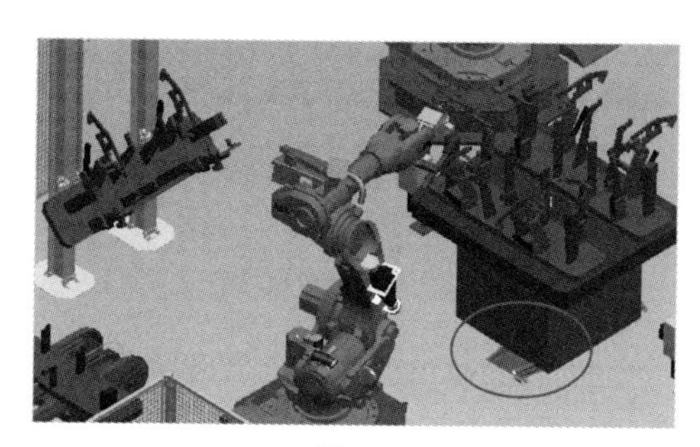

图 2-20

04 下面来解决这些出现的问题。执行“主页”→“查看器”→“物料流查看器”命令（图 2-21），打开如图 2-22 所示的“物料流查看器”。

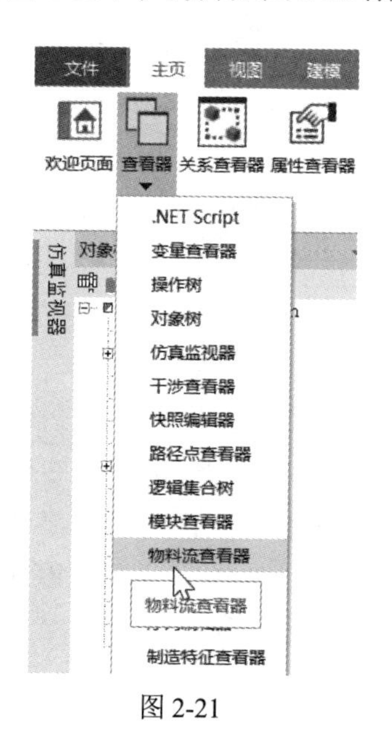

图 2-21

图 2-22

05 如图 2-23 所示，在“物料流查看器”中，单击“创建默认物料流结构”命令按钮，默认物料流创建完成，如图 2-24 所示。

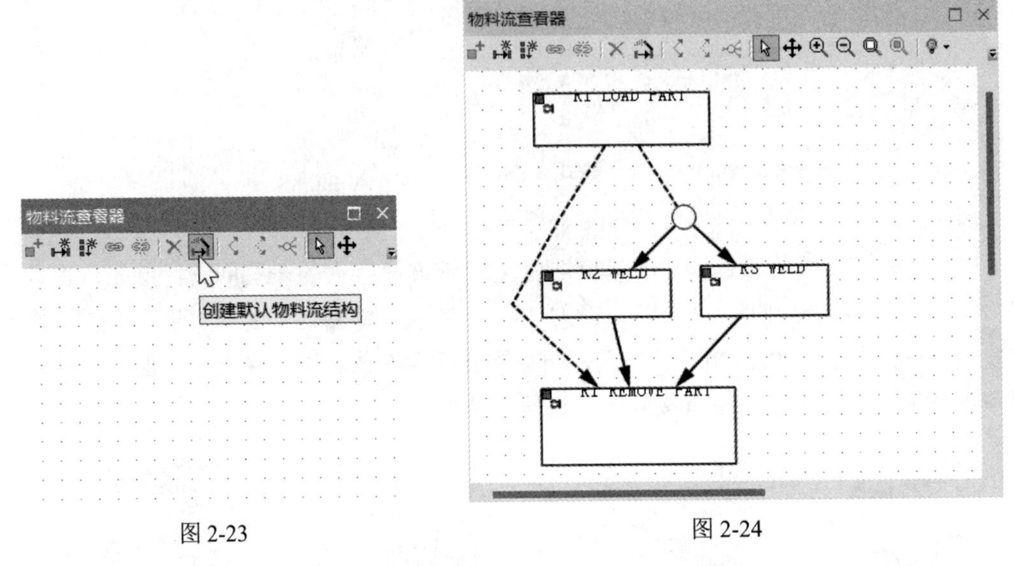

图 2-23　　　　图 2-24

06 如图 2-25 所示，单击“显示零件”命令按钮，可以看到各操作中零部件（物料）的分配情况，如图 2-26 所示。

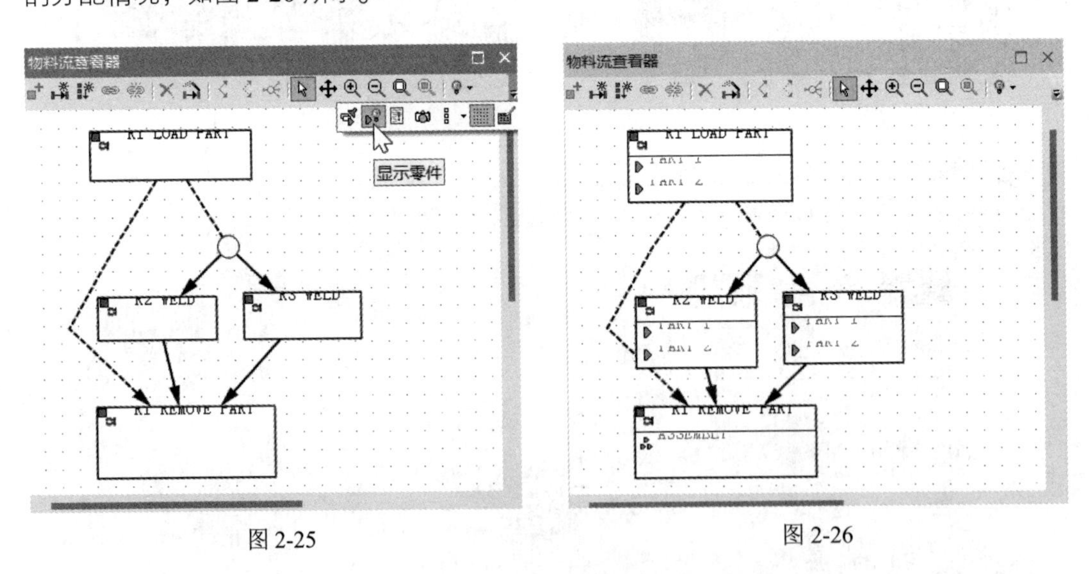

图 2-25　　　　图 2-26

07 在“序列编辑器”查看器中，单击“正向播放仿真”按钮，再次运行该操作仿真。在“对象树”查看器的“外观”类别中看到 PART1 和 PART2 两个零件外观在仿真过程中始终保持显示，如图 2-27 所示，直到整个仿真结束。开始时，出现了两个零件，在焊接完成后，其焊接成了一个部件，直至操作仿真循环结束时才消失。但是，零件始终没有被放置在正确的位置上，仍然位于绝对 0 点位置，如图 2-28 所示。

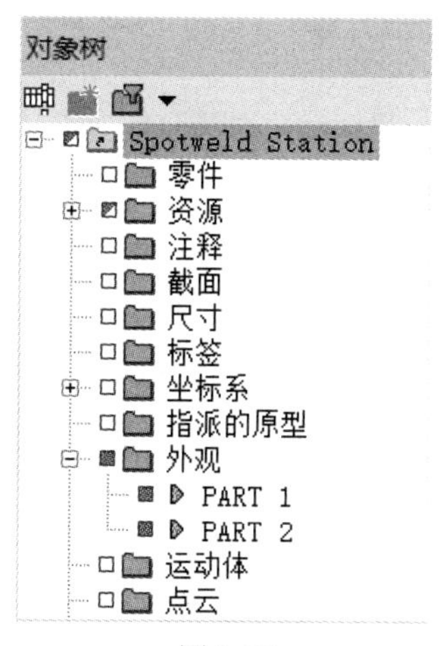

图 2-27

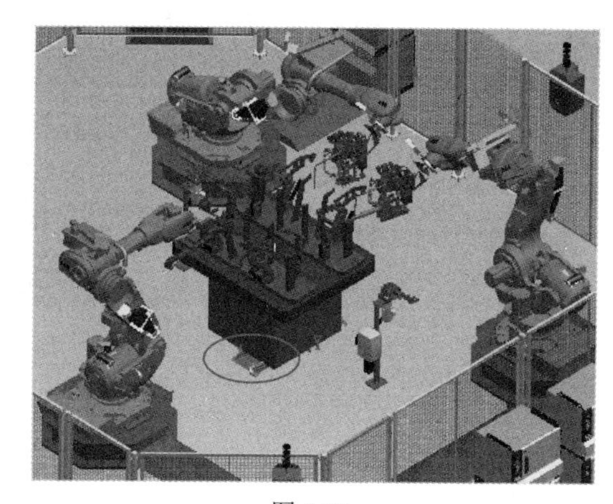

图 2-28

08 在“序列编辑器”查看器中，首先单击“暂停仿真”按钮 暂停仿真（图 2-29）；然后，单击“将仿真跳转至起点”按钮（图 2-30），重置仿真。

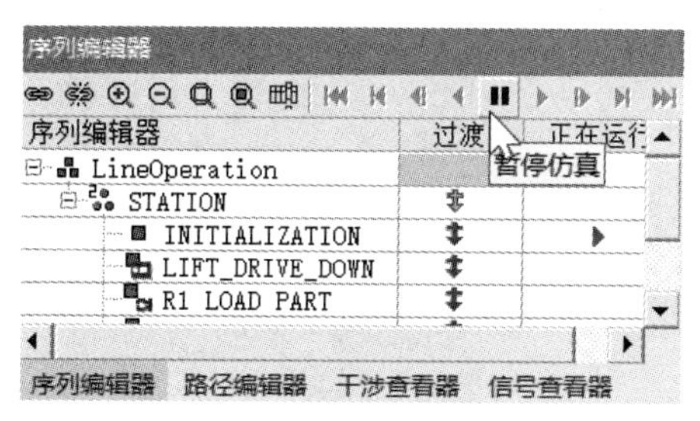

图 2-29

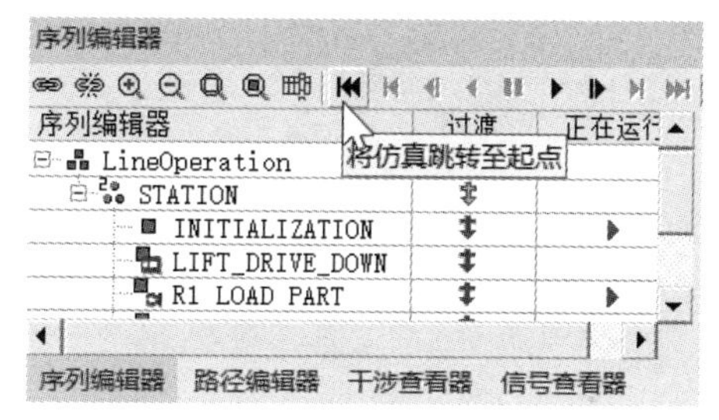

图 2-30

09 可以通过以下操作将零件外观正确地显示在仿真操作中。

（1）通过“R1 LOAD PART”操作生成零件外观。右击“操作树”查看器中的“R1 LOAD PART”操作（图 2-31），在弹出的快捷菜单中选择“生成外观”选项（图 2-32），此时将生成“R1 LOAD PART”操作的静态外观，如图 2-33 所示。

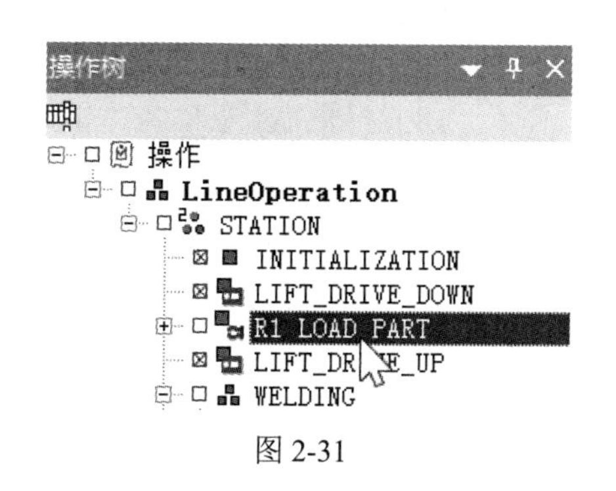

图 2-31

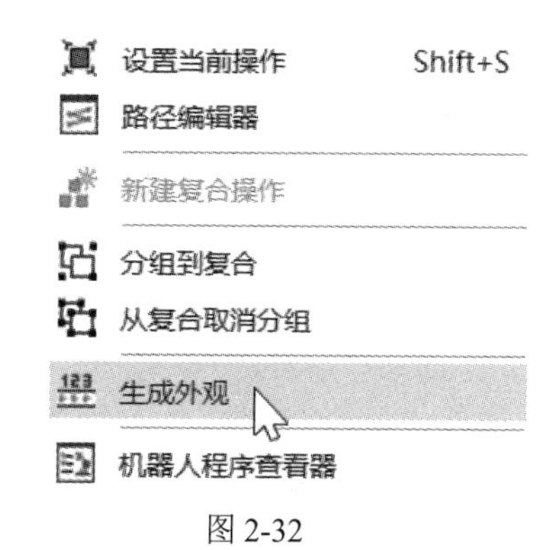

图 2-32

图 2-33

（2）升降机设备往下运动过程中也需要创建零件外观。右击“操作树”查看器中的“LIFT_DRIVE_DOWN”操作，如图 2-34 所示，在弹出的快捷菜单中选择“操作属性”选项，如图 2-35 所示，在弹出的对话框中单击“产品”折页项，然后在“对象树”查看器的“外观”类别中，分别单击 PART 1 和 PART 2，将 PART 1 和 PART 2 两个零件添加到“产品实例”列表中，如图 2-36 所示。单击“属性”对话框中的“确定”按钮，退出对话框。

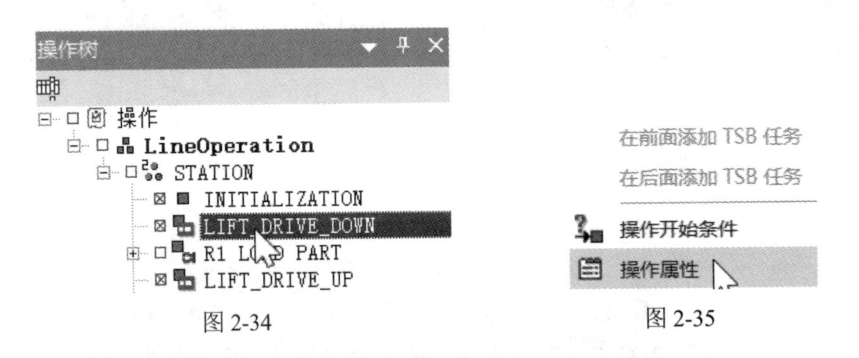

图 2-34　　图 2-35

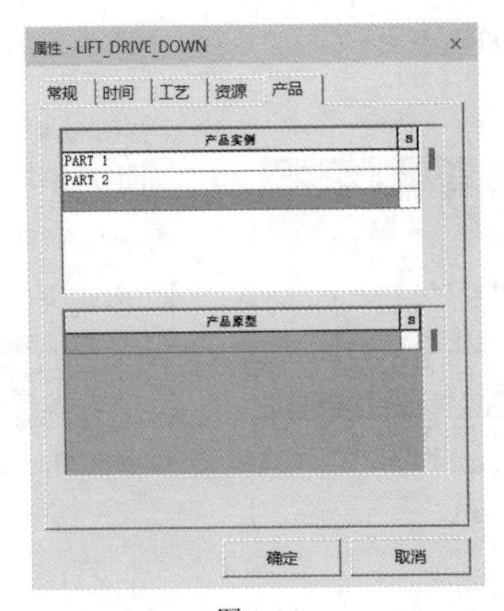

图 2-36

（3）通过“LIFT_DRIVE_DOWN”操作生成零件外观。右击“操作树”查看器中的“LIFT_DRIVE_DOWN”操作，如图 2-37 所示，在弹出的快捷菜单中选择“生成外观”选项，如图 2-38 所示，此时将生成“LIFT_DRIVE_DOWN”操作的静态外观，如图 2-39 所示。

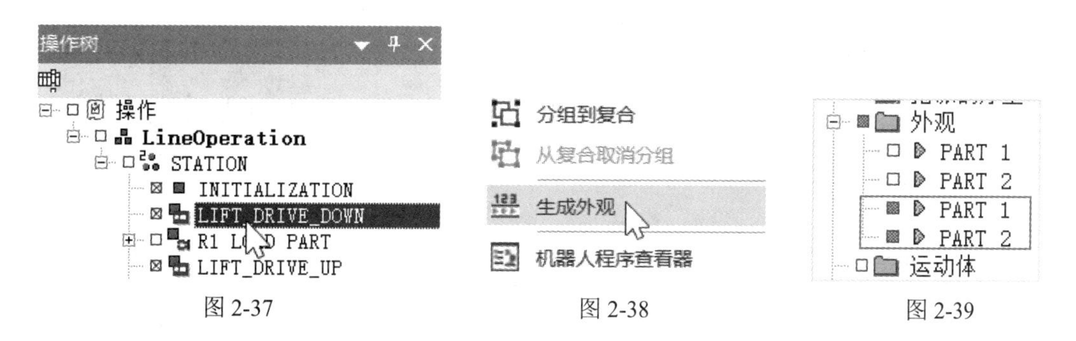

图 2-37　　图 2-38　　图 2-39

（4）由于零件 PART 1 和 PART 2 目前所显示的外观位置是创建该零部件（PART 1 和 PART 2）时所定的位置，因此需要重定位该零部件（PART 1 和 PART 2）的位置。对于整个操作序列而言，该零部件的初始位置应该与升降机设备的初始位置相互匹配。接下来完成该零部件的重新定位。

在图形窗口中，选择 PART 1 和 PART 2 两个零件（注意，要选择由“LIFT_DRIVE_DOWN”操作生成的零件外观），右击，在弹出的快捷菜单中选择“重定位”选项，如图 2-40 所示，弹出“重定位”对话框（图 2-41），其中，“从坐标”栏选择“自身”选项，“到坐标系”栏则在“对象树”查看器的“坐标系”类别中选择“PartPosition”选项，如图 2-42 所示。在图形窗口中显示的情况如图 2-43 所示。单击“重定位”对话框中的“应用”按钮（图 2-41），PART 1 和 PART 2 零件重定位后的结果如图 2-44 所示。

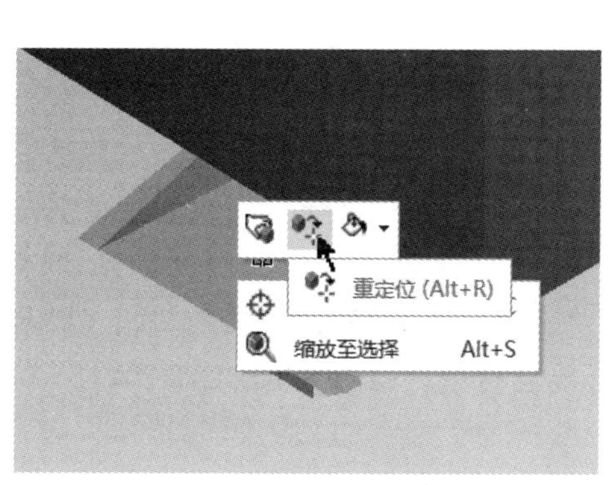

图 2-40

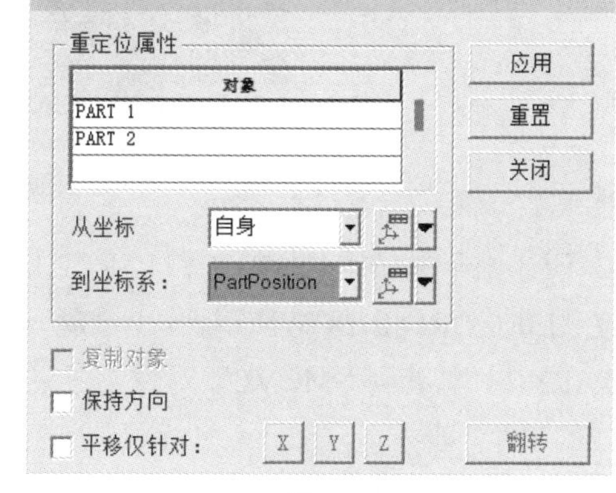

图 2-41

图 2-42

图 2-43

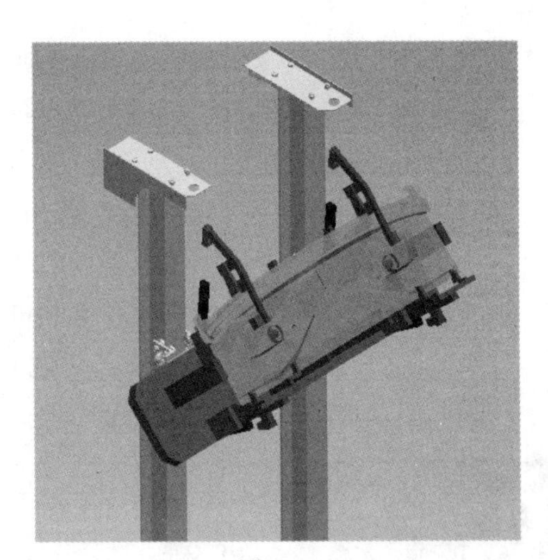
图 2-44

（5）由于零部件（PART 1 和 PART 2）还要跟随升降机设备一起向下移动，因此还需要在“LIFT_DRIVE_DOWN”操作上创建一个“附加事件”，并将两个零件外观（PART 1 和 PART 2）附着到“MOVE”对象上（注意，要选择由“LIFT_DRIVE_DOWN”操作生成的零件外观）。

在“序列编辑器”查看器中，右击“LIFT_DRIVE_DOWN”操作，如图 2-45 所示，在弹出的快捷菜单中选择“附加事件”选项（图 2-46）弹出“附加个对象”对话框（图 2-47），在图形窗口中分别单击 PART 1 和 PART 2，将零件添加到“附加个对象”对话框中的“对象”栏中，“到对象”栏则在“对象树”查看器的“资源”类别中单击“MOVE”

对象（图 2-48）进行添加。单击“确定”按钮退出对话框。

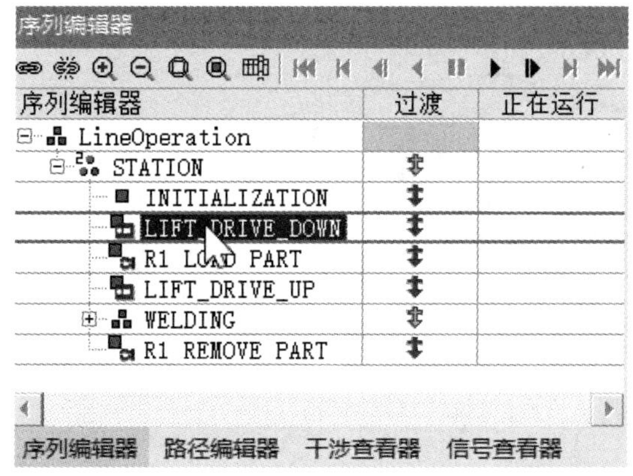

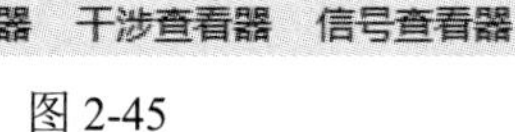

图 2-45

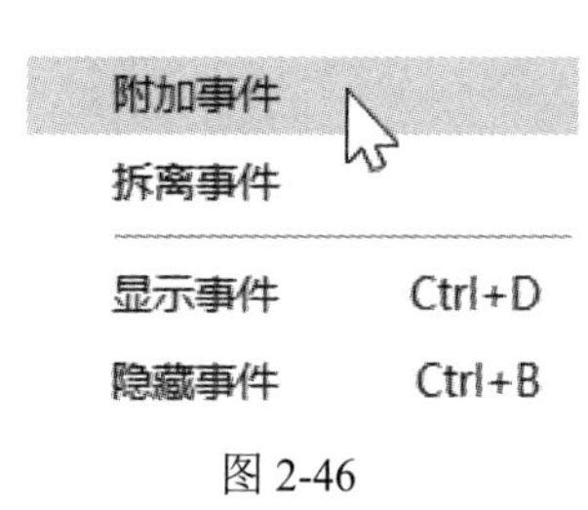

图 2-46

附加 个对象 (LIFT_DRIVE_DOWN)
要 附加 的对象：
对象
PART 1
PART 2
到对象：
MOVE
开始时
0.00 s 任务开始后
确定 取消

图 2-47

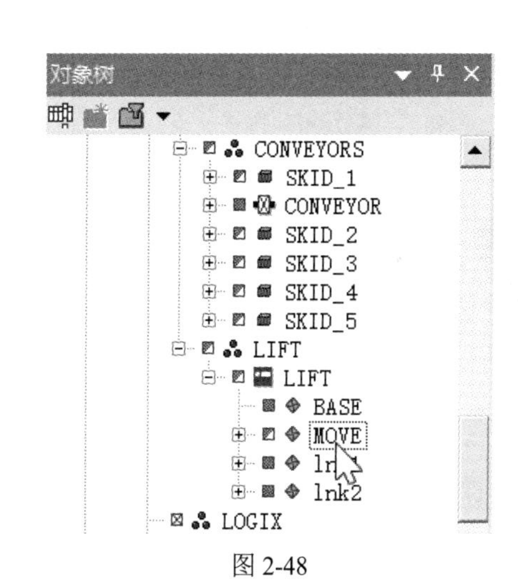

图 2-48

10 在“物料流查看器”中，再次单击“创建默认物料流结构”命令按钮（图 2-49），弹出删除已有链接的提示对话框，如图 2-50 所示，单击“是”按钮，新的默认物料流创建完成，如图 2-51 所示。

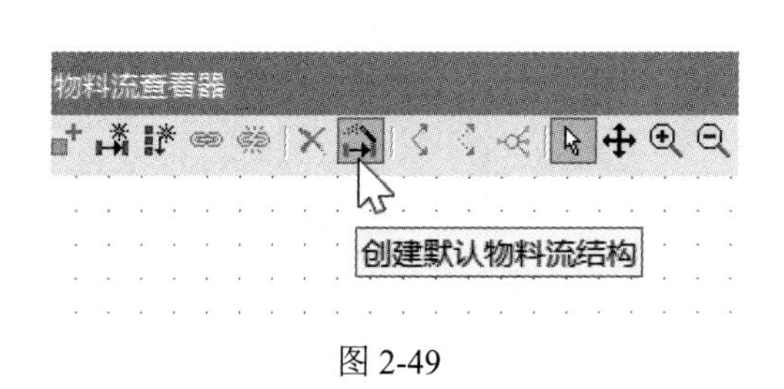

图 2-49

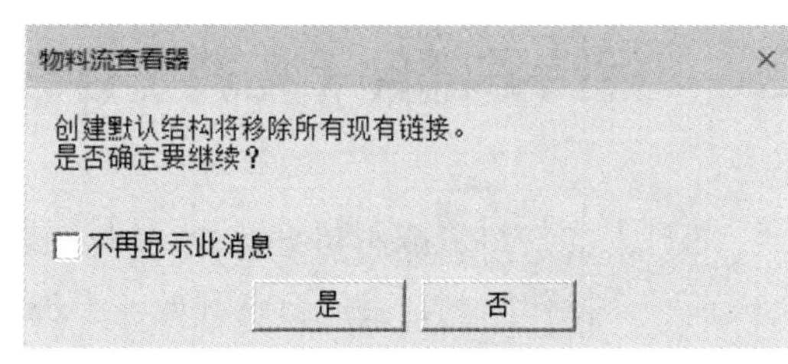

图 2-50

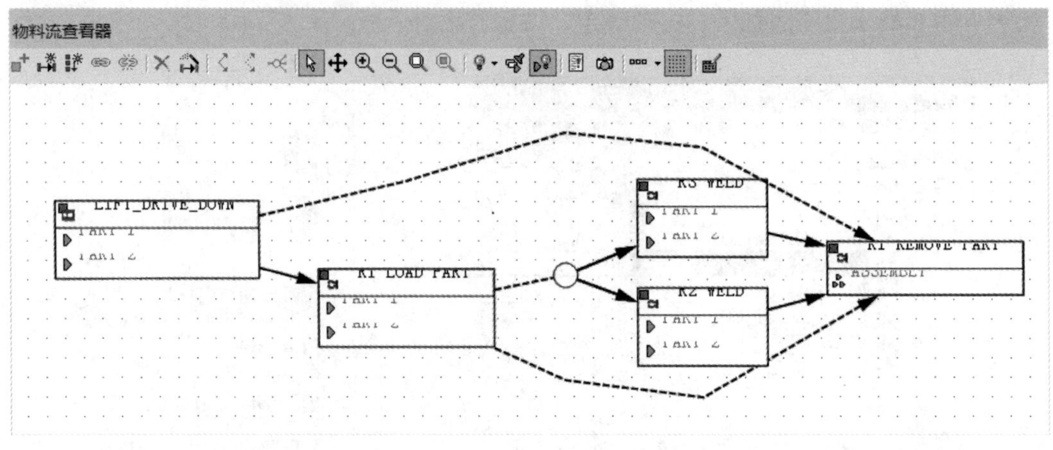

图 2-51

11 分别将添加在“R1 LOAD PART”和“R1 REMOVE PART”操作之间的可选物料流链接以及添加在“LIFT_DRIVE DOWN”和“R1 REMOVE PART”操作之间的可选物料流链接删除，结果如图 2-52 所示。

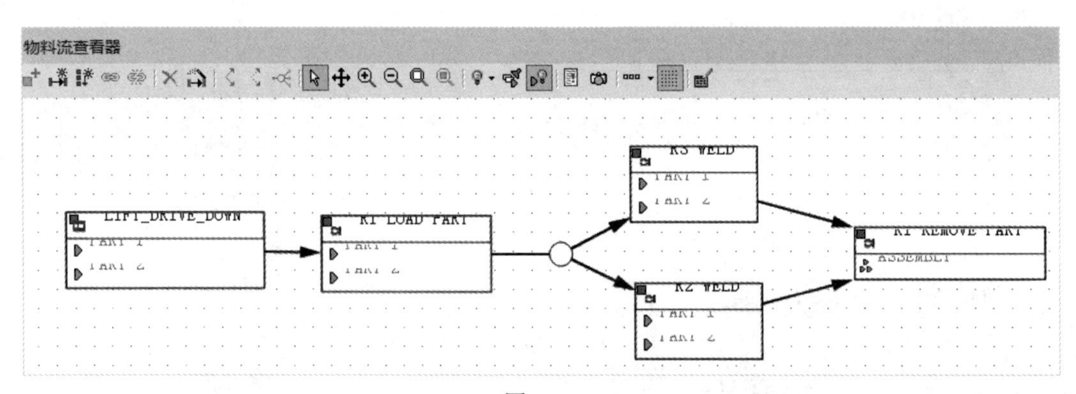

图 2-52

12 在“序列编辑器”查看器中，单击“正向播放仿真”按钮 ▶，运行仿真，可以看到：升降机设备在初始位置开始运载零部件（物料）下行，零部件（物料）被机器人拾取到焊接夹具正确的位置上进行焊接，焊接完成后，两个零件变成一个部件（组件）。在整个仿真过程中，零部件（物料）是按照工艺过程进行流转的。

13 将完成的研究文件另外保存。

2.4 保持零部件（物料）存在状态

通过上面物料流应用仿真操作，可以看到当前的仿真以循环方式运行。每个循环都会在前一个操作序列结束后自动开始。零部件（物料）虽然也是按照工艺过程进行流转，但最后零部件（物料）被放在输送链上后就消失了。

如果希望自主控制仿真循环的开始并且在下一个仿真循环开始时，一直保持零部件（物料）存在状态，则需要对前面的仿真操作做一些修改。下面来完成相应的修改。

01 继续使用（2.3 节）完成并保存的研究文件。

02 在“操作”菜单下，执行“新建操作”（图 2-53）→“新建非仿真操作”命令（图 2-54），弹出“新建非仿真操作”对话框，输入名称“保持存在”，“范围”栏则通过在“操作树”查看器中选择“STATION”输入，持续时间为默认值 0（图 2-55）。

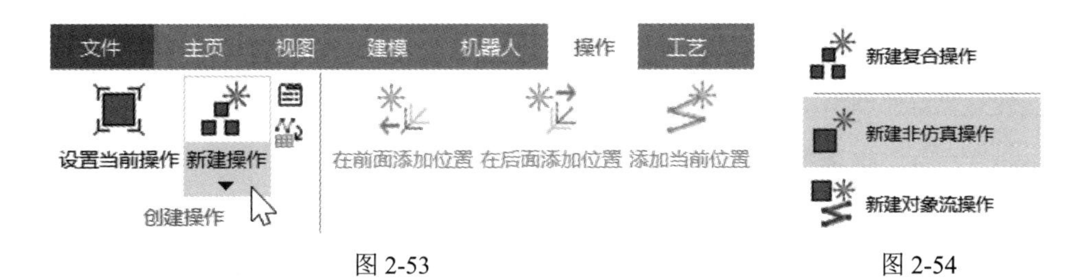

图 2-53　　　　图 2-54

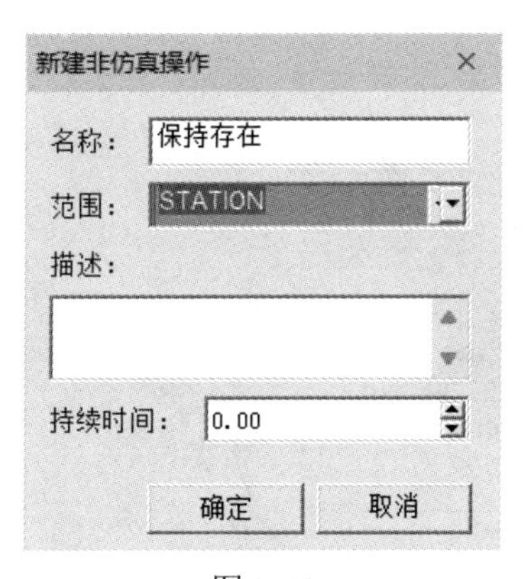

图 2-55

03 将新创建的“保持存在”操作与“R1 REMOVE PART”操作关联（图 2-56）。结果如图 2-57 所示。

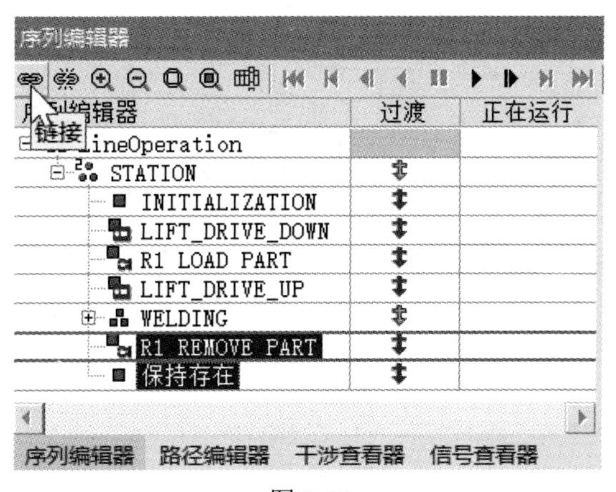

图 2-56

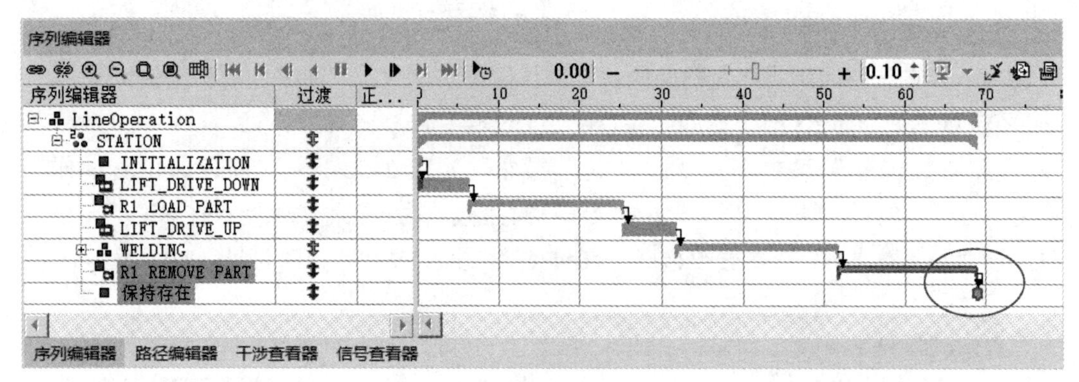

图 2-57

04 为了控制整个操作序列的执行，我们将创建一个信号。在如图 2-58 所示的“信号查看器”面板中，单击“新建信号”按钮 ，弹出如图 2-59 所示的“新建”信号对话框，选择信号类型为“资源输入信号”，名称为 START CYCLE，单击“确定”按钮，退出对话框。在如图 2-60 所示的“信号查看器”面板中，可以看到新增加了一个“START CYCLE”信号。

信号查看器

新建信号

信号名称	内存	类型	Robot Signal Nar
…IVE_DOWN_end		BOOL	
R1 LOAD PART_end		BOOL	
LIFT_DRIVE_UP_end		BOOL	
R2 WELD_end		BOOL	
R3 WELD_end		BOOL	
R2 TDR_end		BOOL	
R3 TDR_end		BOOL	
R1 REMOVE PART_end		BOOL	
INITIALIZATION_end		BOOL	

序列编辑器 路径编辑器 干涉查看器 信号查看器

图 2-58

新建

类型	数量	名称
☐ 关键信号	0	关键信号
☐ 显示信号	0	显示信号
☐ 资源输出信号	0	资源输出信号
☑ 资源输入信号	1	START CYCLE

确定 重置 取消

图 2-59

信号查看器

信号名称	内存	类型	Robot Signal Nar
R1 LOAD PART_end		BOOL	
LIFT_DRIVE_UP_end		BOOL	
SERVICE_end		BOOL	
R2 WELD_end		BOOL	
R3 WELD_end		BOOL	
R2 TDR_end		BOOL	
R3 TDR_end		BOOL	
R1 REMOVE PART_end		BOOL	
FIRST		BOOL	
保持存在_end		BOOL	
START CYCLE		BOOL	

序列编辑器 路径编辑器 干涉查看器 信号查看器

图 2-60

05 使用“START CYCLE”信号作为从“R1 REMOVE PART”到“保持存在”操作的过渡条件。在如图 2-61 所示的“序列编辑器”查看器中，双击“R1 REMOVE PART”操作右边“过渡”列中的 ⇕ 命令，弹出如图 2-62 所示的“过渡编辑器”对话框，单击“编辑条件”按钮，弹出如图 2-63 所示的对话框，将信号 "R1 REMOVE PART_end" 改为 RE("START CYCLE")。单击两次“确定”按钮，退回 Process Simulate 软件应用界面。

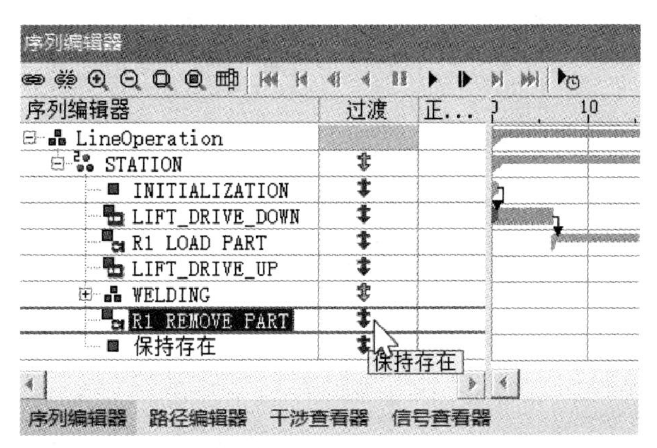

图 2-61

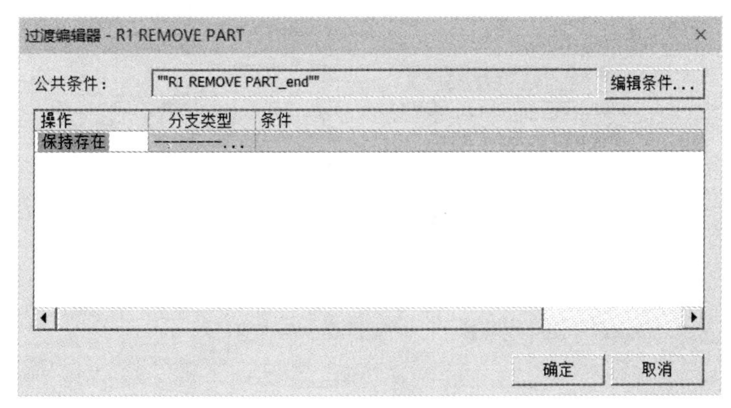

图 2-62

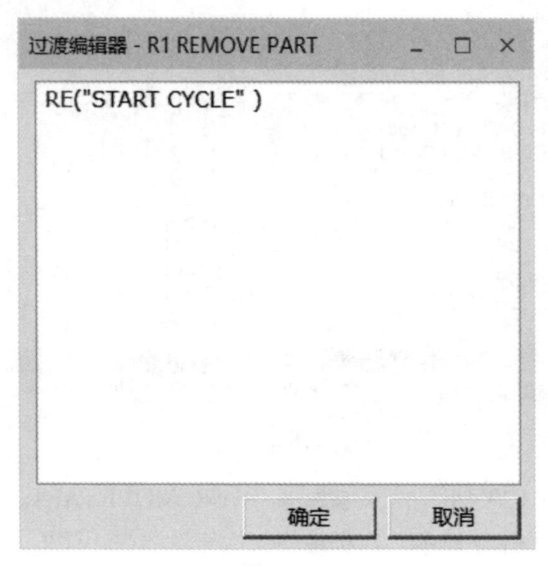

图 2-63

06 还需要更改“INITIALIZATION”操作的过渡条件。在如图 2-64 所示的“序列编辑器”查看器中，双击“INITIALIZATION”操作右边“过渡”列中的 ⇕ 命令，弹出如图 2-65 所示的“过渡编辑器”对话框，单击“编辑条件”按钮，弹出如图 2-66 所示的对话框，将信号改为 NOT FIRST OR 保持存在 _end。单击两次“确定”按钮，退回 Process Simulate 软件应用界面。

添加“保持存在 _end”信号时，可以通过单击“信号查看器”面板中的“保持存在 _end”信号输入。

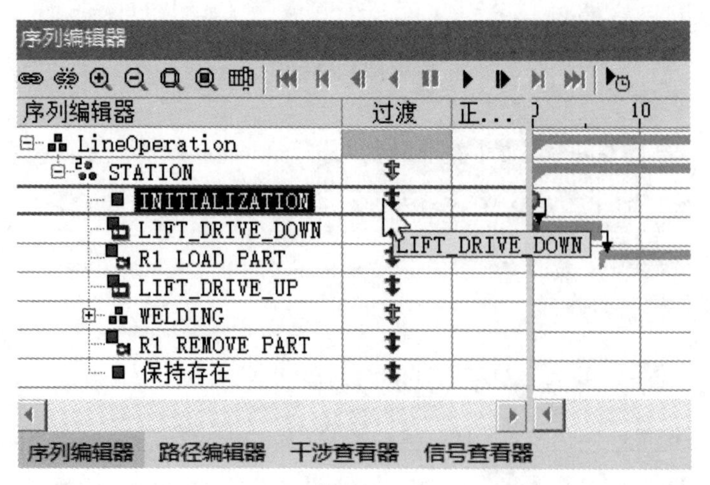

图 2-64

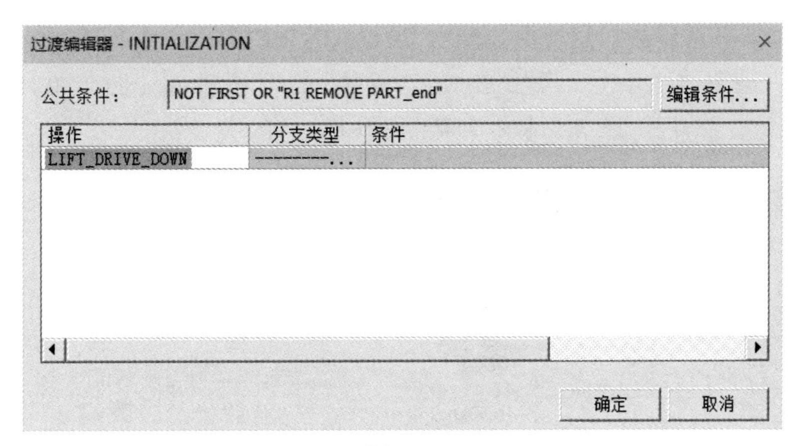

图 2-65

图 2-66

07 打开“仿真面板”查看器。如图 2-67 所示，在“视图”菜单下，单击“仿真面板”命令按钮，弹出如图 2-68 所示的“仿真面板”查看器。

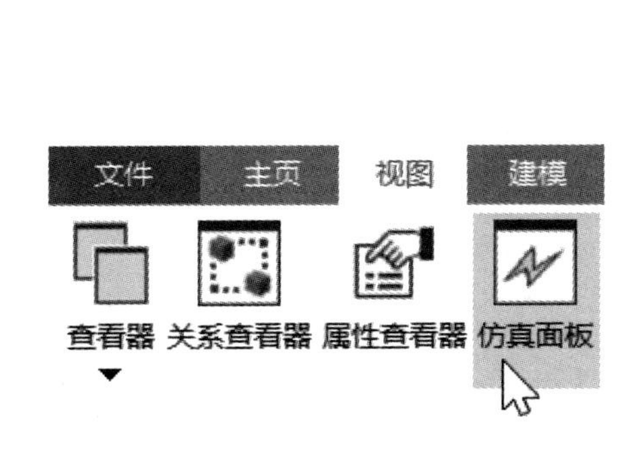

图 2-67

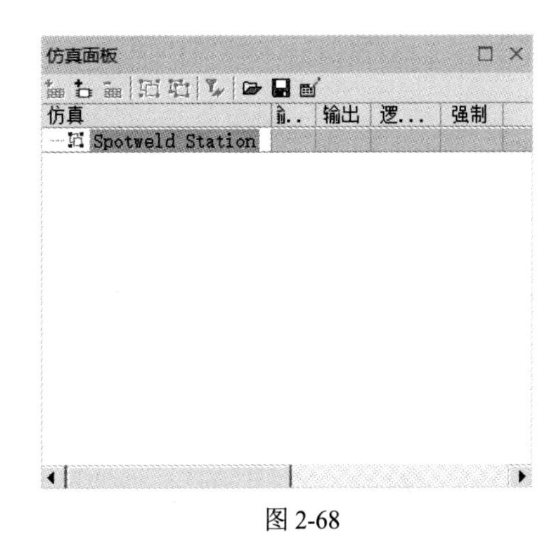

图 2-68

08 在“信号查看器”面板中，单击“START CYCLE”信号（图 2-69），然后在“仿真面板”查看器中单击“添加信号到查看器”命令按钮（图 2-70），“START CYCLE”信号被添加到“仿真面板”查看器中（图 2-71）。

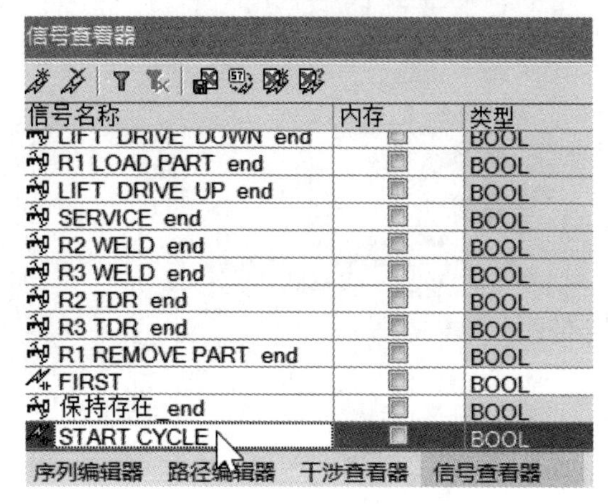

图 2-69

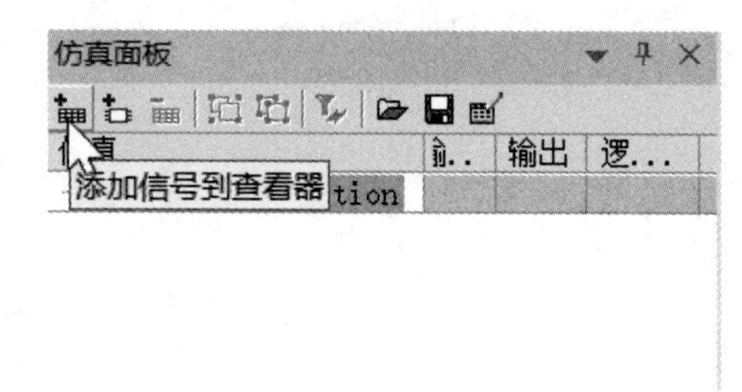

图 2-70

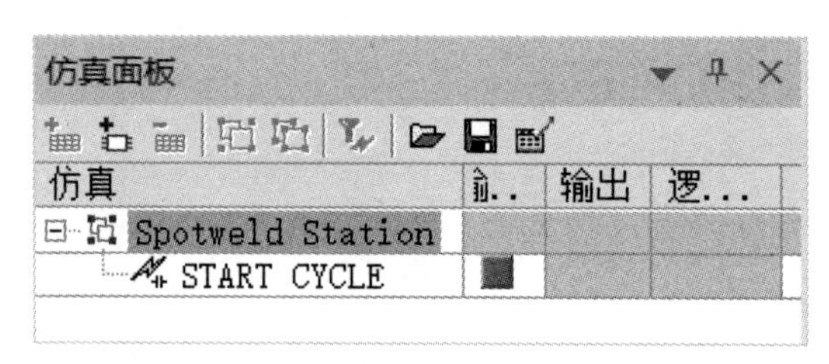

图 2-71

09 在“序列编辑器”查看器中，单击“正向播放仿真”按钮，运行仿真，可以看到操作序列仿真在完成第一个循环后就停止了，处于等待状态中，直到双击“仿真面板”查看器中的“START CYCLE”信号后，如图 2-72 所示，才开始执行下一个循环。但是零部件（物料）仍然没有保持存在状态，被放置到输送链上就消失了。下面来解决这个问题。

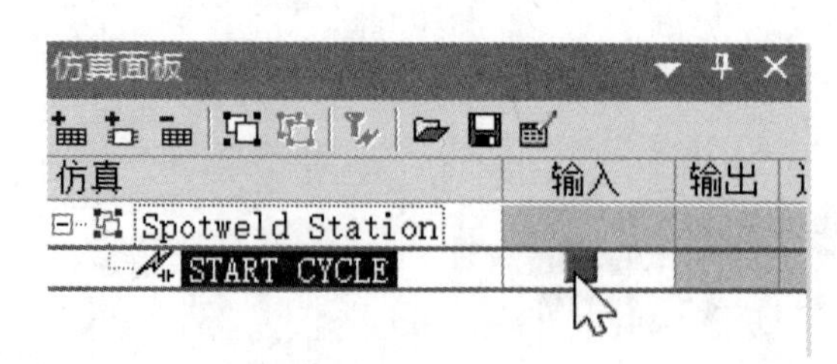

图 2-72

10 在“序列编辑器”查看器中单击“保持存在”操作（图 2-73），然后在“物料流查看器”中单击“添加操作”命令按钮（图 2-74），将“保持存在”操作添加到“物料流查看器”中。

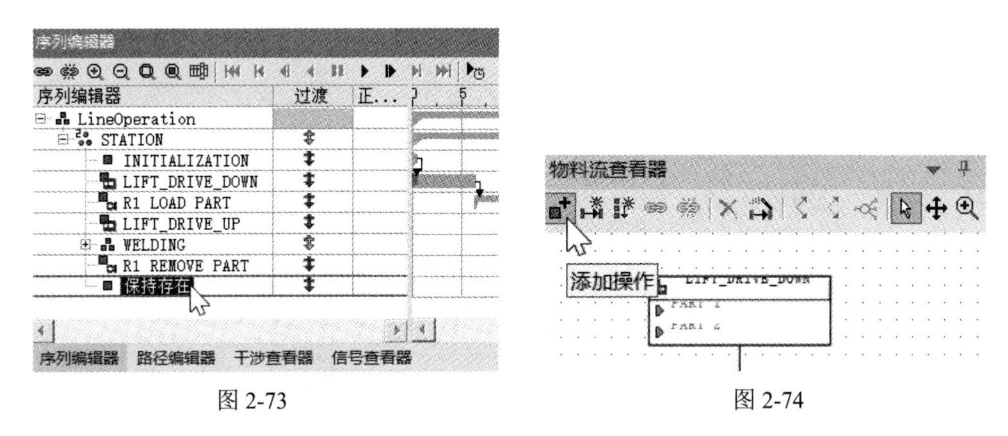

图 2-73　　　　图 2-74

11 如图 2-75 所示，将“保持存在”操作拖放到物料流结构的最后。接着，选择“R1 REMOVE PART”和“保持存在”操作，再单击“链接操作”命令按钮 ，（图 2-75），结果如图 2-76 所示。

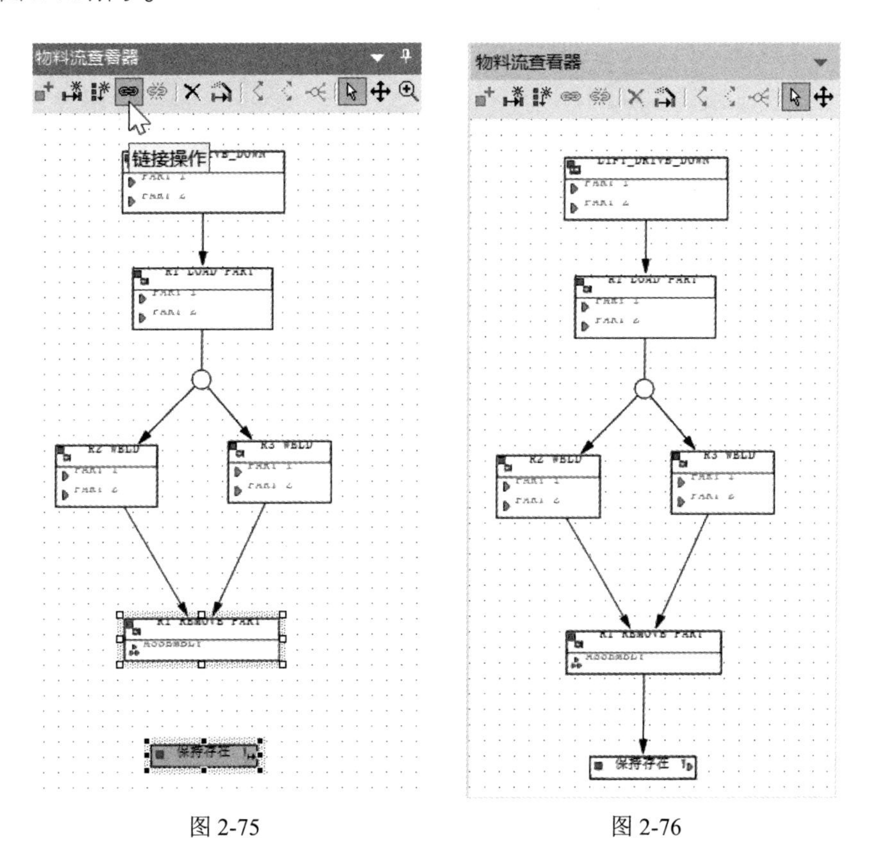

图 2-75　　　　图 2-76

12 在“序列编辑器”查看器中，单击“正向播放仿真”按钮 ，运行仿真，可以看到操作序列仿真在完成第一个循环后就停止了，零部件（物料）被放置到输送链上后也依然保持存在状态。整个操作序列处于等待状态中，直到双击“仿真面板”查看器中的“START CYCLE”信号后（图 2-72），才开始执行下一个循环。

13 将完成的研究文件另外保存。

2.5 物料流最佳实践应用

通过创建一个物料流结构来保持零件外观，更好地控制零部件（物料）在整个工艺流程中的流转。操作步骤如下。

01 继续使用 2.4 节完成并保存的研究文件。

02 在“操作”菜单下，执行“新建操作”（图 2-77）→“新建复合操作”命令（图 2-78），弹出“新建复合操作”对话框，输入操作名称为综合操作，“范围”栏为 STATION（图 2-79），单击“确定”按钮退出对话框。

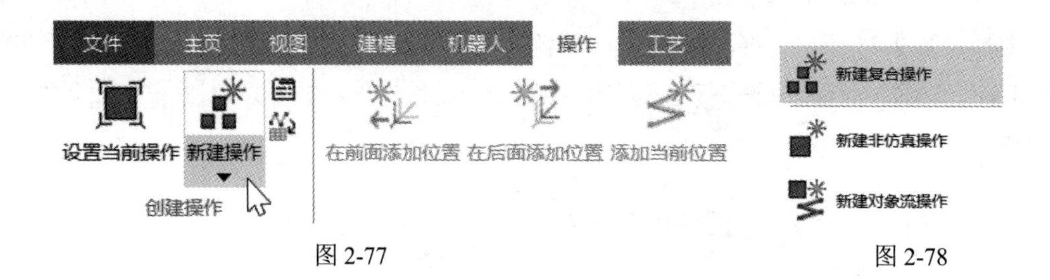

图 2-77　　图 2-78

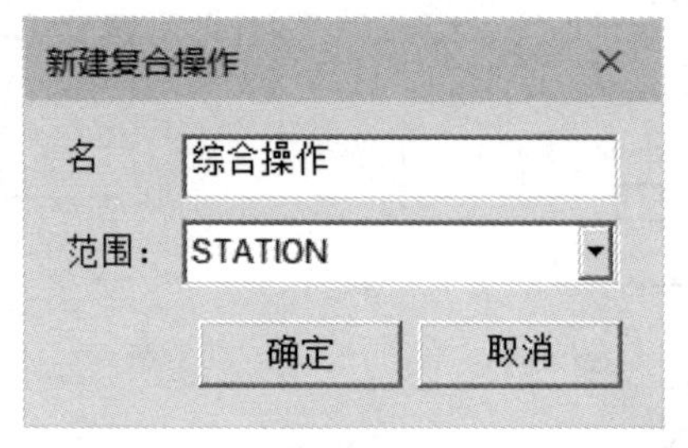

图 2-79

03 在“操作”菜单下，执行“新建操作”→“新建非仿真操作”命令，弹出“新建非仿真操作”对话框，输入操作名称为 GENERATE PARTS，“范围”栏则通过在“操作树”查看器中选择“综合操作”输入，持续时间为默认值 0（图 2-80）。

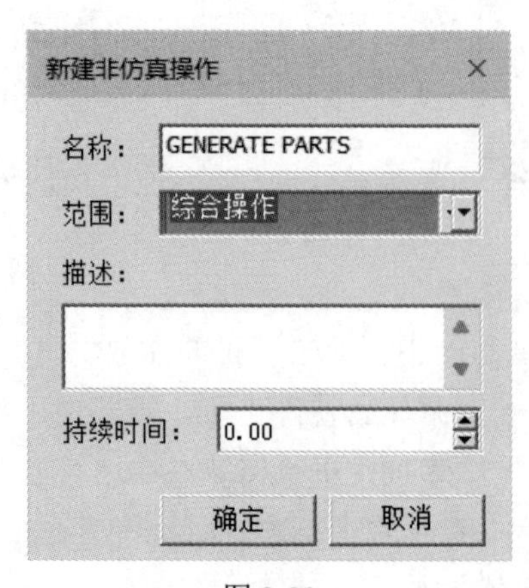

图 2-80

04 用同样的操作方法，再创建三个分别命名为“PROCESS PARTS”“ASSEMBLE PARTS”和“REMOVE ASSEMBLY”的非仿真操作，结果如图 2-81 所示。

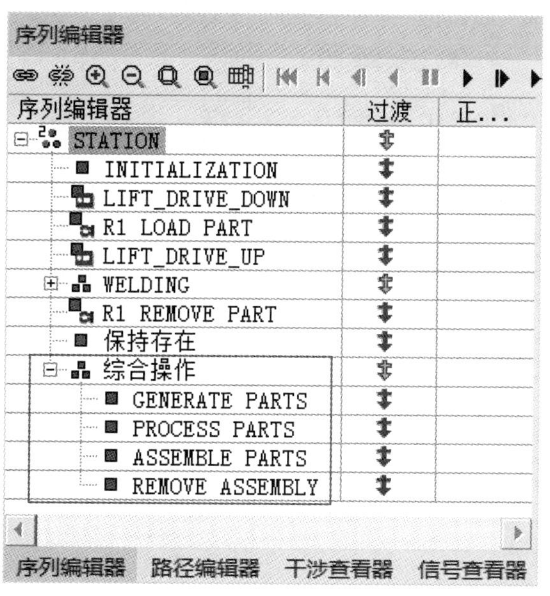

图 2-81

05 如图 2-82 所示，将新创建的“GENERATE PARTS”“PROCESS PARTS”“ASSEMBLE PARTS”和“REMOVE ASSEMBLY”四个操作关联起来，结果如图 2-83 所示。

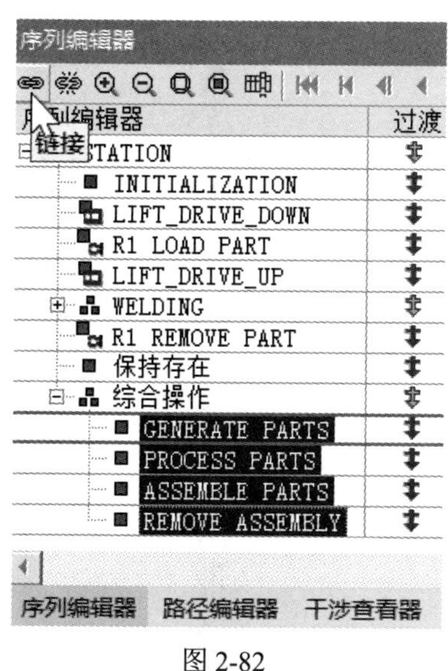

图 2-82

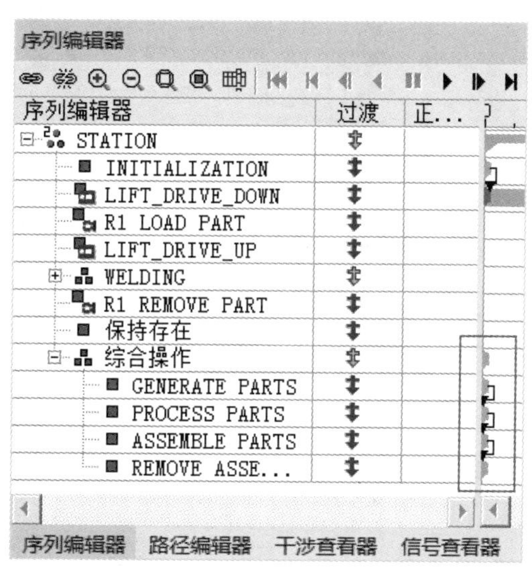

图 2-83

06 将“INITIALIZATION”操作与复合操作“综合操作”关联起来，结果如图 2-84 所示。

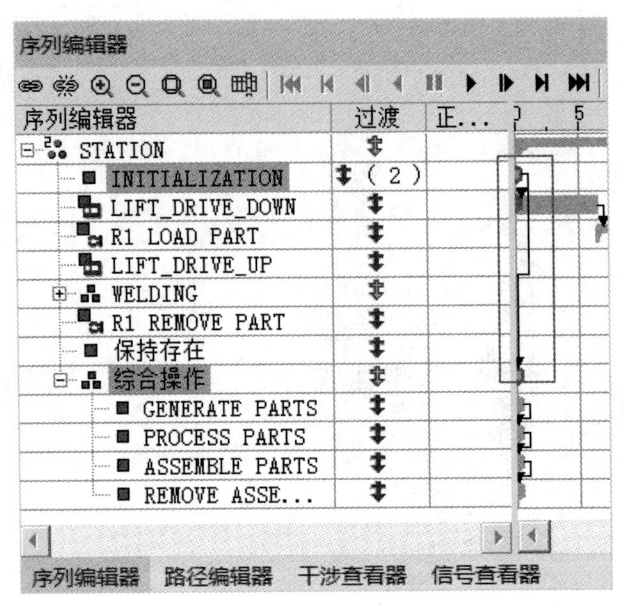

图 2-84

07 删除“保持存在”操作，结果如图 2-85 所示。

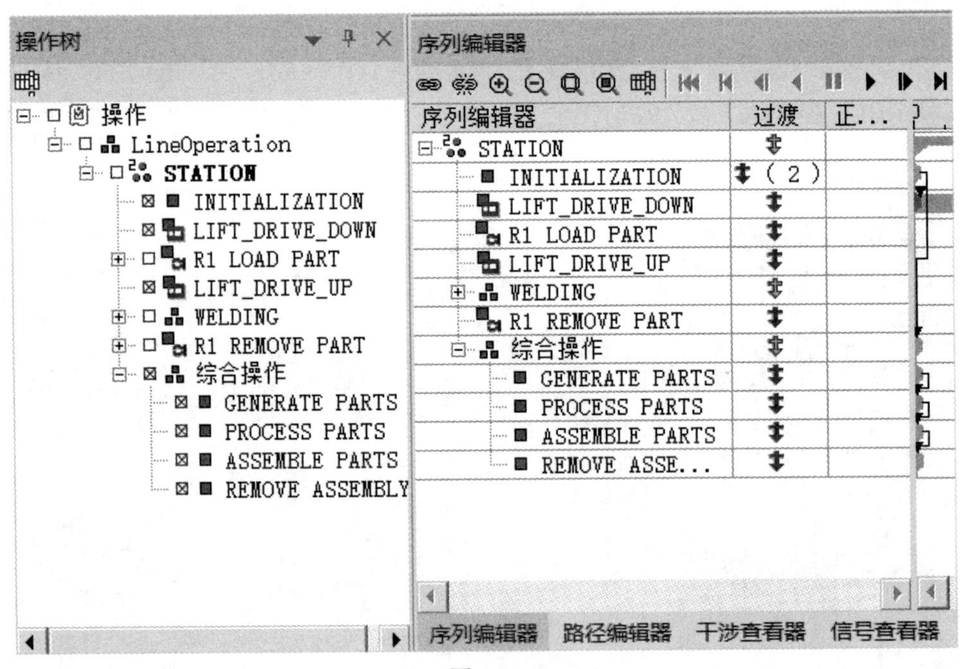

图 2-85

08 在如图 2-86 所示的“序列编辑器”中，双击“INITIALIZATION”操作右边“过渡”列中的 ⇕ 命令，弹出如图 2-87 所示的“过渡编辑器”对话框，单击对话框中的“编辑条件”按钮，在弹出的对话框中，将信号改为 NOT FIRST OR "R1 REMOVE PART_end"。单击两次“确定”按钮，退回 Process Simulate 软件应用界面。

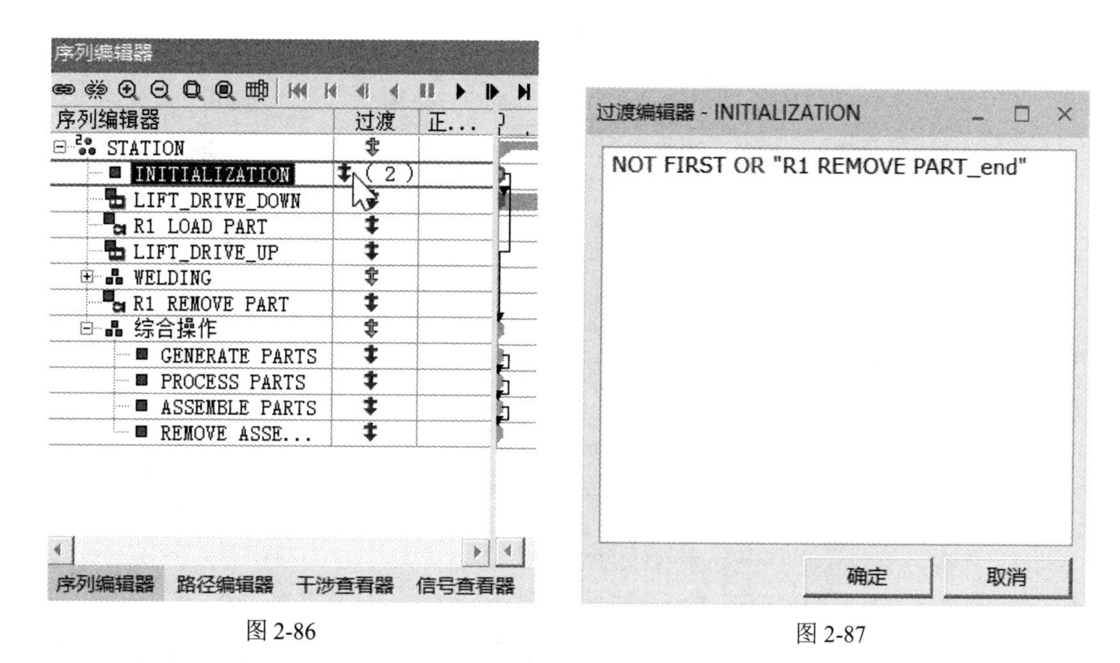

图 2-86　　图 2-87

09 同理，将“PROCESS PARTS”操作的过渡条件改为 "R2 WELD_end"，如图 2-88 所示，“ASSEMBLE PARTS”操作的过渡条件改为 "R1 REMOVE PART_end"，如图 2-89 所示。

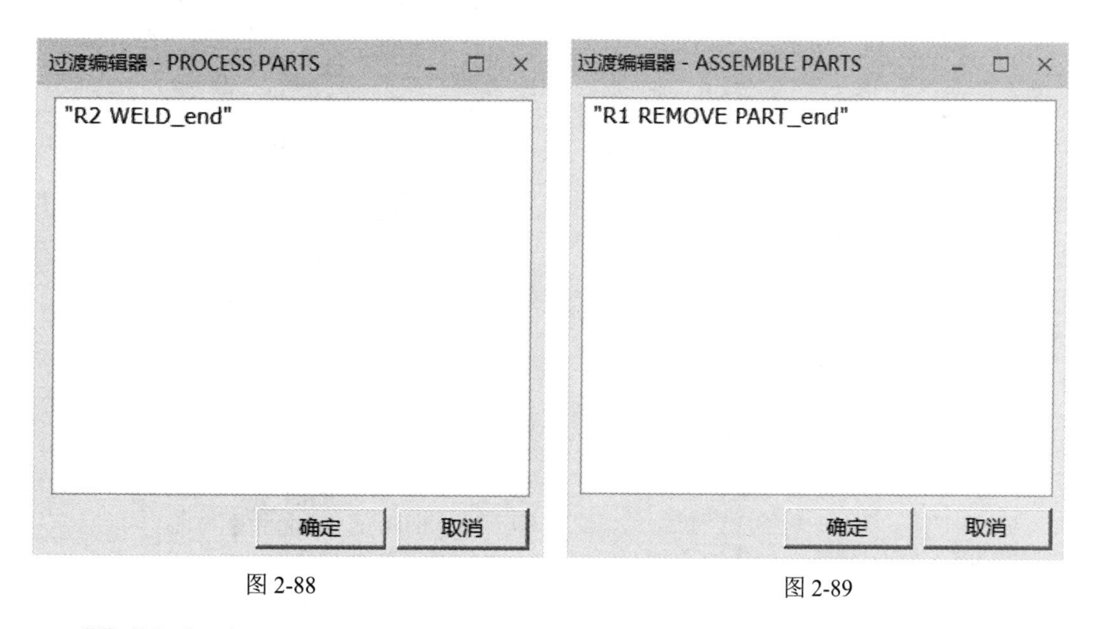

图 2-88　　图 2-89

10 将添加到“LIFT_DRIVE_DOWN”操作上的附加事件删除（保留信号事件）。在“序列编辑器”查看器中，单击“LIFT_DRIVE_DOWN”操作上的附加事件，如图 2-90 所示，按 Delete 键删除即可。

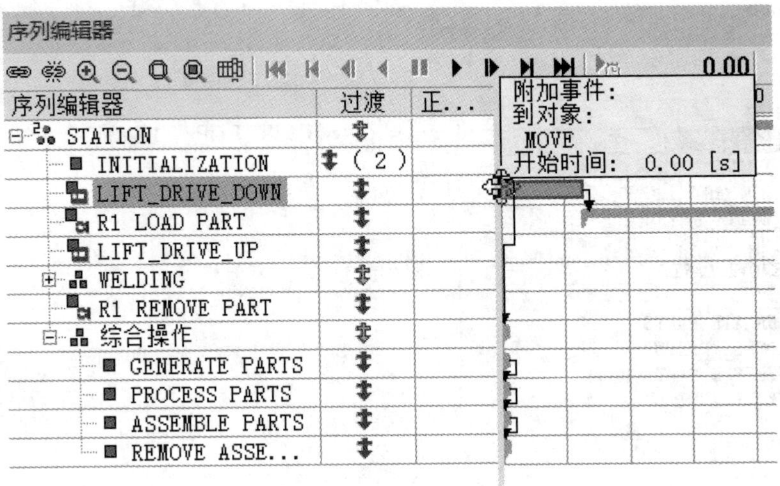

图 2-90

11 将零件数据分配到新创建的“综合操作”中。

（1）在“操作树”查看器中，右击“LIFT_DRIVE_DOWN”操作，在弹出的快捷菜单中选择“生成外观”选项，在“对象树”查看器“外观”类别中就显示出了该操作的零件外观，如图 2-91 所示。

（2）同理，显示“R1 REMOVE PART”操作的零件外观，如图 2-92 所示。

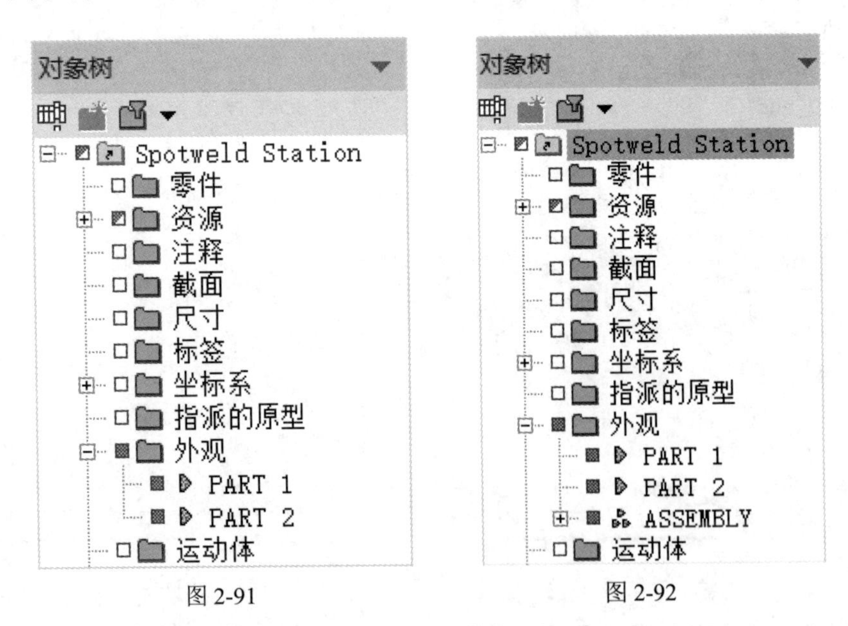

图 2-91　　图 2-92

（3）将零件“PART 1”和“PART 2”分配到“GENERATE PARTS”操作中。

在“操作树”查看器中，右击“GENERATE PARTS”操作，在弹出的快捷菜单中选择“操作属性”选项，在弹出的对话框中单击“产品”折页项，通过选择“对象树”查看器“外观”类别中的零件“PART 1”和“PART 2”，将零件添加到“产品实例”列表中，如图 2-93 所示。单击“确定”按钮退出对话框。

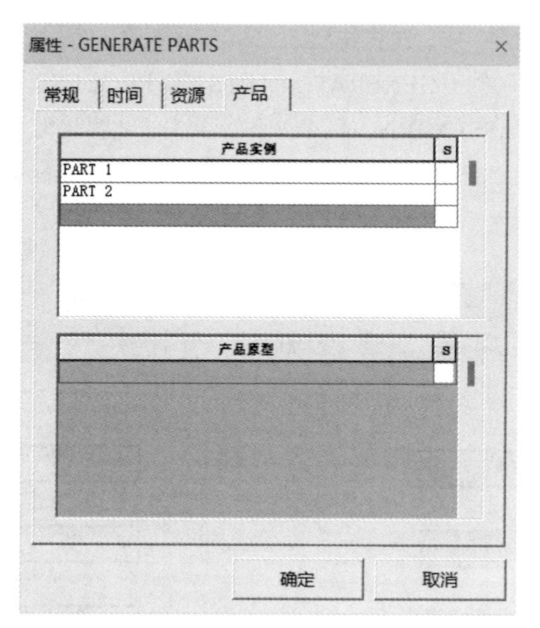

图 2-93

（4）同理，用同样的操作方式，将部件“ASSEMBLY”分配到“ASSEMBLE PARTS”操作中，如图 2-94 所示。

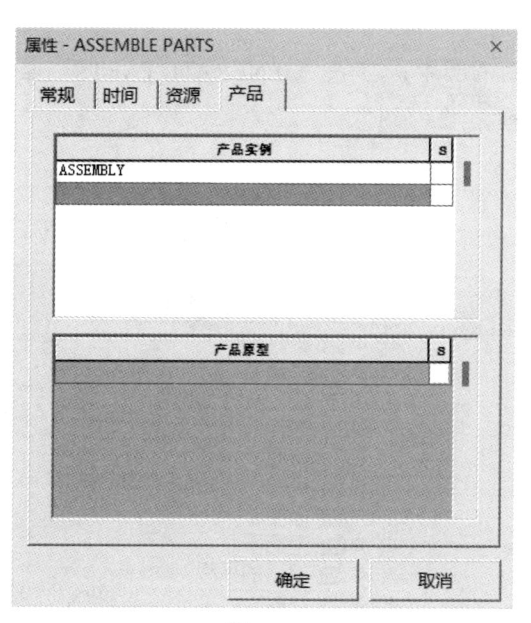

图 2-94

（5）将“综合操作”所含操作之外的其他操作分配的零件全部删除。

在“操作树”查看器中，右击选定的操作，在弹出的快捷菜单中选择“操作属性”选项，在弹出的对话框中单击“产品”折页项，按 Delete 键将添加到“产品实例”列表中的零件删除。单击“确定”按钮退出对话框。请注意一定要将操作中分配的零件删除干净。

12 在“物料流查看器”中，先将物料流结构全部删除。然后，在“操作树”查看器中，选择“综合操作”下的“GENERATE PARTS”“PROCESS PARTS”“ASSEMBLE PARTS”和“REMOVE ASSEMBLY”四个操作，单击“物料流查看器”中的“添加操作”命令按钮，结果如图 2-95 所示。单击“新建物料流链接”命令按钮，将四个操作链接起来，如图 2-96 所示。

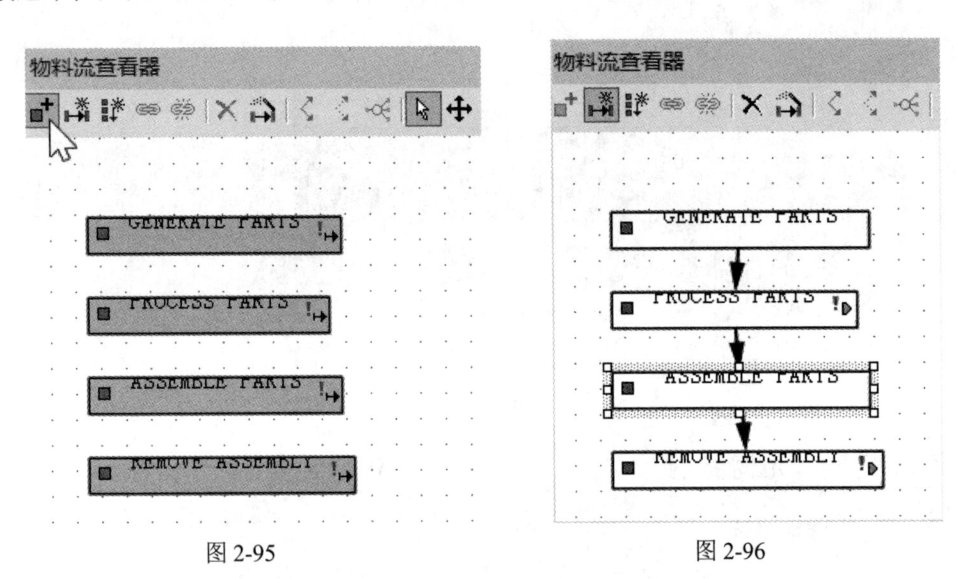

图 2-95　　图 2-96

13 在“操作树”查看器中，右击“GENERATE PARTS”操作，在弹出的快捷菜单中选择“生成外观”选项，在“对象树”查看器“外观”类别中就显示出了该操作的零件外观，如图 2-97 所示。

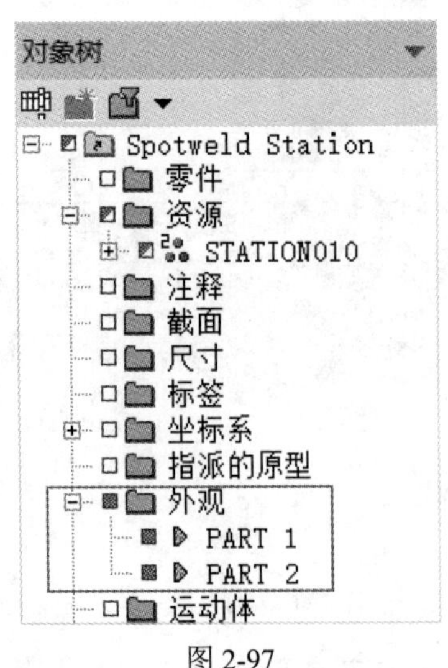

图 2-97

14 在“序列编辑器”查看器中，右击“GENERATE PARTS”操作，在弹出的快捷菜单中选择“附加事件”选项，在弹出的“附加个对象”对话框中，依次选择 PART 1

和 PART 2 零件添加到“对象”列表中，“到对象”栏则在“对象树”查看器的“资源”类别中（图 2-98）选择“MOVE”进行添加，结果如图 2-99 所示。单击“确定”按钮退出对话框。

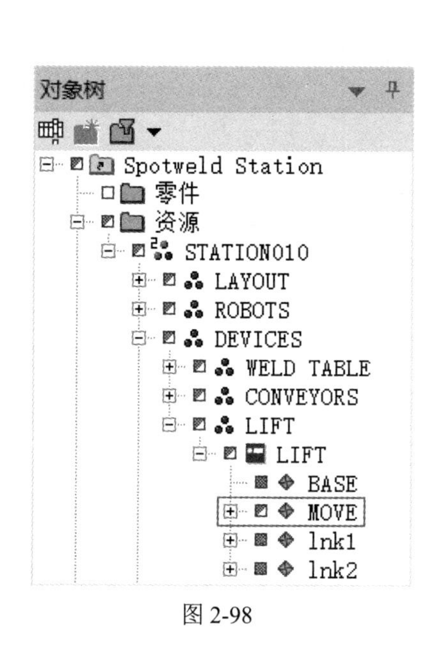

图 2-98

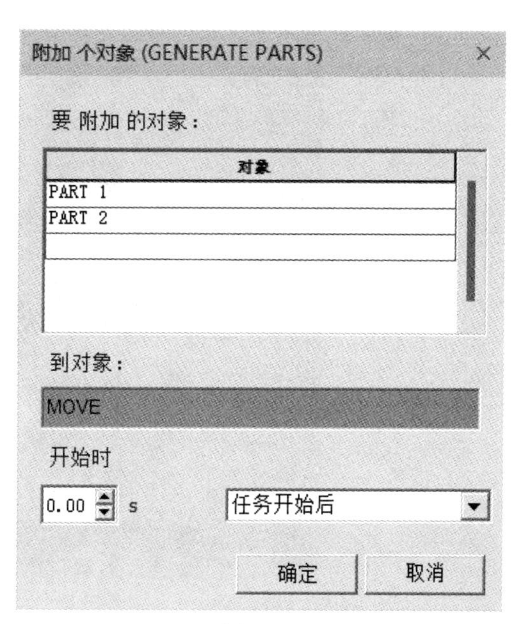

图 2-99

15 在如图 2-100 所示的“序列编辑器”查看器中，单击“正向播放仿真”按钮 ▸，让仿真运行。可以看到零部件（物料）是按照工艺流程正确显示和流动的。

其中，原来创建的操作工序负责工艺动作，新创建的“综合操作”则负责零部件（物料）的流转。

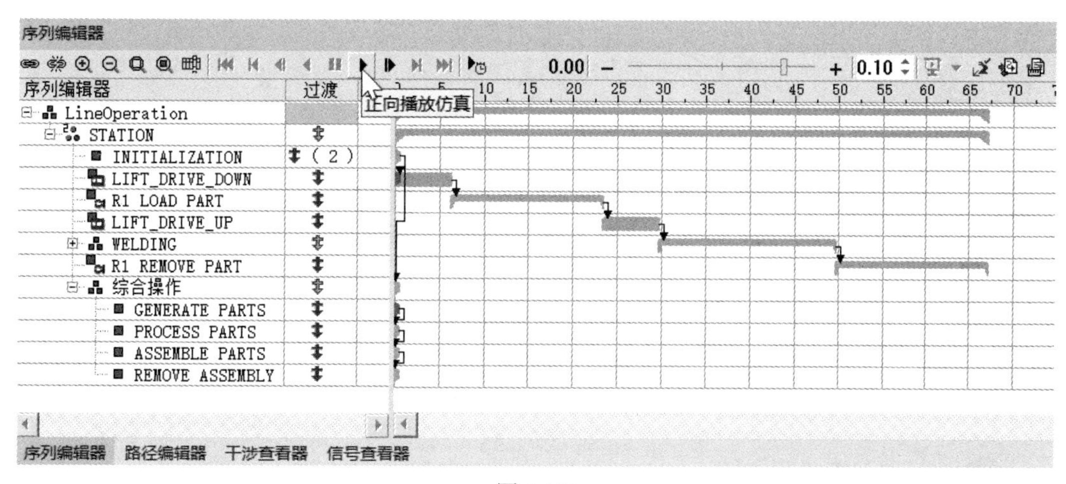

图 2-100

16 将完成的研究文件另外保存。

第3章
Process Simulate 传感器

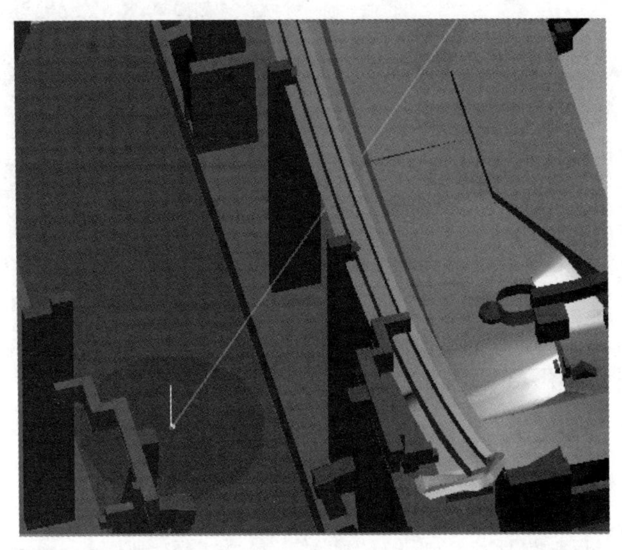

在工业领域传感器的种类很多，用途广泛，其中光电传感器和接近传感器就是常见的传感器。光电传感器和接近传感器能够检测到接近或进入传感器检测范围的零部件（物料）和资源设备。这类传感器的主要用途包括以下三种。

（1）零件检测：检测零件是否已安装在正确的位置上。

（2）互锁检测：当检测到机器人太靠近另一台机器人的安全区域或安全围栏，则停止前进。

（3）产品计数、识别对象、检验距离、计量控制等。

光电传感器是在一个或多个元件穿过其光束时，传感器被激活。接近传感器则是在一个或多个预定义元件进入其设置的检测范围时，传感器被激活。

在 Process Simulate 软件系统中，我们可以设置多种类型的传感器，如关节距离传感器、关节值传感器、光电传感器、接近传感器、属性传感器、LiDAR 传感器等。

接下来重点介绍光电传感器和接近传感器的定义及应用方法。

3.1 “光电传感器”定义及编辑

01 定义“光电传感器”。

（1）单击“控件”菜单栏中的“传感器”命令按钮（图 3-1）弹出“传感器”下拉菜单，选择“创建光电传感器”选项（图 3-2）弹出如图 3-3 所示的“创建光电传感器”对话框。

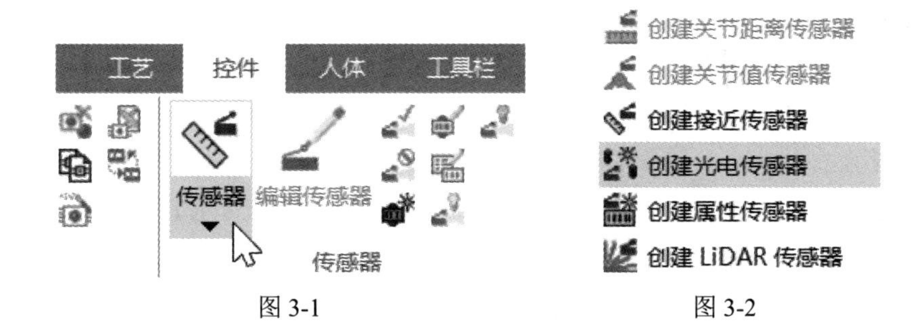

图 3-1　　　　图 3-2

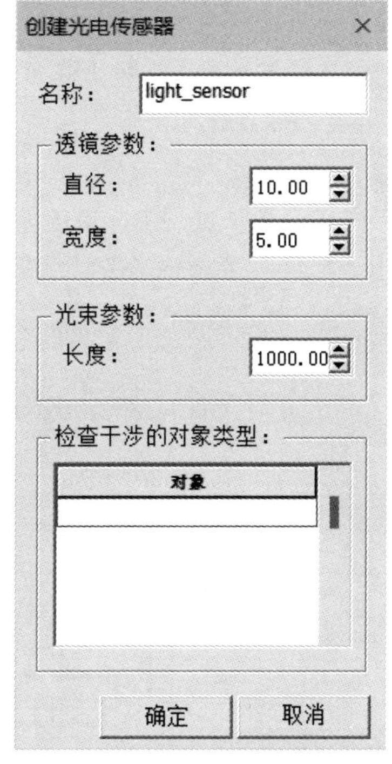

图 3-3

（2）在“创建光电传感器”对话框中：

- “名称”栏：可以输入传感器名称。
- “透镜参数”栏：通过输入或者调整“直径”“宽度”栏中的数值，设置光电传感器镜头的参数。
- “光束参数”栏：通过输入或调整“长度”栏里的数值，设置光电传感器光束的最大长度。光束颜色为黄色。
- “检查干涉的对象类型”栏：定义与光电传感器光束发生干涉碰撞时，需要被光电传感器检测的对象。

注意：

- 通过“创建光电传感器”对话框完成光电传感器的定义后，将在“对象树”查看器的“资源”类别中新添加一个传感器资源，以及在“信号查看器”中新增加一个与传感器名字相同的输入信号。

- 当一个零件与传感器的光束发生干涉时，传感器的信号会被触发成 1 或者 true。
- 新创建的光电传感器，默认情况下，被放置在绝对坐标原点位置。可以通过“放置操控器”命令或“重定位”命令重新放置。
- 传感器被自动设置为“激活”状态，可以通过“停用传感器”命令来关闭。如果要激活传感器，选中传感器并通过“激活传感器”命令来激活。
- 如果需要，可以通过“显示光电传感器检测区域”命令或者“隐藏光电传感器检测区域”命令来显示或者隐藏光束。
- 光电传感器在默认情况处于激活状态，但是，在仿真过程中，仍然可能被忽略。光电传感器的信号（可以是任何信号）实际上在仿真过程中都是需要用逻辑来控制执行的。

02 编辑光电传感器。

（1）在“对象树”查看器的“资源”类别中，单击需要编辑的光电传感器。

（2）如图 3-4 所示，单击“控件”菜单栏中的“编辑传感器”命令按钮，弹出如图 3-5 所示的“编辑光电传感器”对话框。

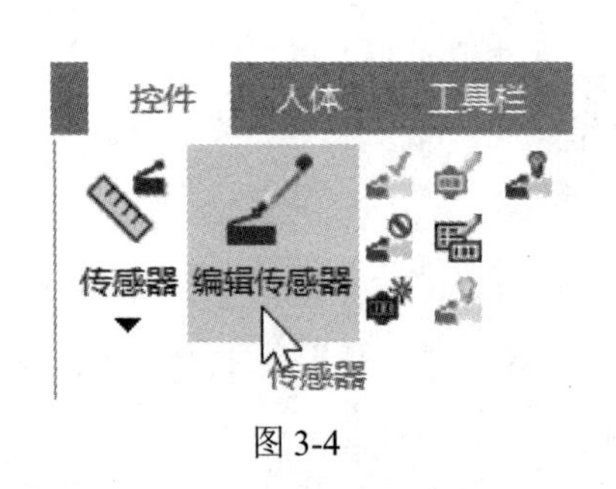

图 3-4

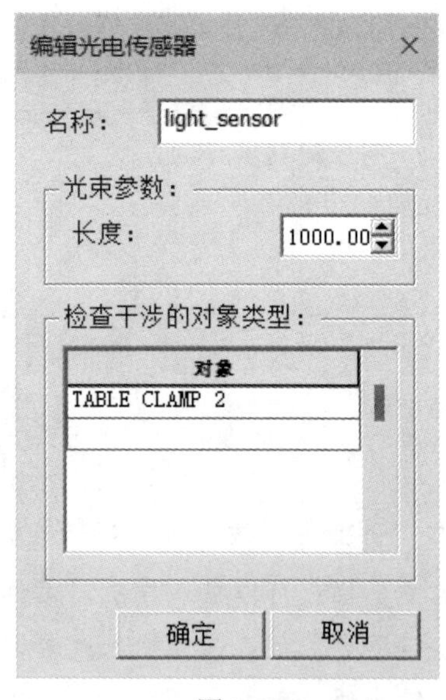

图 3-5

通过“编辑光电传感器”对话框，可以完成以下信息数据的编辑修改。

- 给传感器输入一个新的名字，同时传感器信号的名称也会随着新的传感器名称更改（注意，V16 版本之前的版本不会更改）。
- 更改光束长度值。
- 移除或增加需要被传感器检测的对象。

3.2 “光电传感器”应用

下面我们通过一个应用案例来详细地了解一下“光电传感器”的创建编辑过程及其作用。

01 单击“以生产线仿真模式打开研究”按钮；在弹出的“打开”对话框中，选择“Session 3-Sensors”文件夹中的“S03-E01.psz”研究文件，然后单击对话框中的“打开”按钮。系统将以生产线仿真模式打开该研究文件。

02 在“序列编辑器”查看器中，单击“正向播放仿真”按钮，运行该操作仿真。观察操作、过渡条件和逻辑行为。

03 接下来创建一个光电传感器，过程步骤如下。

（1）在“操作树”查看器中，右击“GENERATE PARTS”操作（图3-6），在弹出的快捷菜单中选择“生成外观”选项（图3-7）；在“对象树”查看器“外观”类别中，将生成“GENERATE PARTS”操作的静态外观（图3-8）。

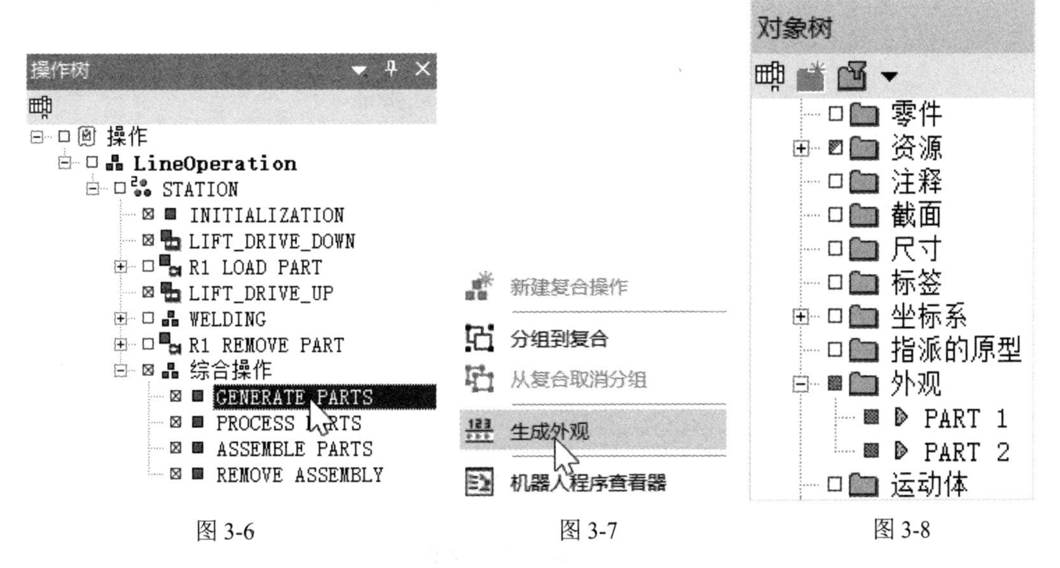

图3-6　　图3-7　　图3-8

（2）单击“控件”菜单栏中的“传感器”命令按钮（图3-9），在弹出的“传感器”下拉菜单中选择“创建光电传感器”选项（图3-10），弹出如图3-11所示的“创建光电传感器”对话框。

（3）单击对话框中“检查干涉的对象类型”栏下面的列表框，然后单击“对象树”查看器“外观”类别中的“PART 2”零件，其余参数设为默认值，结果如图3-12所示。单击对话框中的“确定”按钮，完成光电传感器的创建。

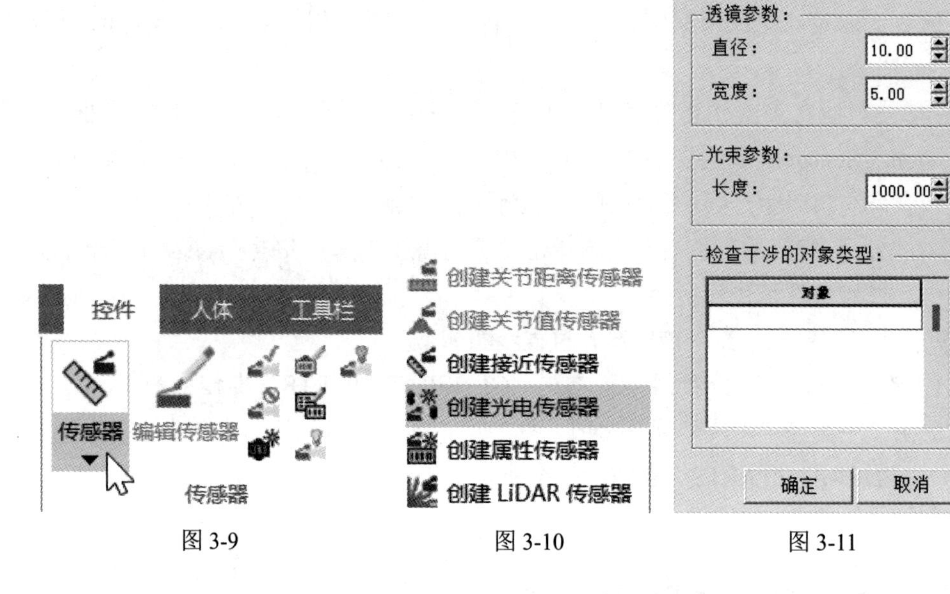

图 3-9　　图 3-10　　图 3-11

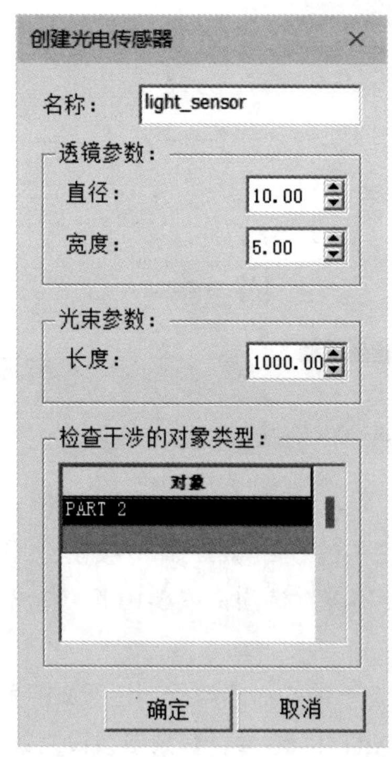

图 3-12

（4）选择“对象树”查看器“外观”类别中的“PART 1”和“PART 2”零件（图 3-13），将其删除。在“对象树”查看器的“资源”类别中，可以看到新创建完成的光电传感器处于激活状态，如图 3-13 所示。

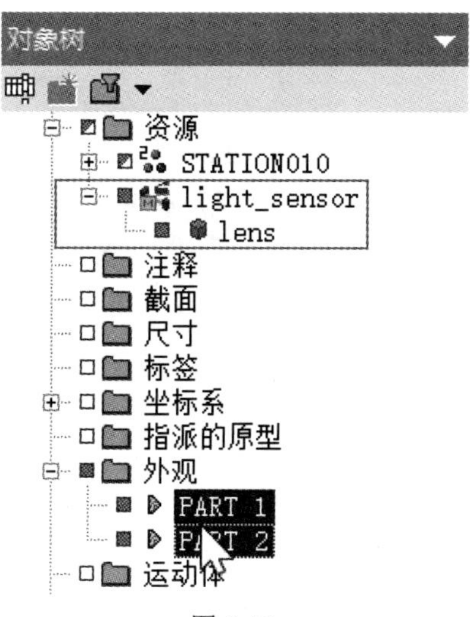

图 3-13

（5）打开“信号查看器”面板，可以看到“light sensor”的输入信号已经自动创建，如图 3-14 所示。

信号查看器

信号名称	内存	类型
INITIALIZATION end	☐	BOOL
LIFT DRIVE DOWN end	☐	BOOL
R1 LOAD PART end	☐	BOOL
LIFT DRIVE UP end	☐	BOOL
SERVICE end	☐	BOOL
R2 WELD end	☐	BOOL
R3 WELD end	☐	BOOL
R2 TDR end	☐	BOOL
R3 TDR end	☐	BOOL
R1 REMOVE PART end	☐	BOOL
开始_end	☐	BOOL
PROCESS PARTS end	☐	BOOL
ASSEMBLE PARTS end	☐	BOOL
REMOVE ASSEMBLY end	☐	BOOL
FIRST	☐	BOOL
START CYCLE	☐	BOOL
light sensor	☐	BOOL

序列编辑器 路径编辑器 干涉查看器 信号查看器

图 3-14

（6）我们来查看一下新创建的光电传感器“light_sensor”目前所在位置。

在“对象树”查看器“资源”类别中，将“STATION010”资源展开，单击复合资源组“DEVICES”前的“显示 / 隐藏”对象框 ■，将“DEVICES”资源隐藏（图 3-15），结果如图 3-16 所示。新创建的传感器被放置在绝对坐标原点位置，我们需要重新放置该传感器。

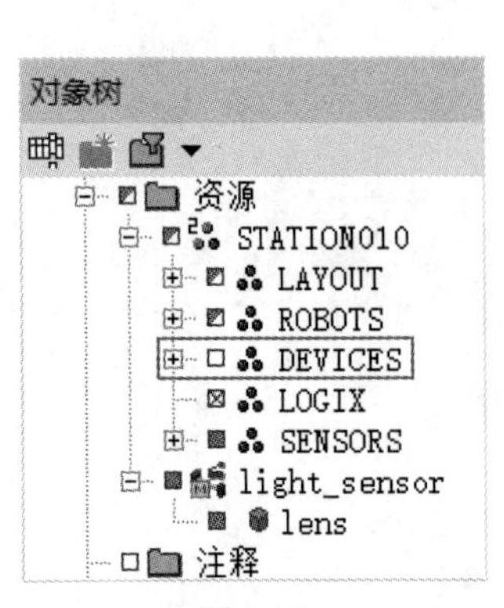

图 3-15

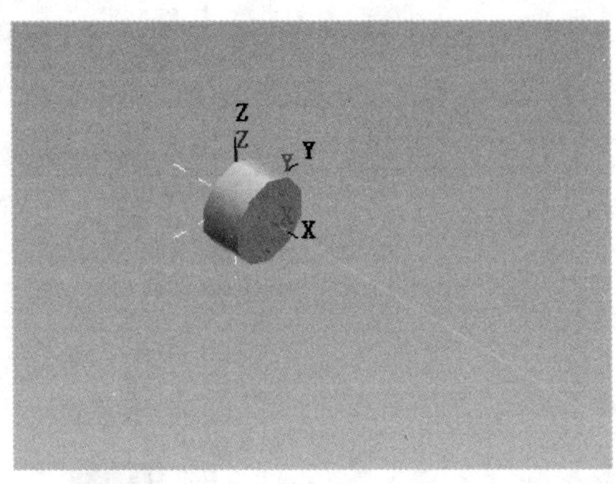

图 3-16

● 在“对象树”查看器中，右击“light_sensor”对象（图 3-17），在弹出的快捷菜单中选择“重定位”选项（图 3-18），弹出如图 3-19 所示的“重定位”对话框。在“重定位”对话框中，“从坐标”栏选择“自身”；“到坐标系”栏则通过单击“对象树”查看器“坐标系”类别中的“LightSensorPosition”坐标系输入，如图 3-20 所示。

图 3-17

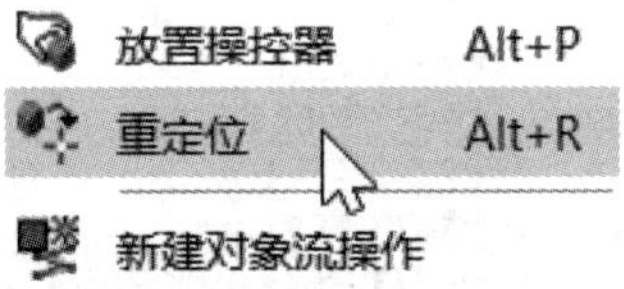

放置操控器 Alt+P
重定位 Alt+R
新建对象流操作

图 3-18

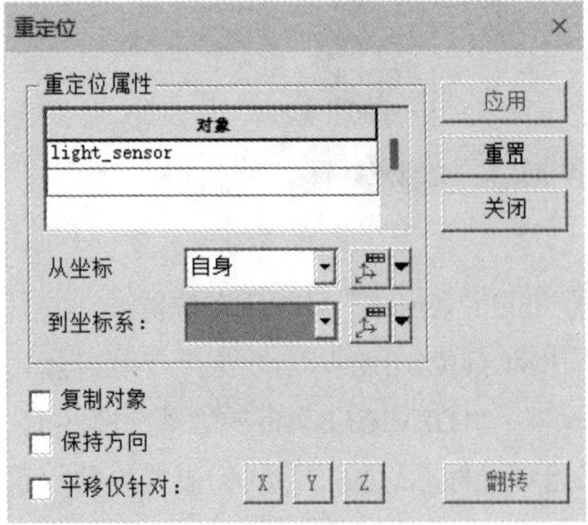

图 3-19

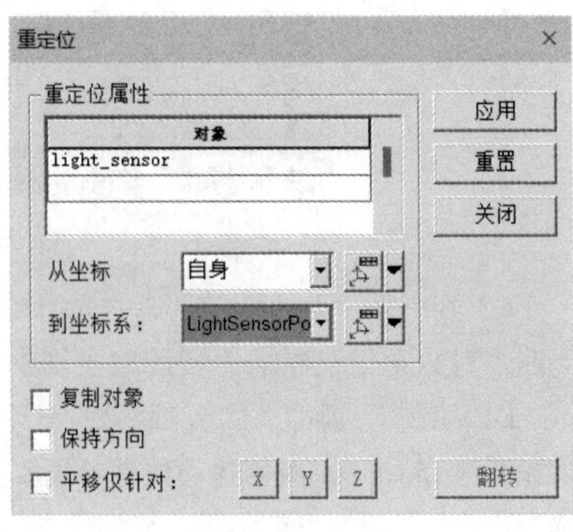

图 3-20

● 在“重定位”对话框中单击“应用”按钮，再单击“关闭”按钮，退出重定位对话框，可以看到传感器被重新放置到了正确的位置，如图 3-21 所示。

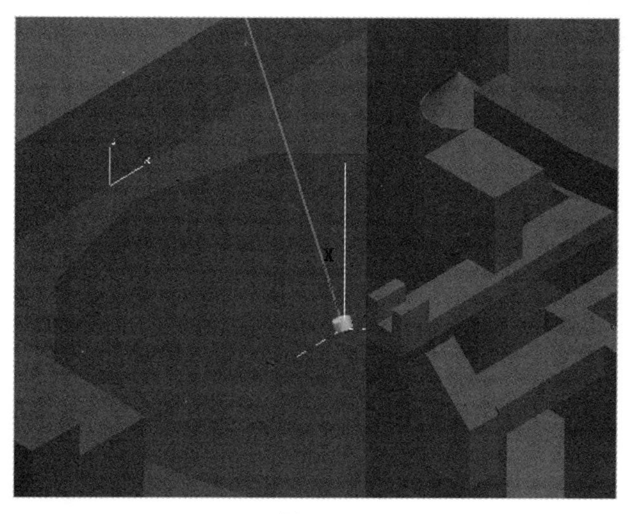

图 3-21

至此，光电传感器创建并定位完成。

04 接下来使用该光电传感器信号触发“WELD”操作。一旦该信号被触发为 ture，操作就启动运行。

（1）编辑“SERVICE”操作的过渡条件。在“序列编辑器”中打开“SERVICE”操作过渡条件的“过渡编辑器”对话框，如图 3-22 所示（具体操作方法在前面章节已做过详细介绍，这里不再赘述）。

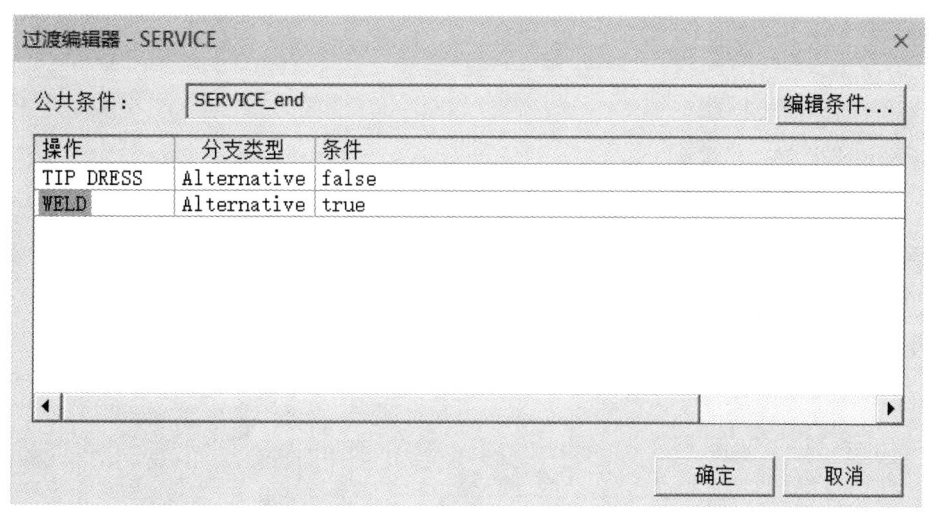

图 3-22

（2）在“过渡编辑器”对话框中，双击“WELD”操作（图 3-23），在弹出的对话框中，“WELD”的过渡条件从“ture”改为“RE (light_sensor)”（图 3-24），单击“确定”

按钮，退回到“SERVICE”操作过渡条件的“过渡编辑器”对话框（图 3-25），将公共条件“SERVICE_end”删除，结果如图 3-25 所示，单击“确定”按钮，退出对话框。

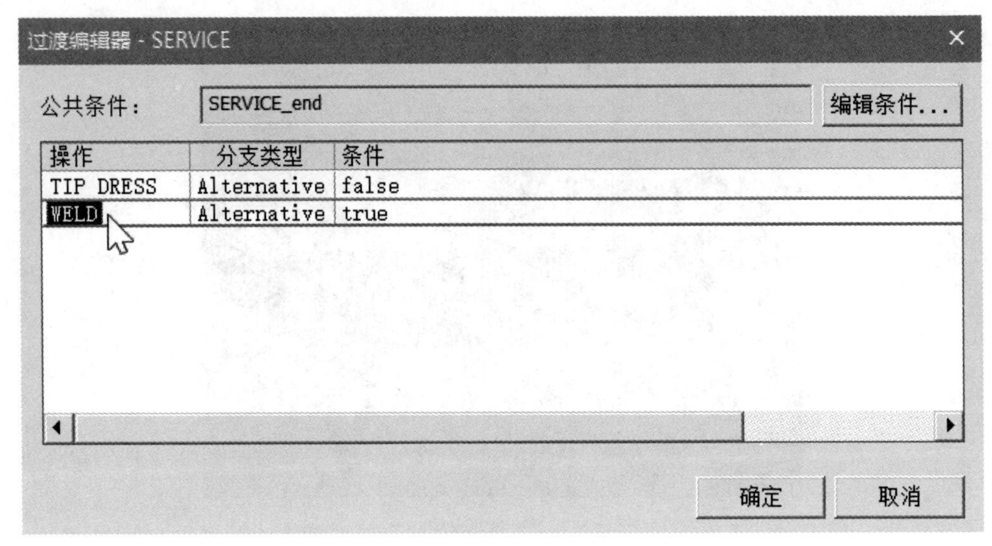

图 3-23

图 3-24

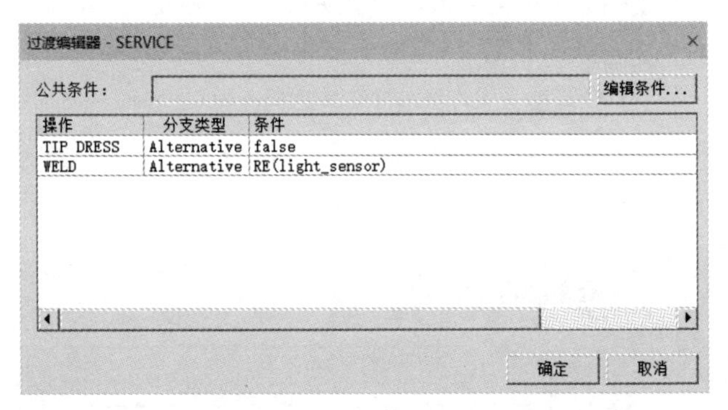

图 3-25

（3）单击“主页”菜单下的“仿真面板”命令按钮，打开“仿真面板”查看器，在“信号查看器”面板中，单击“light_sensor”信号，再在“仿真面板”中单击“添加信号到查看器”命令按钮，将“light_sensor”信号添加到“仿真面板”查看器中，如图 3-26 所示。

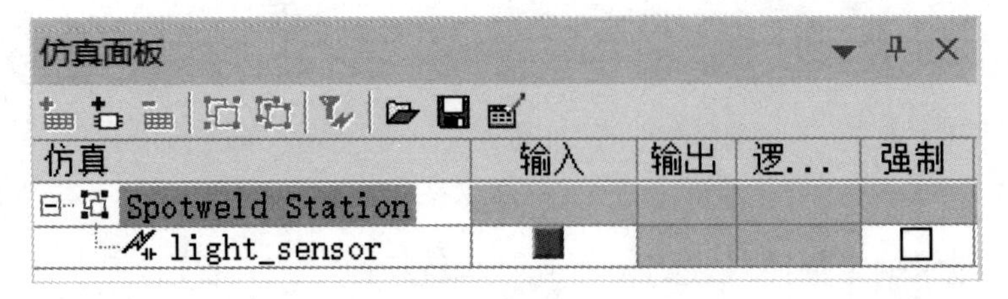

图 3-26

05 在“序列编辑器”查看器中，单击“正向播放仿真”按钮▶，运行仿真。仿真过程中，检查“仿真面板”中的“light_sensor”信号的状态，可以看到当光电传感器检测到零部件（物料）位于焊接夹具上时，信号从 false 变为 true。停止并重置仿真。

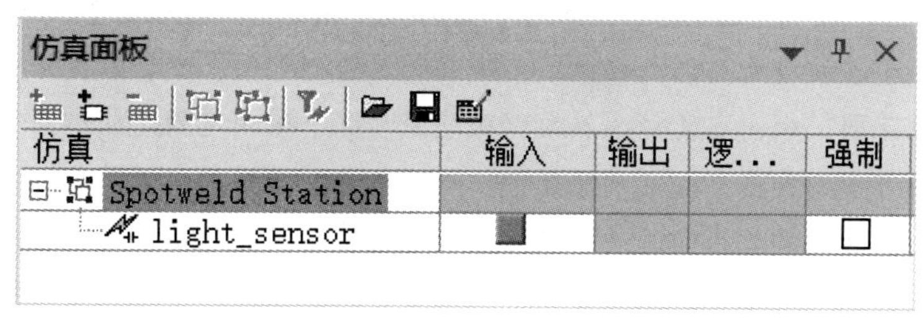

图 3-27

06 将完成的研究文件另外保存。

3.3 “接近传感器”定义及编辑

01 定义“接近传感器”。

（1）单击“控件”菜单栏中的“传感器”命令按钮，弹出如图 3-28 所示的“传感器”下拉菜单，选择“创建接近传感器”选项，弹出如图 3-29 所示的“创建接近传感器”对话框。

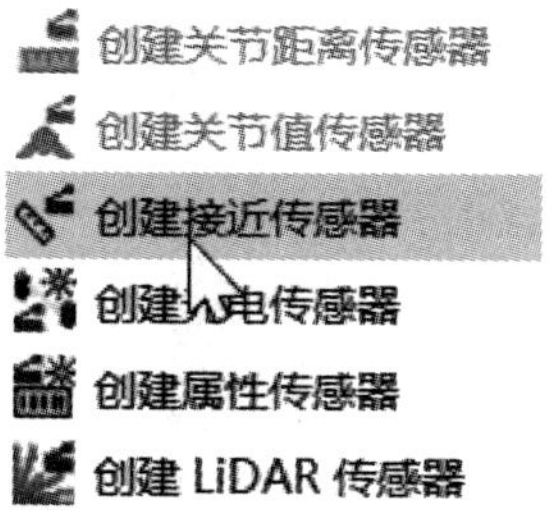

创建关节距离传感器
创建关节值传感器
创建接近传感器
创建光电传感器
创建属性传感器
创建 LiDAR 传感器

图 3-28

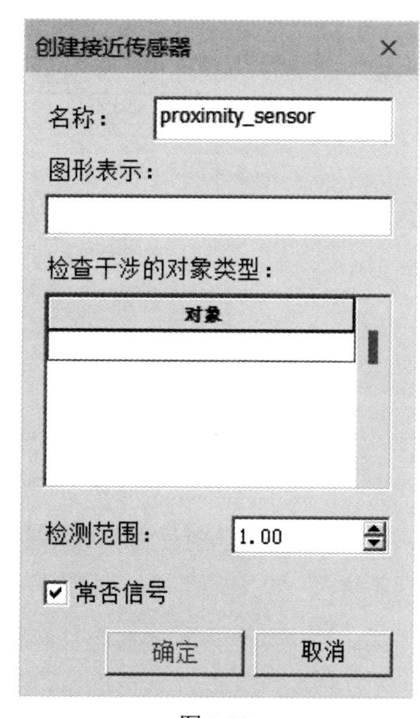

图 3-29

（2）在“创建接近传感器”对话框中：

- “名称”栏：可以输入传感器名称。
- “图形表示”栏：通过在“图形区”或者“对象树”中，选择要使用传感器的对象或位置，填入“图形表示”栏中。传感器检测范围，将从这个点开始测量计算。
- “检查干涉的对象类型”栏：定义一旦进入检测范围，就会触发传感器的对象。
- “检测范围”栏：定义传感器的探测范围。这个探测范围是从“图形表示”中的对象（作为测量基准）到“检查干涉的对象类型”列表中的对象，两者之间的最大距离。当两者之间的距离≤设定范围时，传感器被激活。
- “常否信号”复选框：代表在通常情况下（在检测范围内没有任何物体时），传感器信号的值定义为 false，默认为勾选状态。

02 编辑“接近传感器”。

（1）在“对象树”查看器的“资源”类别中，单击需要编辑的接近传感器。

（2）单击“控件”菜单栏中的“编辑传感器”命令按钮，弹出如图 3-30 所示的“编辑接近传感器”对话框。

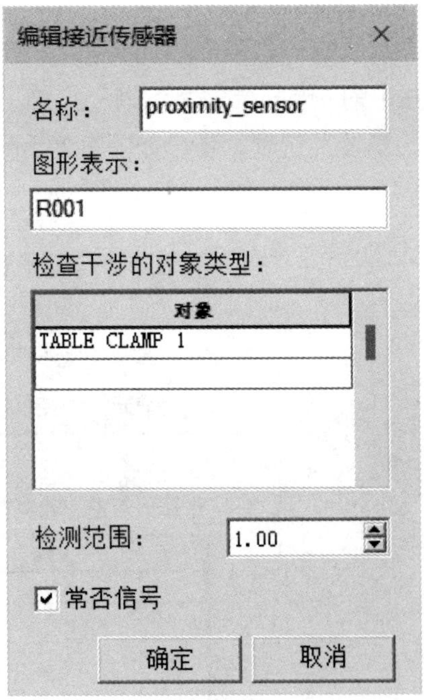

图 3-30

通过“编辑接近传感器”对话框，可以完成以下信息数据的编辑修改。

- 给传感器输入一个新的名字，同时传感器信号的名称也会随着新的传感器名称更改（注意，V16 版本之前的版本不会更改）。
- 更改检测范围。
- 移除或增加需要被传感器检测的对象。

3.4 “接近传感器”应用

下面我们通过一个应用案例来详细地了解一下“接近传感器”的创建编辑过程及其作用。

01 单击“以生产线仿真模式打开研究”按钮；在弹出的“打开”对话框中，选择“Session 3-Sensors”文件夹中的“S03-E02.psz”研究文件，然后单击对话框中的“打开”按钮。系统将以生产线仿真模式打开该研究文件。

02 接下来创建一个接近传感器，步骤如下。

（1）在“操作树”查看器中，右击“GENERATE PARTS”操作（图 3-31），在弹出的快捷菜单中选择“生成外观”选项（图 3-32），在“对象树”查看器“外观”类别中，将生成“GENERATE PARTS”操作的静态外观（图 3-33）。

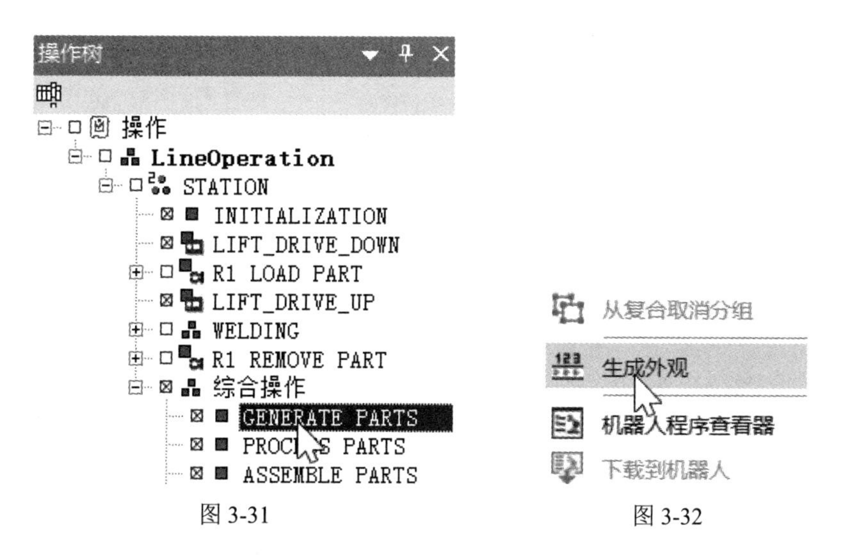

图 3-31　　图 3-32

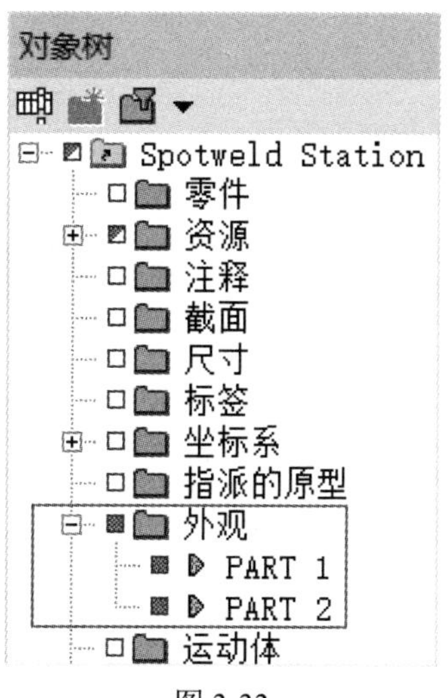

图 3-33

（2）单击“控件”菜单栏中的“传感器”命令按钮（图 3-34），在弹出的“传感器”下拉菜单中选择“创建接近传感器”选项（图 3-35），弹出“创建接近传感器”对话框（图 3-36）。

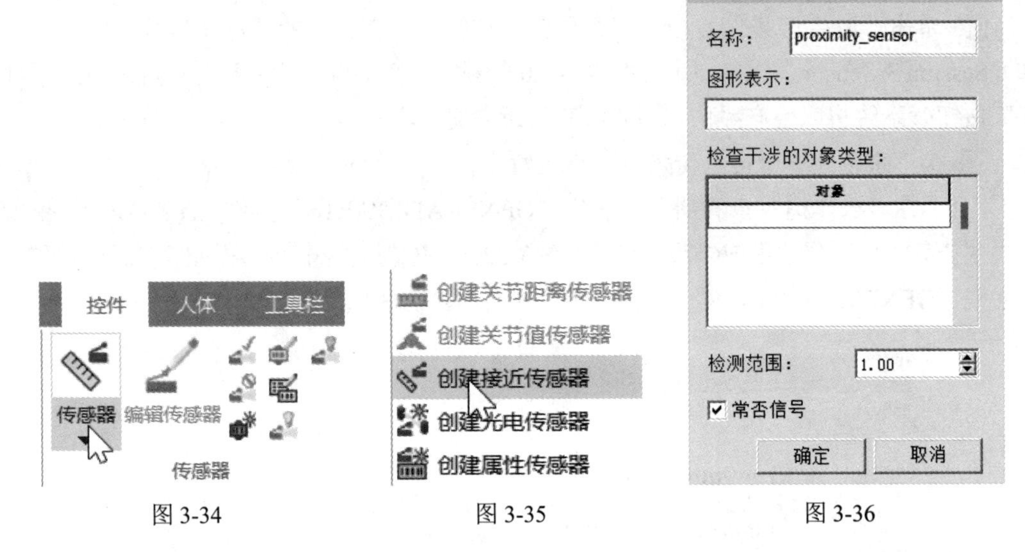

图 3-34　　图 3-35　　图 3-36

（3）单击“创建接近传感器”对话框中的“图形表示”栏，然后在图形区或者“对象树”查看器的“资源”类别中，单击“PROXIMITY SENSOR”操作（图 3-37），单击“检查干涉的对象类型”栏下面的列表框，然后单击“对象树”查看器“外观”类别中的“PART 1”零件，其余参数设为默认值，结果如图 3-38 所示。单击对话框中的“确定”按钮，完成接近传感器的创建。

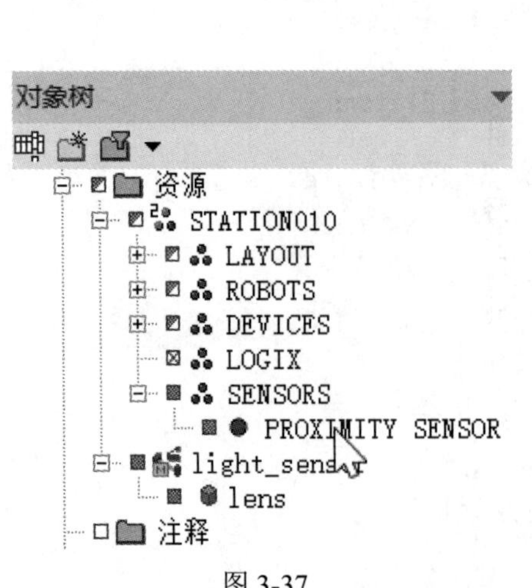

图 3-37

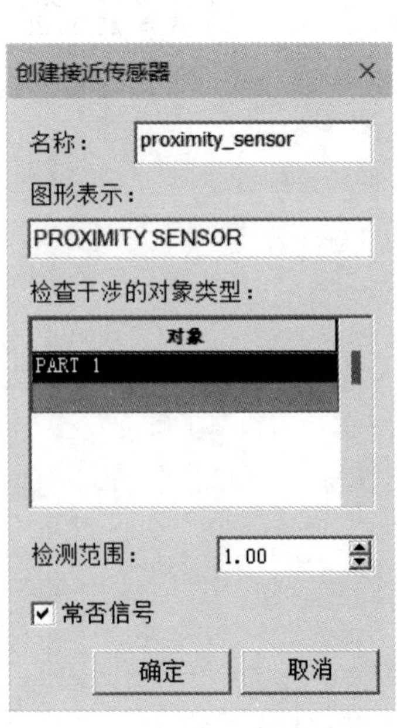

图 3-38

（4）选择“对象树”查看器“外观”类别中的“PART 1”和“PART 2”零件（图3-39），将其删除。在“对象树”查看器的“资源”类别中，可以看到新创建完成的接近传感器如图3-40所示。

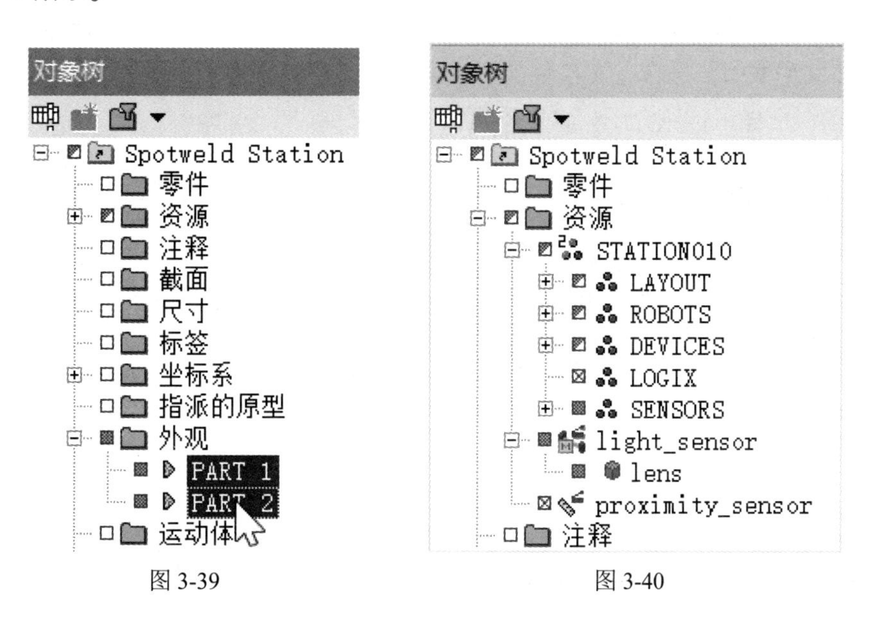

图3-39　　　　图3-40

（5）打开“信号查看器”面板，可以看到“proximity_sensor”的输入信号已经自动创建，如图3-41所示。

信号查看器

信号名称	内存	类型
INITIALIZATION end		BOOL
LIFT DRIVE DOWN end		BOOL
R1 LOAD PART end		BOOL
LIFT DRIVE UP end		BOOL
SERVICE end		BOOL
R2 WELD end		BOOL
R3 WELD end		BOOL
R2 TDR end		BOOL
R3 TDR end		BOOL
R1 REMOVE PART end		BOOL
开始_end		BOOL
PROCESS PARTS end		BOOL
ASSEMBLE PARTS end		BOOL
REMOVE ASSEMBLY end		BOOL
FIRST		BOOL
START CYCLE		BOOL
light sensor		BOOL
proximity sensor		BOOL

序列编辑器　路径编辑器　干涉查看器　信号查看器

图3-41

至此，接近传感器已经创建完成。

03 使用该接近传感器信号触发“LIFT_DRIVE_DOWN”操作。一旦该信号被触发为 true，操作就启动运行。

（1）编辑“INITIALIZATION”操作的过渡条件。在“序列编辑器”中打开“INITIALIZATION”操作过渡条件的“过渡编辑器”对话框，如图 3-42 所示（具体操作方法在前面已做过详细介绍，这里不再赘述）。

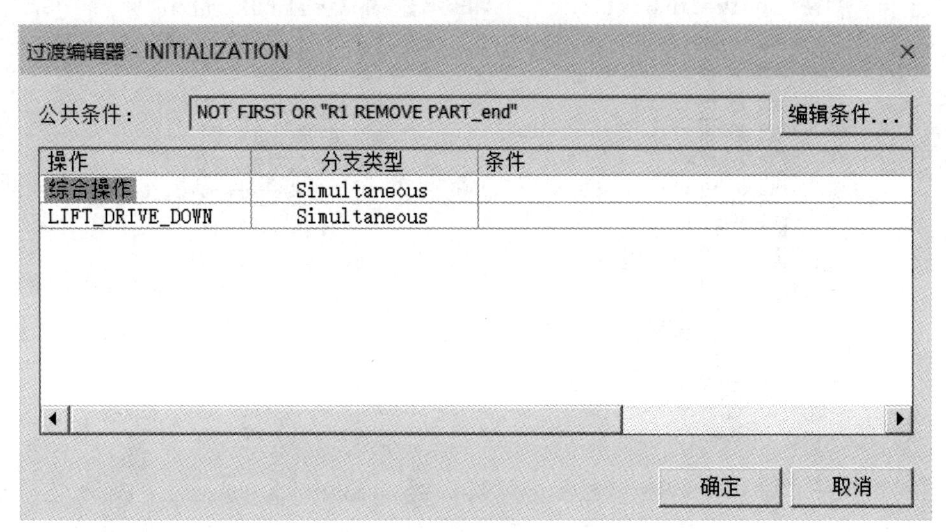

图 3-42

（2）在“过渡编辑器”对话框中，分别单击“综合操作”以及“LIFT_DRIVE_DOWN”操作的“分支类型”列，将“同时（Simultaneous）”改为“可选（Alternative）”（图 3-43）；双击“LIFT_DRIVE_DOWN”操作，在弹出的对话框中，将过渡条件改为 RE(proximity_sensor)（图 3-44），单击“确定”按钮，双击“综合操作”，在弹出的对话框中，将过渡条件改为 NOT FIRST OR "R1 REMOVE PART_end"（图 3-45），单击“确定”按钮，将公共条件 NOT FIRST OR "R1 REMOVE PART_end" 删除，结果如图 3-46 所示。单击“确定”按钮，退出对话框。

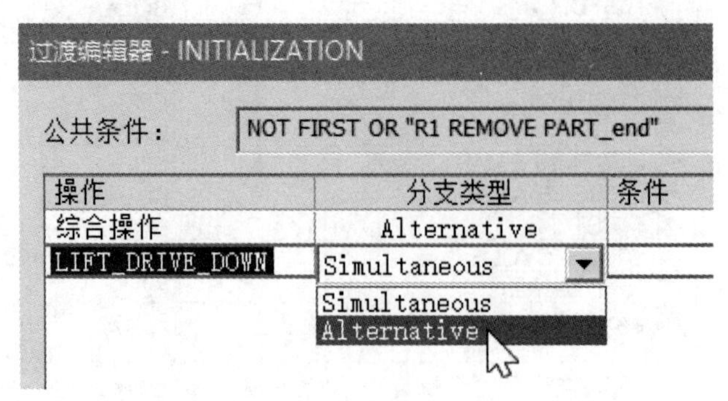

图 3-43

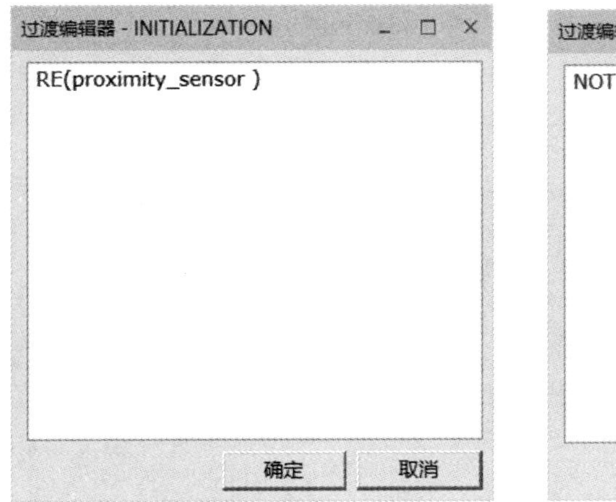

图 3-44

图 3-45

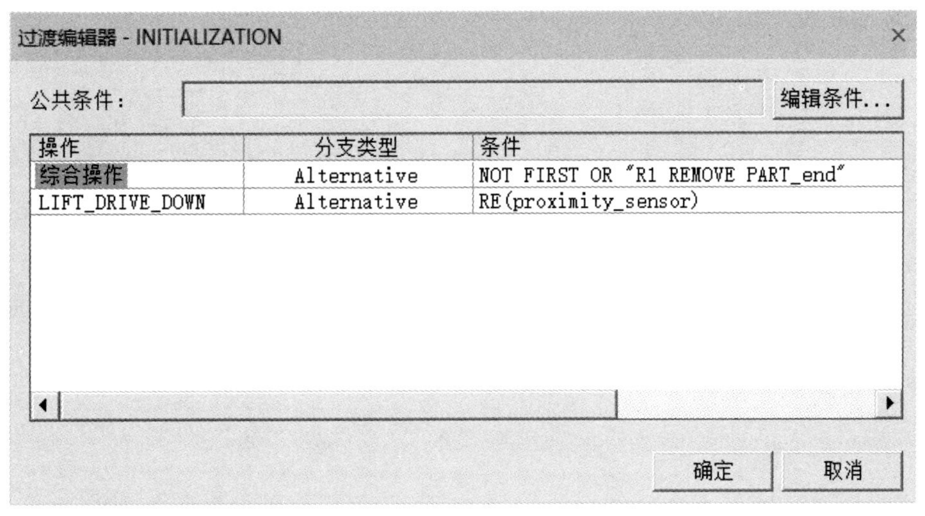

图 3-46

（3）单击“主页”菜单下的“仿真面板”命令按钮，打开“仿真面板”查看器。在“信号查看器”面板中单击“proximity_sensor”信号，再在“仿真面板”中单击“添加信号到查看器”命令按钮，将“proximity_sensor”信号添加到“仿真面板”查看器中，结果如图 3-47 所示。

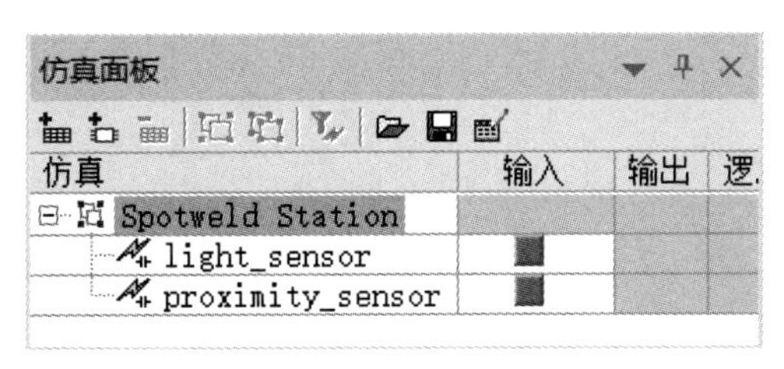

图 3-47

04 在“序列编辑器”查看器中，单击“正向播放仿真”按钮，运行仿真。仿真过程中，检查如图 3-48 所示的“仿真面板”中的“proximity_sensor”信号的状态，可以看到当接近传感器检测到零部件（物料）与限位销的距离≤设定距离值时，接近传感器被激活，接近传感器信号从 false 变为 true。停止并重置仿真。

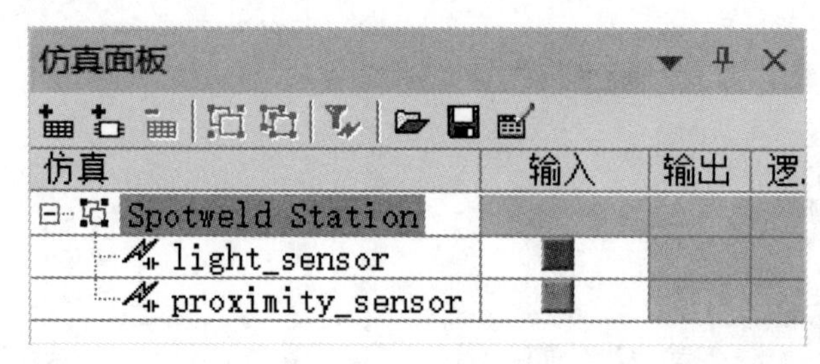

图 3-48

05 将完成的研究文件另外保存。

第 4 章

Process Simulate 逻辑块和智能组件

在完成工艺仿真的过程中，有一些不是通过 2D 或 3D 设计系统创建的“虚拟”设备资源，而是可以通过设置任何类型的预定义信息，例如信号、逻辑关系、执行动作等来定义或者控制相关的工艺动作。这些具有预定义行为的“虚拟”设备模型就是“逻辑块”或者“智能组件。”在仿真过程中，这些“虚拟”设备模型具有非常重要的作用。其中，逻辑块没有运动学也不需要通过图形呈现，标准逻辑块包括输入信号、输出信号及一个或多个在一个公式或等式中定义的逻辑关系。而智能组件则可以根据设备的控制器内所执行的控制行为，对已设置的信号执行操作，智能组件同时具有逻辑、三维表示、运动学行为的特点。

PLC 与逻辑块之间的关系如图 4-1 所示。

PLC 输出信号是逻辑块的输入信号，因此，PLC 信号也会进入逻辑块，并且来自逻辑块的任何反馈或输出信号都是 PLC 的输入信号。

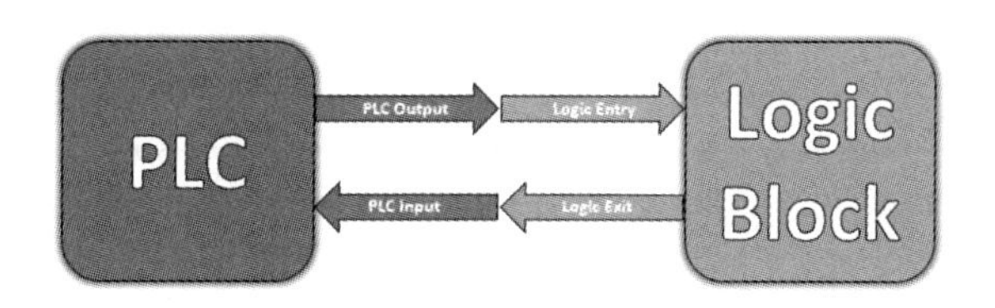

图 4-1

4.1 “逻辑块”定义及编辑

逻辑块至少包含一个输入值或输出值，也可以包含任何一组参数和常量。通过创建公式可以决定不同条件下所输出的值，即哪些输出值被触发，在哪些条件下被触发。

01 定义“逻辑块”。

（1）单击“控件”菜单栏中的“创建逻辑资源”命令按钮（图 4-2），弹出如图 4-3 所示的“资源逻辑行为编辑器”对话框。

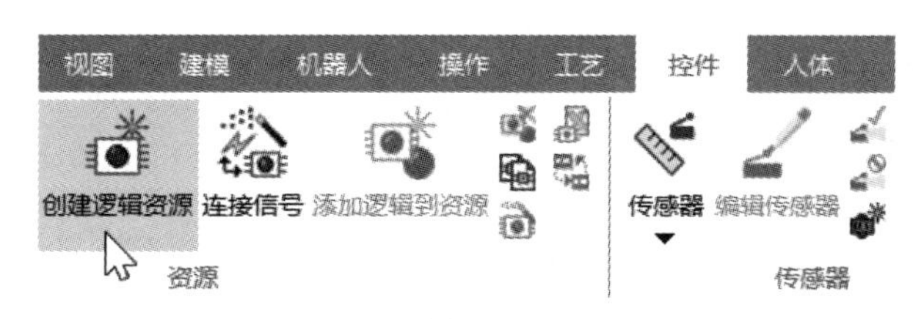

图 4-2

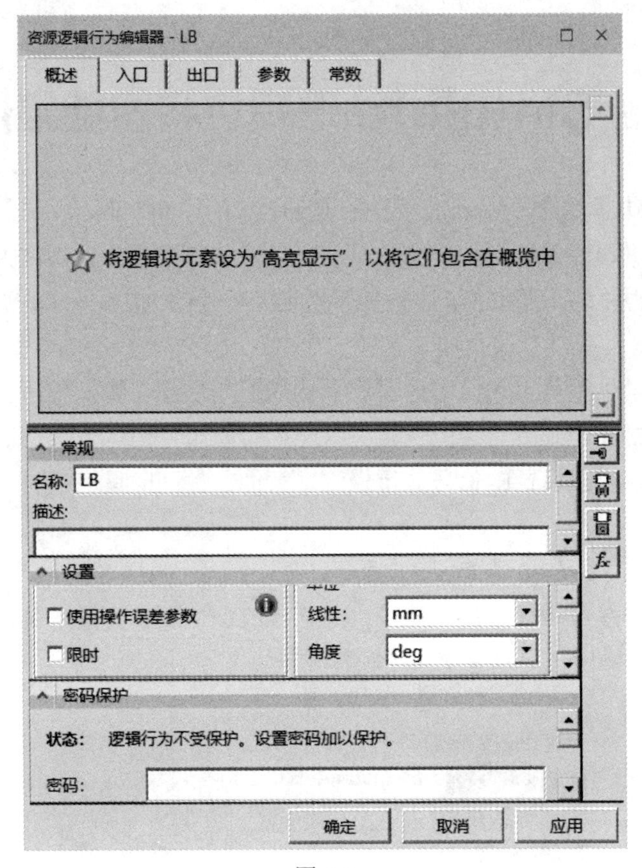

图 4-3

（2）在“资源逻辑行为编辑器”对话框中：

- “概述”折页项的“名称”栏：可以输入“逻辑块”的名称，系统默认名称是LB。
- “入口”和“出口”折页项：定义所有相关的入口和出口信号及其类型。在定义入口 / 出口信号的数量和类型之后，还可以编辑其名称并确定退出信号的逻辑关系。入口和出口信号可用类型包括：
  - BOOL (1b)
  - BYTE (8b)
  - INT (16b)
  - WORD (16b)
  - DINT (32b)
  - DWORD (32b)
  - REAL (32b)
  - LREAL（64b）
- “参数”折页项：用于辅助计算内部变量。
- “常数”折页项：用于辅助计算内部常量。

02 编辑“逻辑块”。

（1）在“对象树”查看器的“资源”类别中，单击需要编辑的逻辑块，如图 4-4 所示。

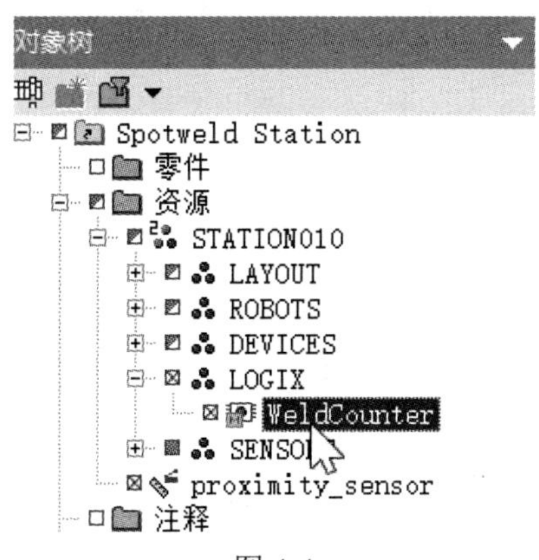

图 4-4

（2）单击“控件”菜单栏中的“编辑逻辑资源”命令按钮（图 4-5），弹出如图 4-6 所示的“资源逻辑行为编辑器”对话框。

图 4-5

图 4-6

通过“资源逻辑行为编辑器”对话框，可以完成以下逻辑块信息的编辑修改。

- 可以更改“逻辑块”的名称。
- 可以更改入口和出口信号名称、数量以及退出信号的逻辑关系。
- 可以更改参数和常数值。

4.2 “逻辑块”应用

下面我们通过一个应用案例来详细地了解一下“逻辑块”的定义过程及其作用。

01 单击“以生产线仿真模式打开研究”按钮，在弹出的“打开”对话框中，选择“Session 4-Logic Blocks”文件夹中的“S04-E01.psz”研究文件，然后单击对话框中的“打开”按钮。系统将以生产线仿真模式打开该研究文件。

02 在“序列编辑器”查看器中，单击“正向播放仿真”按钮 ▶ 运行该操作仿真。看起来仿真结果和之前的结果并没有什么不同。

03 接下来新创建一个“逻辑块”，过程步骤如下。

（1）在“对象树”查看器中，单击复合资源“LOGIX”（图 4-7），然后单击“控件”菜单栏中的“创建逻辑资源”命令按钮，弹出如图 4-8 所示的“资源逻辑行为编辑器”对话框。

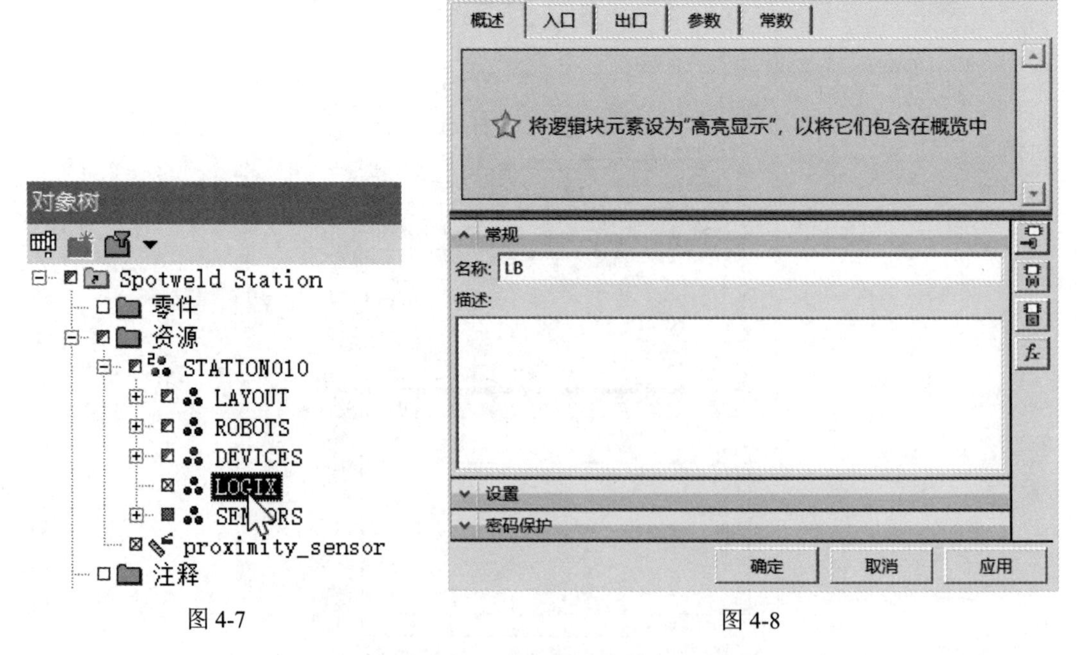

图 4-7　　图 4-8

（2）在“资源逻辑行为编辑器”对话框中，单击“概述”折页项，在“概述”折页项中的“名称”栏输入逻辑块的名字 WeldCounter，如图 4-9 所示，单击“应用”按钮。

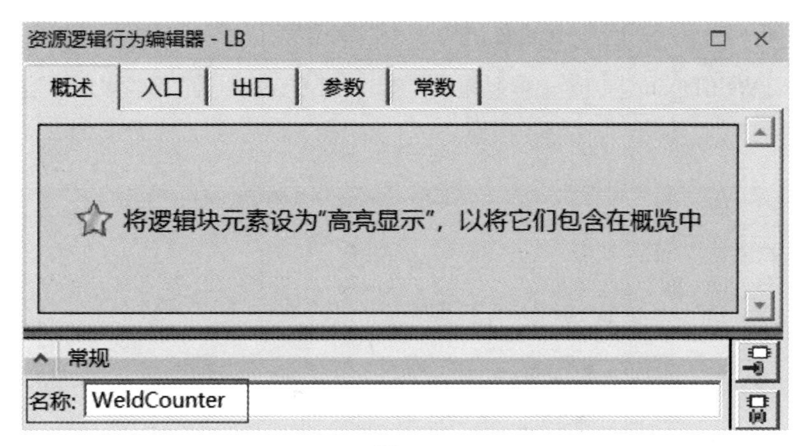

图 4-9

（3）单击“入口”折页项，单击“添加”命令按钮 ，在下拉列表中选择“BOOL”选项（图 4-10），信号命名为 Process_End（图 4-11），该入口值需要知道焊接操作在什么时候完成，因此需要用合适的信号与其关联起来。

图 4-10

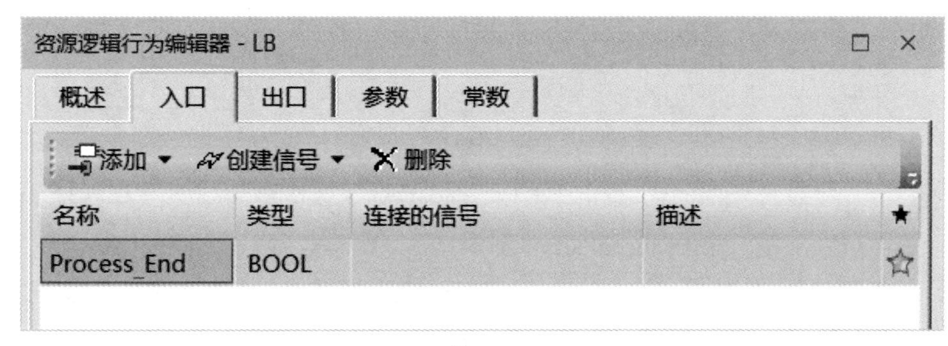

图 4-11

（4）单击“常规”栏下的“连接的信号”列表框（图 4-12），然后，单击“信号查看器”面板中的“R2 WELD_end”信号。可以看到“R2 WELD_end”信号被添加到“连接的信号”列表中（图 4-13）。单击“应用”按钮。

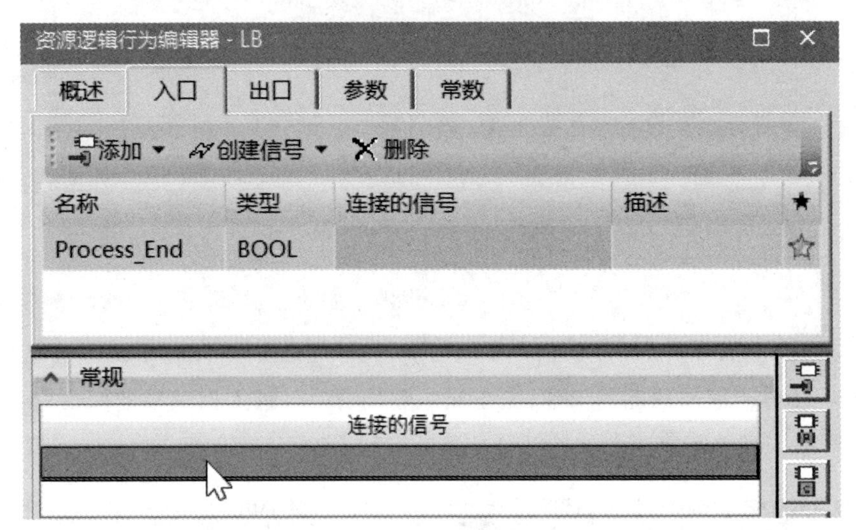

图 4-12

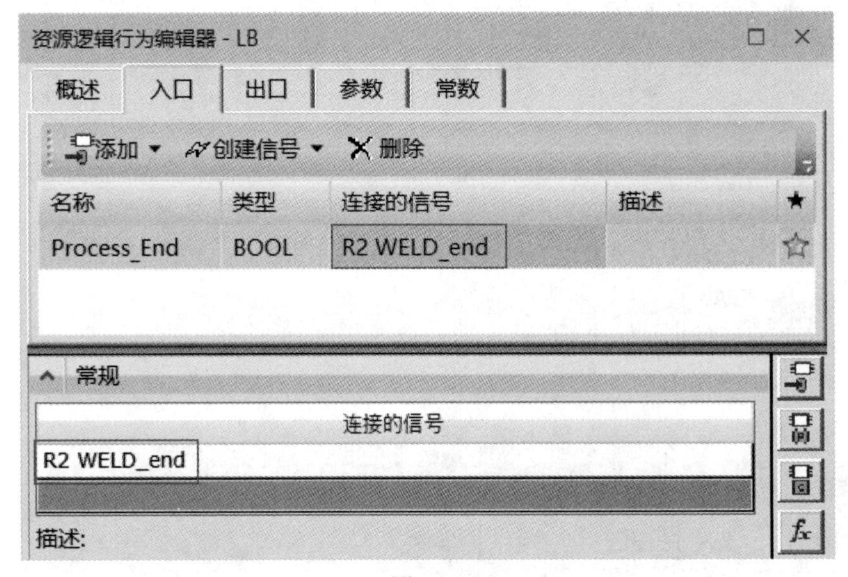

图 4-13

（5）单击“参数”折页项，单击“添加”命令按钮，在下拉列表中选择“INT”选项（图 4-14），命名为 ProducedParts（图 4-15），此参数属于逻辑块内部参数，用于记录已焊接完成的零件数量。单击“应用”按钮，然后给该参数赋值。单击“值表达式”列表框，输入 ProducedParts + Process_End（注意，在输入过程中，系统会自动提供可能的选项，方便完成表达式的输入），结果如图 4-16 所示。

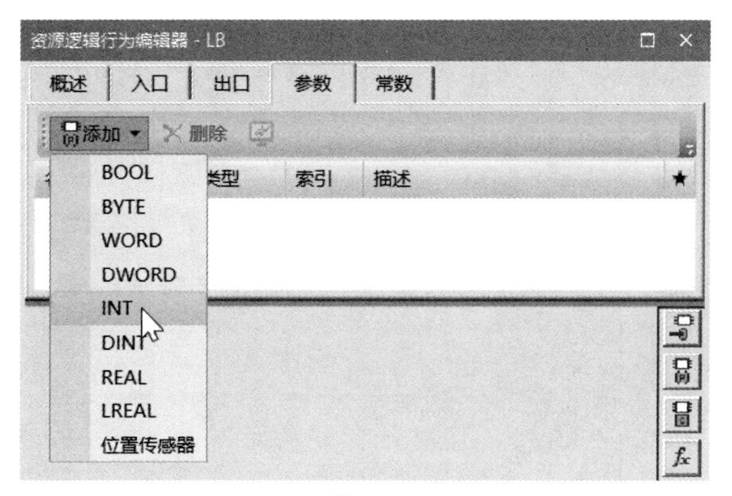

图 4-14

图 4-15

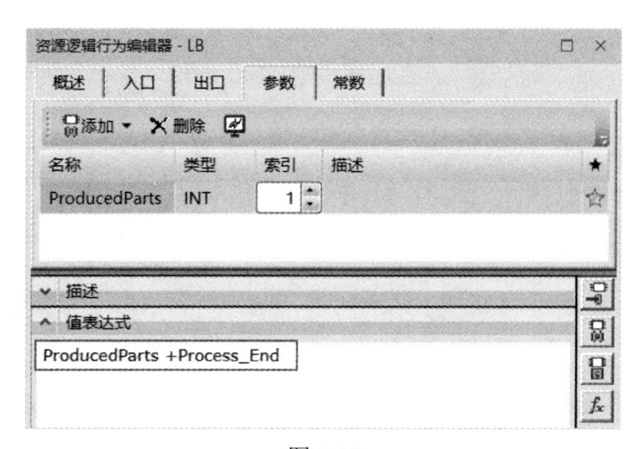

图 4-16

（6）单击“出口”折页项，单击“添加”命令按钮 添加，在下拉列表中选择“INT”选项（图 4-17），命名为 Total_ProducedParts，单击“值表达式”列表框，输入 ProducedParts（图 4-18）。然后创建新的输出信号，单击“创建信号”命令按钮创建信号，在下拉菜单中选择“Output”选项（图4-19）。可以看到，信号已分配连接到出口（图4-20）。注意，用这个方法创建的信号只有在单击“应用”或者“确定”按钮时，才会被真正创建。

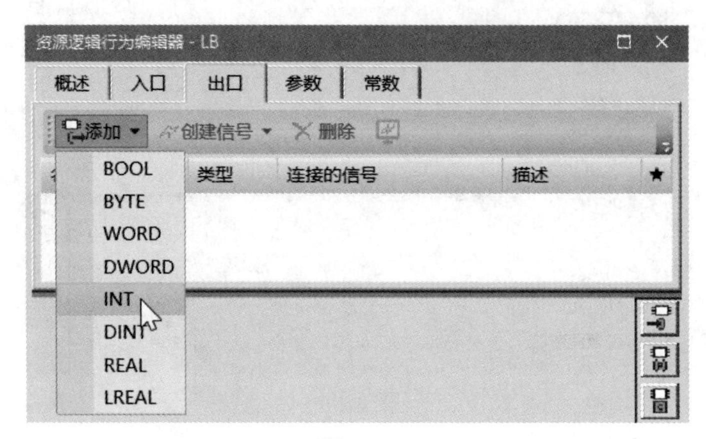

图 4-17

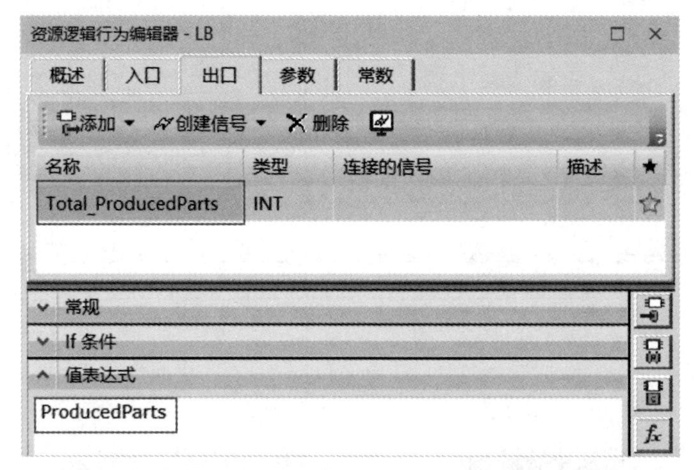

图 4-18

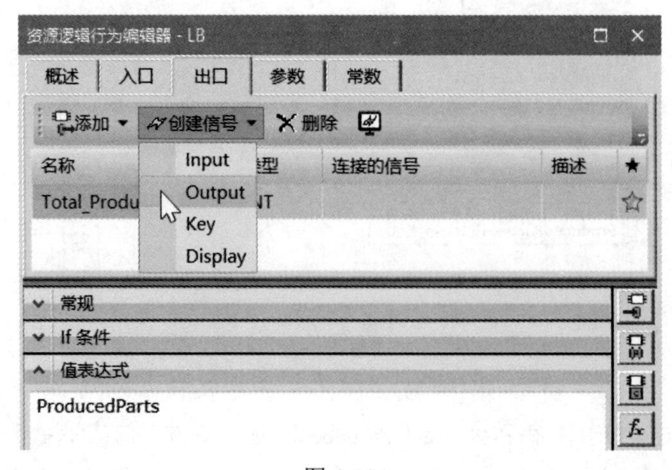

图 4-19

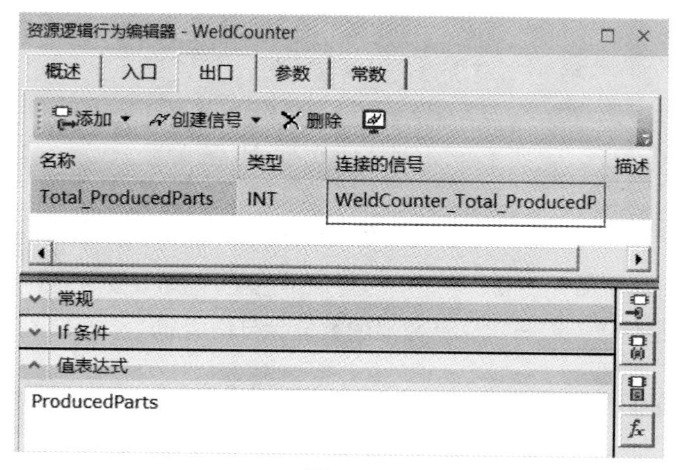

图 4-20

（7）单击“确定”按钮，退出“资源逻辑行为编辑器”对话框，完成逻辑块的创建。可以在“对象树”查看器的复合资源“LOGIX”中看到新创建的逻辑块：WeldCounter，如图 4-21 所示。

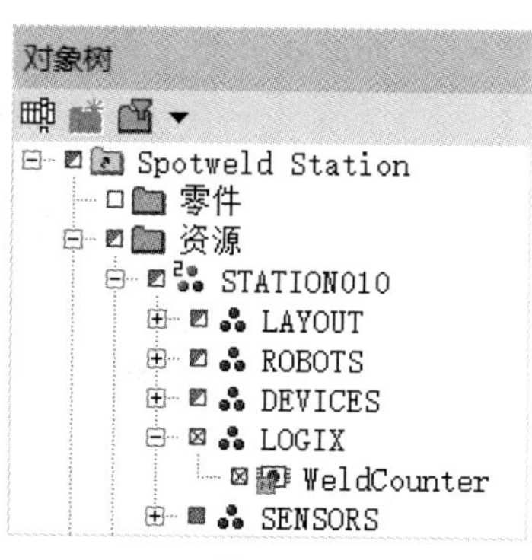

图 4-21

04 单击“主页”菜单下的“仿真面板”命令按钮，打开“仿真面板”查看器。在“信号查看器”面板中，单击“WeldCounter_Total_ProducedParts”信号（图 4-22）。再在“仿真面板”中，单击“添加信号到查看器”命令按钮，将“WeldCounter_Total_ProducedParts”信号添加到“仿真面板”查看器中，如图 4-23 所示。

信号查看器

信号名称	内存	类型
LB_Total_ProducedParts		INT
WeldCounter_Total_ProducedParts		INT
INITIALIZATI... end		BOOL
LIFT_DRIVE...		BOOL
R1 LOAD PART_end		BOOL
LIFT_DRIVE_UP_end		BOOL

序列编辑器　路径编辑器　干涉查看器　信号查看器

图 4-22

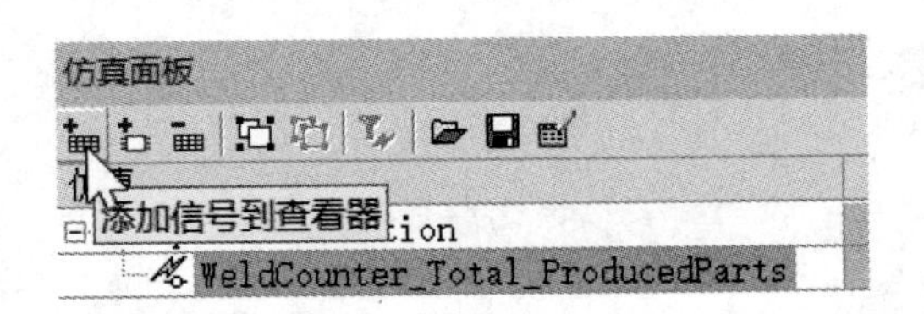

图 4-23

05 在“序列编辑器”查看器中，单击“正向播放仿真”按钮 ，运行仿真。我们可以看到，零件每焊接完成一次，计数器的数值会自动增加 1，如图 4-24 所示。

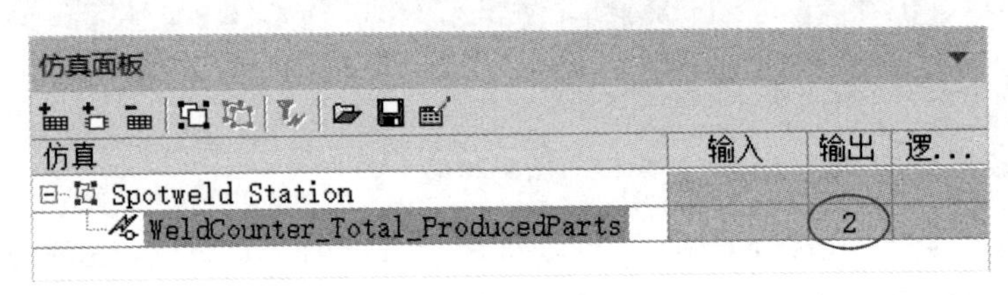

图 4-24

06 如果需要监控逻辑块内部信息（例如，进口、出口、参数等相关信息），则可以通过“仿真面板”查看器中的“添加逻辑块到查看器”命令，将需要监控的逻辑块内部信息添加到“仿真面板”中。

（1）在已经打开的“仿真面板”查看器中，单击“添加逻辑块到查看器”命令按钮 （图 4-25），弹出“添加逻辑块元素”对话框，双击“WeldCounter”逻辑块（图 4-26），单击“确定”按钮，退出“添加逻辑块元素”对话框。可以看到，已经将“WeldCounter”逻辑块的所有内部信息全部添加进了“仿真面板”查看器（图 4-27）。

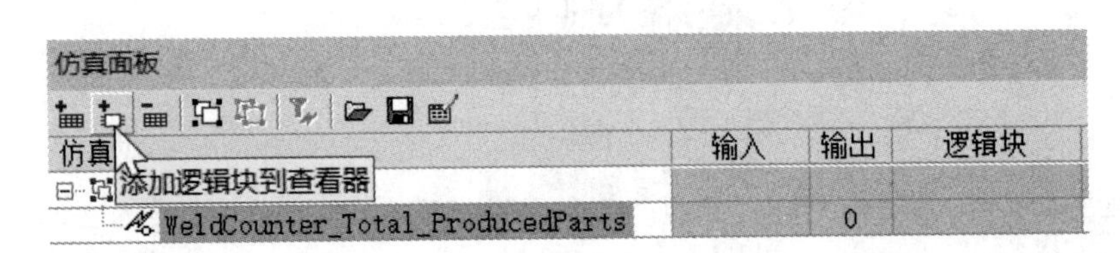

图 4-25

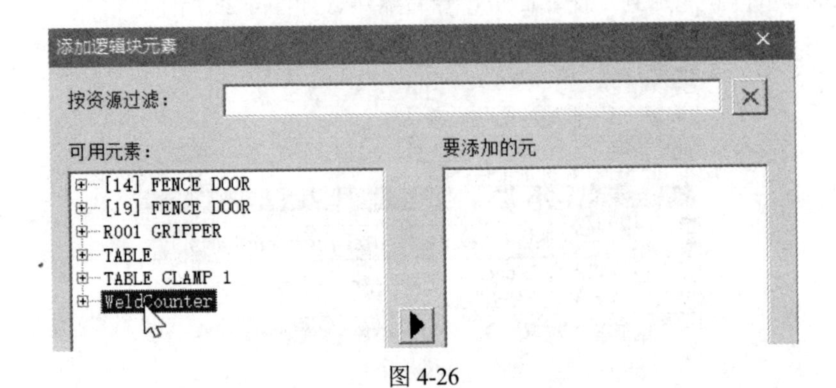

图 4-26

仿真面板

仿真	输入	输出	逻辑块	强制	强制值
Spotweld Station					
WeldCounter_Total_ProducedParts		0		☐	0
WeldCounter.Process_End			■	☐	■
WeldCounter.Total_ProducedParts			0	☐	0
WeldCounter.ProducedParts			0	☐	0

图 4-27

（2）在“序列编辑器”查看器中，单击“正向播放仿真”按钮 ▸，运行仿真。可以看到，零件每焊接完成一次，“WeldCounter”逻辑块的内部信息也随之发生变化，如图4-28所示。

仿真面板

仿真	输入	输出	逻辑块	强制	强制值
Spotweld Station					
WeldCounter_Total_ProducedParts		4		☐	0
WeldCounter.Process_End			■	☐	■
WeldCounter.Total_ProducedParts			4	☐	0
WeldCounter.ProducedParts			4	☐	0

图 4-28

07 我们在运行仿真的过程中，可以看到每次零件焊接完成后，两个焊接机器人都会有一个维护电极帽的操作：在“操作树”查看器中，找到并展开“TIP DRESS”复合操作，可以看到该复合操作包含了两个电极帽维护操作（R2 TDR 和 R3 TDR），如图 4-29 所示。下面使用“WeldCounter”焊接计数器逻辑块定义电极帽维护操作的执行行为。将电极帽的修理周期改为：零件焊接完成 5 件后才进行电极帽的维护操作。

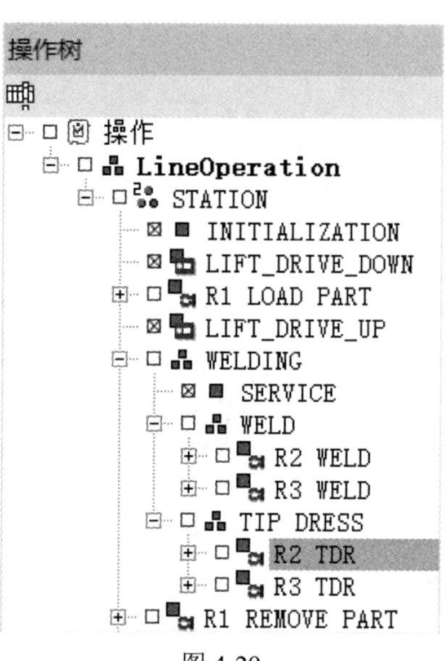

图 4-29

（1）编辑“SERVICE”操作的过渡条件。在“序列编辑器”中打开“SERVICE”操作过渡条件的“过渡编辑器”对话框，如图 4-30 所示，具体操作方法在前面已做过详细介绍，这里不再赘述。在对话框中，我们可以看到该操作的过渡条件指向了两个操作“WELD”和“TIP DRESS”。

“TIP DRESS”操作的运行条件为 ture 时，电极帽维护才将执行，但现在条件设置为 false，因此“TIP DRESS”操作不会运行。现在我们通过修改“WeldCounter”逻辑块来控制“TIP DRESS”电极帽维护操作的运行。

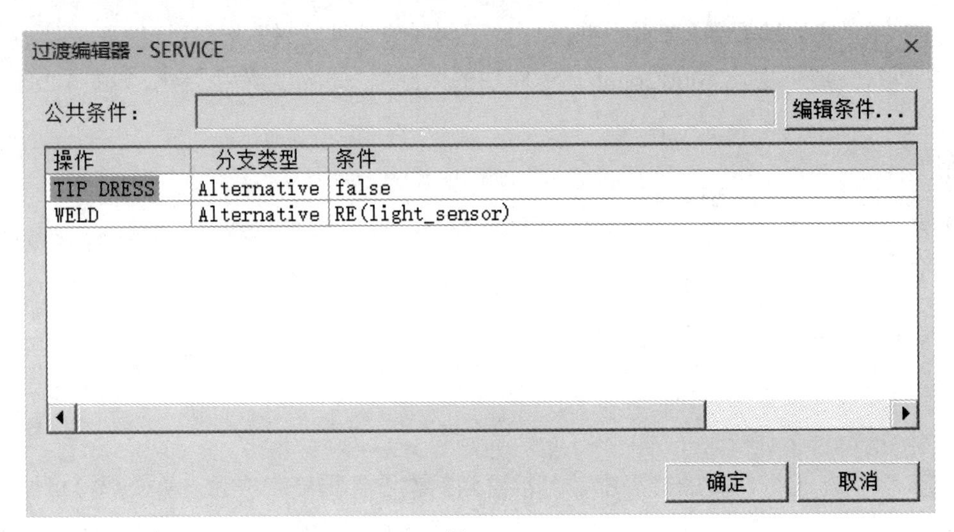

图 4-30

（2）在“对象树”查看器的“资源”类别中，单击需要编辑的逻辑块“WeldCounter”，如图 4-31 所示。

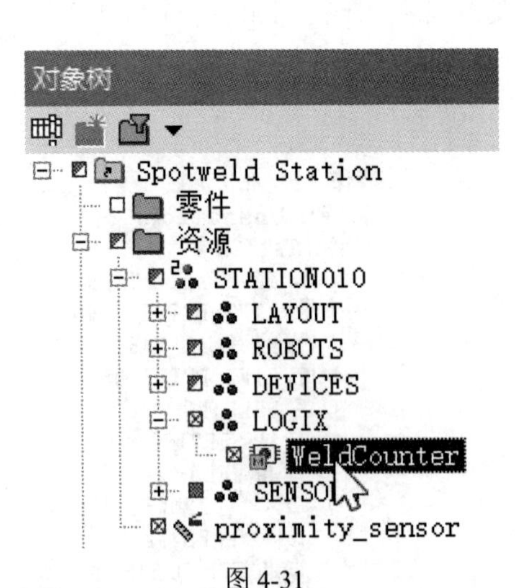

图 4-31

（3）单击“控件”菜单栏中的“编辑逻辑资源”命令按钮，弹出“资源逻辑行为编辑器”对话框，如图 4-32 所示。

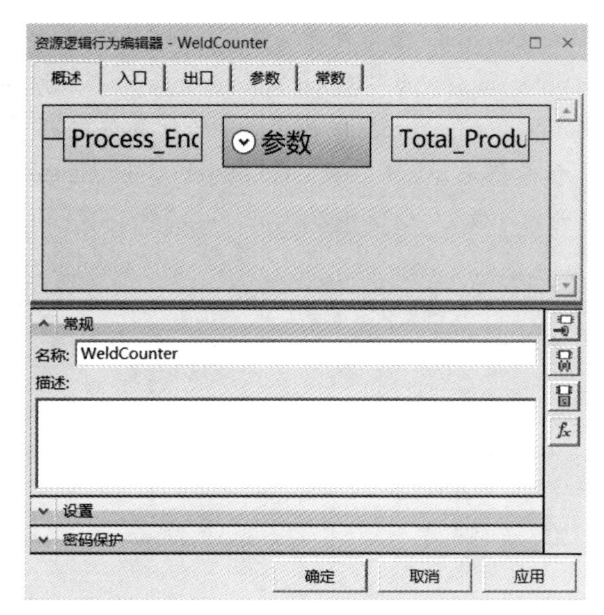

图 4-32

（4）单击“入口”折页项，单击“添加”命令按钮 ，在下拉列表中选择“BOOL”选项，信号命名为 Reset_Maintenance（图 4-33），单击“应用”按钮，单击“常规”栏下的“连接的信号”列表框，单击“信号查看器”面板中的“R2 TDR_end”信号，可以看到“R2 TDR_end”信号被添加到“连接的信号”列表中（图 4-33），并与“Reset_Maintenance”相关联。

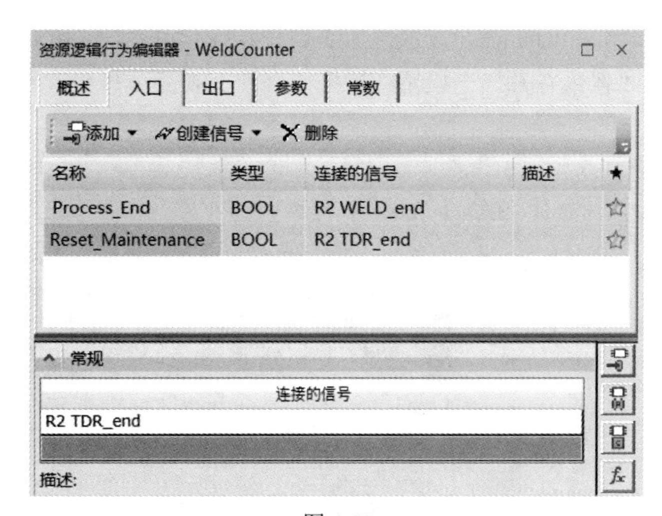

图 4-33

（5）单击“参数”折页项，单击“添加”命令按钮 ，在下拉列表中选择“INT”选项，命名为 WeldCycles，单击“应用”按钮，然后单击“值表达式”列表框，输入 NOT Reset_Maintenance *（WeldCycles + Process_End）。结果如图 4-34 所示。

NOT Reset_Maintenance *（WeldCycles + Process_End）表达式的含义如下：

- WeldCycles + Process_End：当零件焊接结束，则焊接次数加 1。
- NOT Reset_Maintenance： 当“Reset_Maintenance” 信号值是 false 时，则 NOT Reset_Maintenance = ture，即为 1，开始计算焊接操作次数。当“Reset_Maintenance”信号值是 true 时，则 NOT Reset_Maintenance = false，即为 0，则焊接操作重新开始计数。

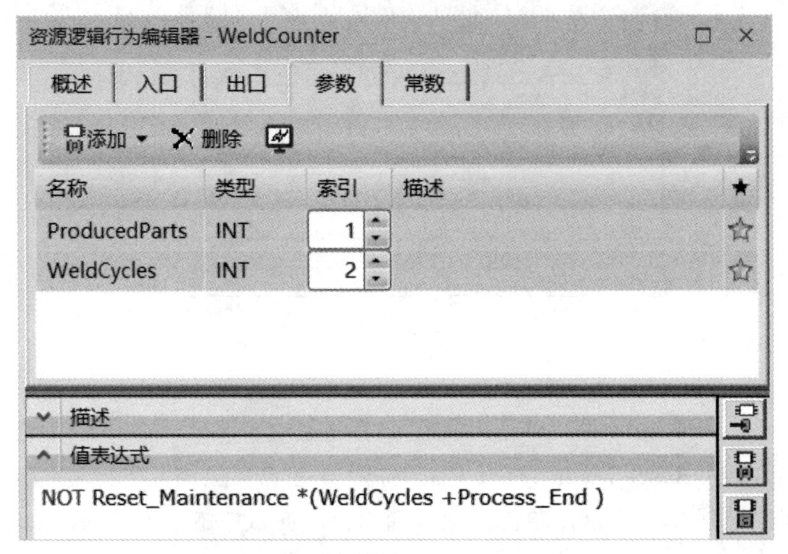

图 4-34

（6）单击“常数”折页项，单击“添加”命令按钮，在下拉列表中选择“INT”选项，命名为 Need_Maintenance，设置值为 5（图 4-35），单击“应用”按钮。

该常数设置了机器人在开始电极帽维护操作之前，要完成多少次零件焊接操作。

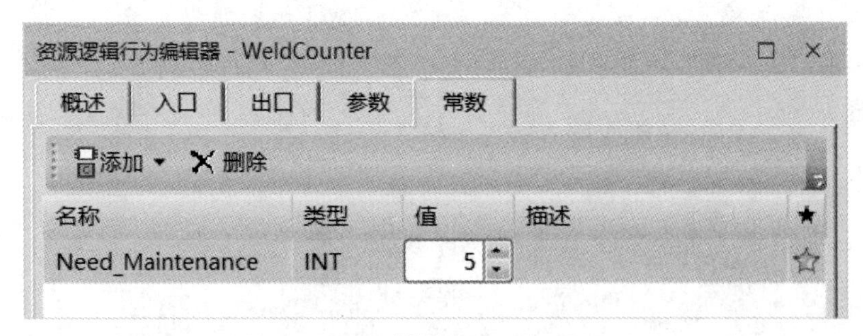

图 4-35

（7）单击“出口”折页项，单击“添加”命令按钮，在下拉列表中选择“BOOL”选项，命名为 Execute_Maintenance，单击“应用”按钮。单击“值表达式”列表框，输入 WeldCycles = Need_Maintenance AND NOT Need_Maintenance = 0，然后创建新的输出信号，单击“创建信号”命令按钮，在下拉菜单中，选择“Output”选项。可以看到，信号已分配连接到出口，结果如图 4-36 所示。单击“确定”按钮，退出逻辑块编辑对话框。

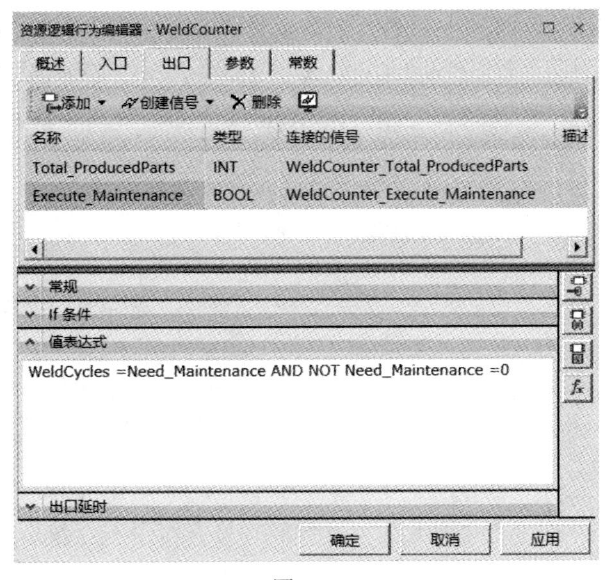

图 4-36

08 在“序列编辑器”中打开“SERVICE”操作过渡条件的“过渡编辑器”对话框（图 4-37），具体操作方法在前面已做过详细介绍，这里不再赘述。在对话框中，双击“TIP DRESS”操作的条件为 false（图 4-37），在弹出的“过渡编辑器”对话框中，将过渡条件改为 WeldCounter_Execute_Maintenance（图 4-38），单击两次“确定”按钮，退出“过渡编辑器”对话框。

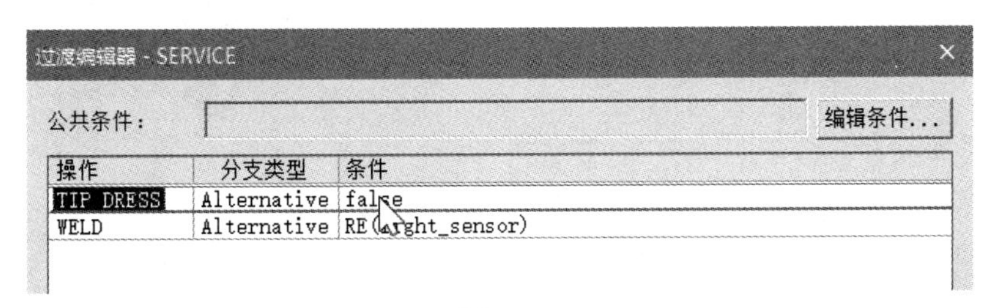

图 4-37

图 4-38

09 在“仿真面板”查看器中，单击“添加逻辑块到查看器”命令按钮 ，弹出“添加逻辑块元素”对话框，双击“WeldCounter”逻辑块，单击“确定”按钮，退出“添加逻辑块元素”对话框。可以看到，已经将“WeldCounter”逻辑块的所有内部信息全部加入了“仿真面板”查看器，如图 4-39 所示。

仿真面板

仿真	输入	输出	逻辑块	强制	强制值
Spotweld Station					
WeldCounter_Total_ProducedParts		0		□	0
WeldCounter.Process_End			■	□	■
WeldCounter.Reset_Maintenance			■	□	■
WeldCounter.Execute_Maintenance			■	□	■
WeldCounter.Total_ProducedParts			0	□	0
WeldCounter.ProducedParts			0	□	0
WeldCounter.WeldCycles			0	□	0
WeldCounter.Need_Maintenance			5	□	0

图 4-39

10 在“序列编辑器”查看器中，单击“正向播放仿真”按钮 ，运行仿真。在“仿真面板”查看器上可以看到，“WeldCounter”逻辑块的内部信息随着零件焊接结束发生变化，而且零件每焊接完成 5 件后，电极帽维护操作开始运行，如图 4-40 所示。

仿真面板

仿真	输入	输出	逻辑块	强制
Spotweld Station				
WeldCounter_Total_ProducedParts		10		□
WeldCounter.Process_End			■	□
WeldCounter.Reset_Maintenance			■	□
WeldCounter.Execute_Maintenance			■	□
WeldCounter.Total_ProducedParts			10	□
WeldCounter.ProducedParts			10	□
WeldCounter.WeldCycles			5	□
WeldCounter.Need_Maintenance			5	□

图 4-40

11 将完成的研究文件另外保存。

4.3 “智能组件”定义

在现在车间里，许多设备都有自己的控制器，例如在汽车 BIW（body in white 白车身）领域大家最为熟知的机器人控制器和焊接控制器。这些设备能够基于设置好的信号、逻辑关系执行控制运动行为，我们把这样的设备（资源）称为智能组件。智能组件三要素为逻辑关系、三维表示和运动学行为。

将标准设备转换成智能组件的步骤如图 4-41 所示。

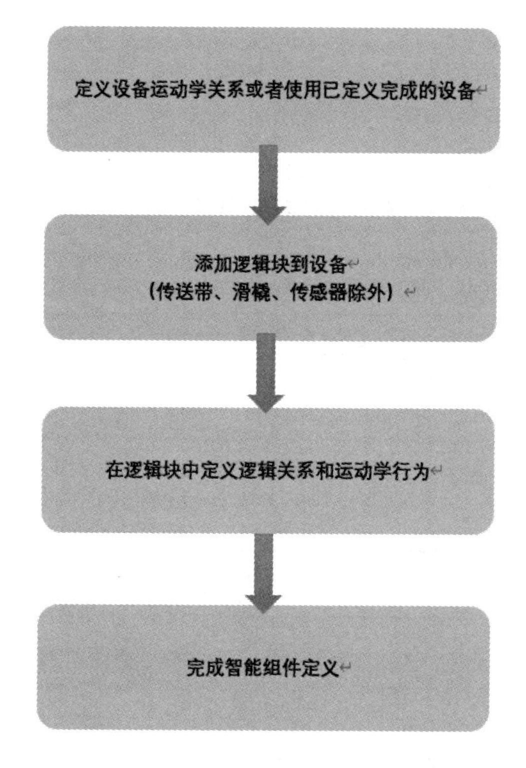

图 4-41

注意

添加逻辑块到设备之前，必须将该设备设为工作部件，即通过“设置建模范围”命令进行设置。

01 定义“智能组件”。

（1）单击“控件”菜单栏中的“添加逻辑到资源”命令按钮（图 4-42），弹出如图 4-43 所示的“资源逻辑行为编辑器”对话框，可以看到对话框中增加了“操作”折页项，用于定义设备的运动学行为。

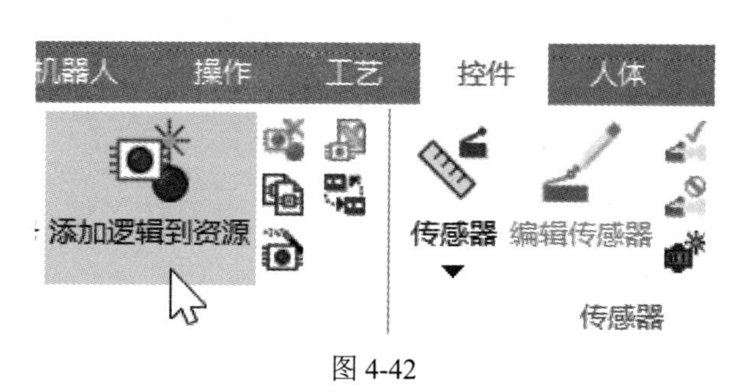

图 4-42

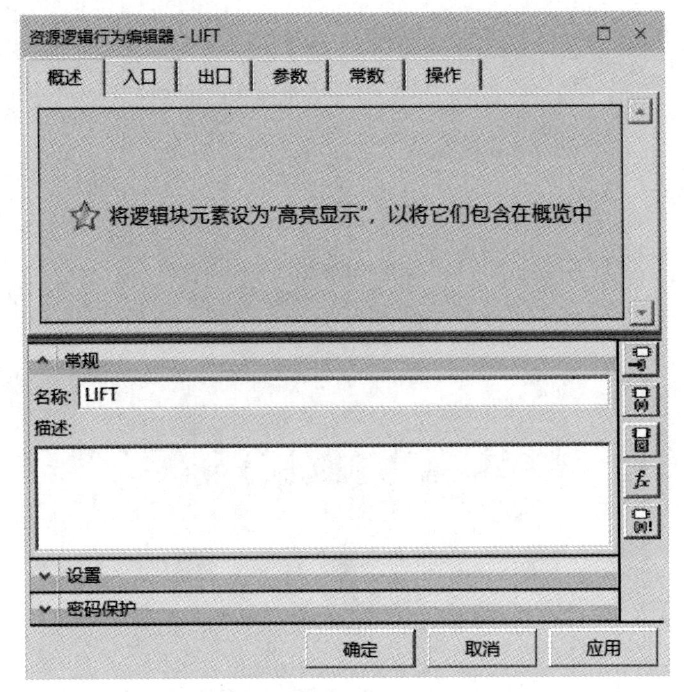

图 4-43

（2）在“资源逻辑行为编辑器”对话框的“操作”折页项中，可以定义如图 4-44 所示的设备运动学行为。

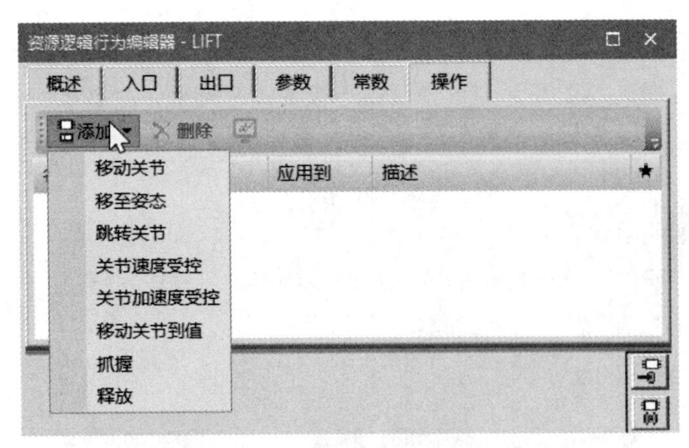

图 4-44

- 移动关节：控制关节移动。
- 移至姿态：将关节转移到指定的姿态。
- 跳转关节：将关节跳转到指定值的位置。
- 关节速度受控：控制关节移动速度。
- 关节加速度受控：控制移动关节的加速度。
- 移动关节到值：将关节移动到目标值的位置。

- 抓握：设置与对象的附着关系。
- 释放：设置与对象的拆离。

（3）在“资源逻辑行为编辑器”对话框的“参数”折页项中，还可以定义“关节值传感器”“关节距离传感器”和“位置传感器”的相关参数，如图 4-45 所示。

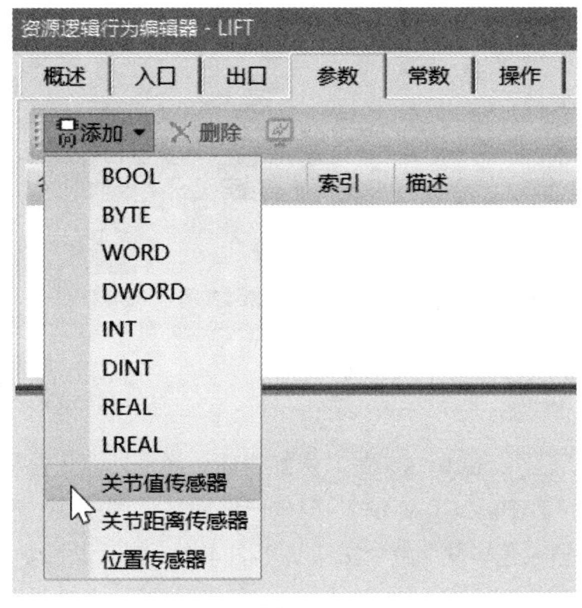

图 4-45

- 关节值传感器：在预定义姿态范围内，指示关节当前所在的位置值。
- 关节距离传感器：指示关节每时每刻的实际值。
- 位置传感器：指示与检测对象间的位置值。

4.4 “智能组件”应用 1

下面通过一个应用案例讲解“智能组件”的创建过程。在这个应用中，将实现以下目标。

- 创建一个直接作用于信号而没有任何操作的焊接夹头。
- 创建完成带有一个输入信号的焊接夹头智能组件。当输入信号为 true 时，焊接夹头处于打开姿态；当输入信号为 false 时，焊接夹头处于闭合姿态。

01 单击“以生产线仿真模式打开研究”按钮，在弹出的“打开”对话框中，选择“Session 4-Logic Blocks”文件夹中的“S04-E02.psz”研究文件，然后单击对话框中的“打开”按钮。系统将以生产线仿真模式打开该研究文件。

02 接下来创建一个“智能组件”，步骤如下。

（1）在“对象树”查看器中，单击“TABLE CLAMP 2”资源对象（图 4-46）。

然后单击“建模”菜单栏中的“设置建模范围”命令按钮 （图 4-47），将“TABLE CLAMP 2”变为工作部件。

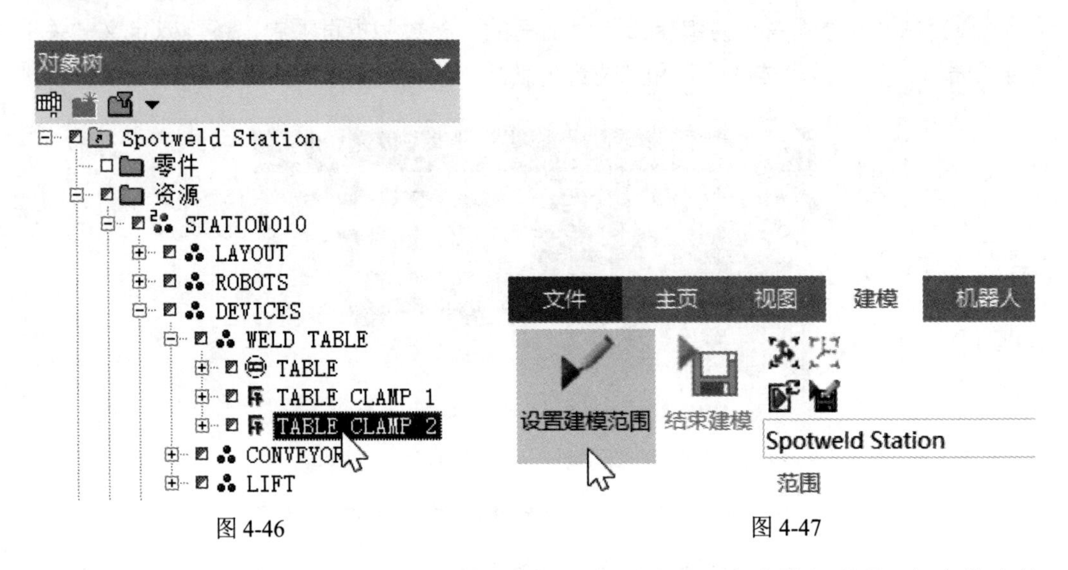

图 4-46　　　　图 4-47

（2）可以看到“控件”菜单栏中的“添加逻辑到资源”命令按钮 是灰色状态的，无法使用。其原因是“TABLE CLAMP 2”对象已经添加了逻辑块。我们可以通过“控件”菜单栏中的“从资源删除逻辑块”命令按钮 （图 4-48）将已添加到“TABLE CLAMP 2”对象的逻辑块删除。

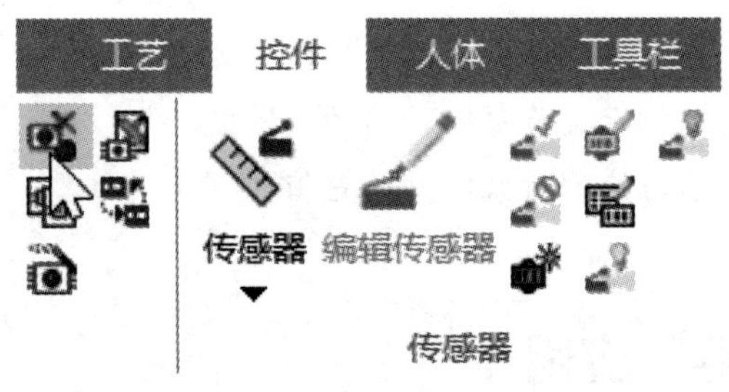

图 4-48

（3）单击“控件”菜单栏中的“添加逻辑到资源”命令按钮 （图 4-49），弹出如图 4-50 所示的“资源逻辑行为编辑器”对话框。

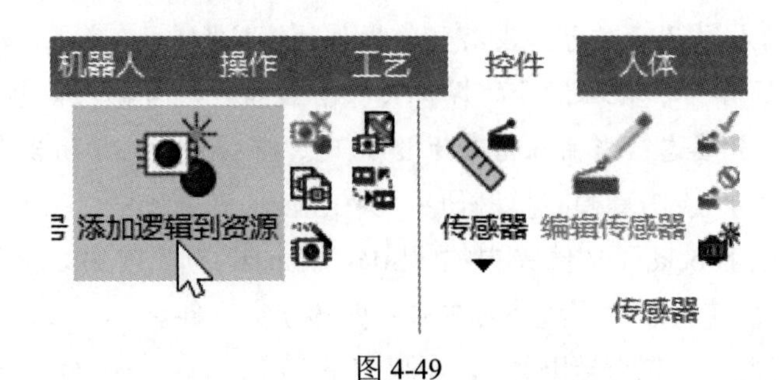

图 4-49

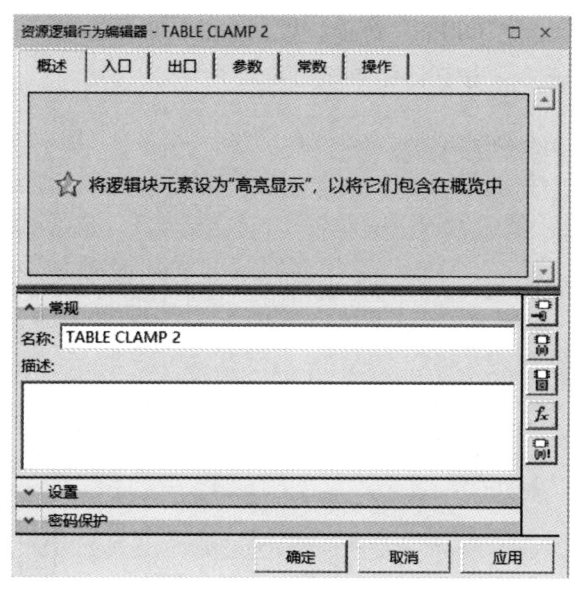

图 4-50

（4）单击“资源逻辑行为编辑器”对话框中的“入口”折页项，单击“添加”命令按钮，在下拉菜单中选择 BOOL 选项，信号命名为 To_OPEN；单击“应用”按钮。然后单击“创建信号”命令按钮，在下拉菜单中选择 Output 选项，创建一个输出信号 TABLE CLAMP 2_TO_OPEN，可以看到新创建的输出信号被添加到“连接的信号”列表中，与“To_OPEN”相关联。结果如图 4-51 所示。

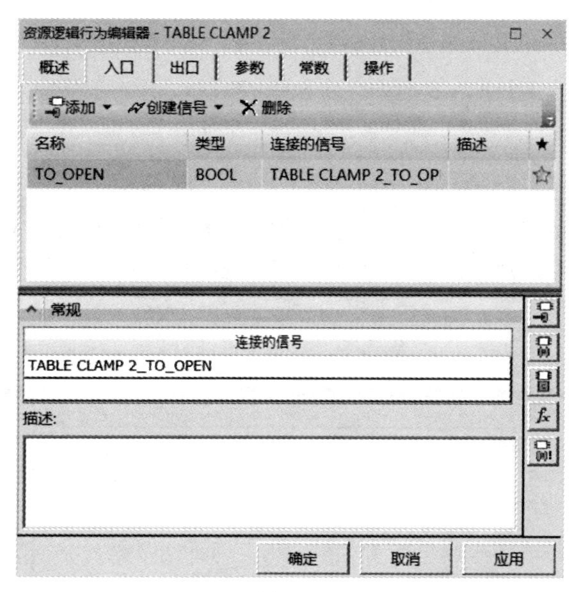

图 4-51

（5）单击“操作”折页项，单击“添加”命令按钮，在下拉菜单中选择“移至姿态”选项，创建一个操作动作，命名为 MTP_Open。然后单击“应用到”命令按钮应用到，在下拉菜单中选择“OPEN”选项。最后单击“值表达式”栏列表框，输入“To_Open”信号，单击“应用”按钮。结果如图 4-52 所示。

图 4-52

同理，单击“添加”命令按钮 添加，在下拉菜单中，选择“移至姿态”选项，创建一个操作动作，命名为 MTP_Close。然后单击“应用到”命令按钮 应用到，在下拉菜单中选择“CLOSE”选项。最后单击“值表达式”栏列表框，输入“NOT To_Open”信号。单击“应用”按钮，结果如图 4-53 所示。

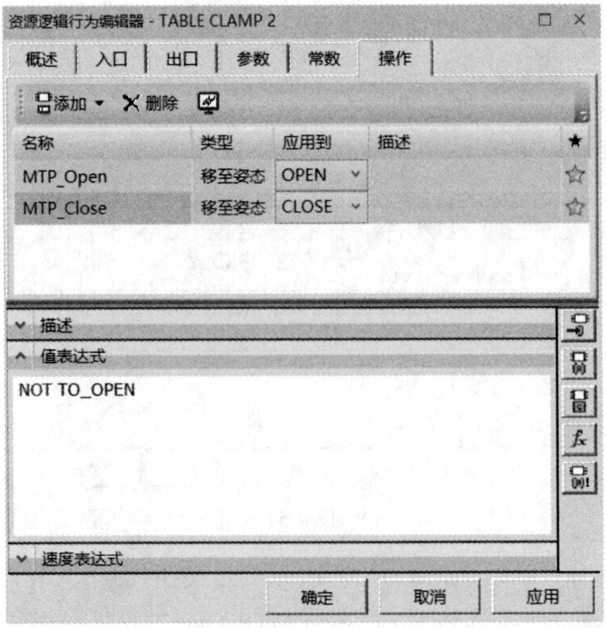

图 4-53

（6）最后，我们通过“关节值传感器”来反馈设备在预定的姿态范围内关节的位置情况。单击“资源逻辑行为编辑器”对话框中的“参数”折页项，然后单击“添加”命令按钮，在下拉菜单中选择“关节值传感器”选项，命名为jvs_TO_Open。在“定义”栏中，Pose选择OPEN，“类型”选择“范围”，容差范围值为“-2°到2°”。单击“应用”按钮，结果如图4-54所示。

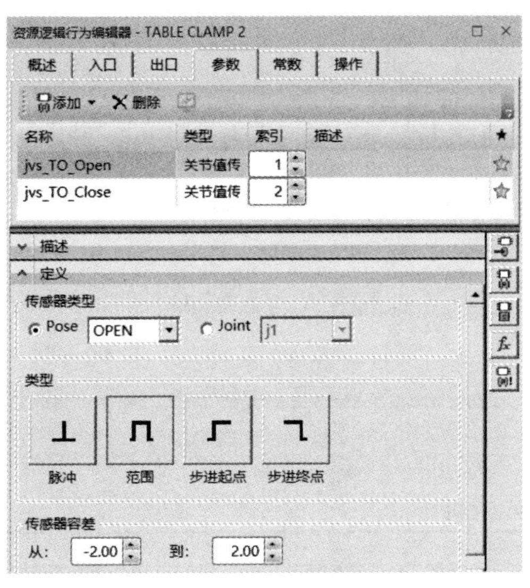

图 4-54

同理，单击“资源逻辑行为编辑器”对话框中的“参数”折页项。然后单击“添加”命令按钮，在下拉菜单中选择“关节值传感器”选项，命名为jvs_TO_Close；在“定义”栏中，Pose选择CLOSE，“类型”选择“范围”，容差范围值为“-2°到2°”。单击“应用”按钮，结果如图4-55所示。

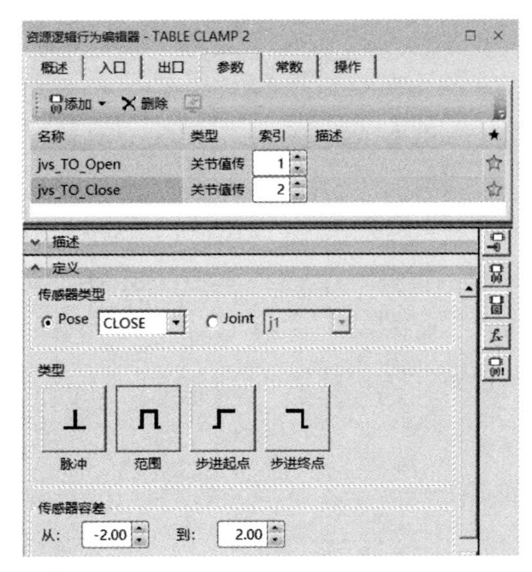

图 4-55

（7）单击“资源逻辑行为编辑器”对话框中的“出口”折页项，单击“添加”命令按钮，在下拉菜单中选择BOOL选项；信号命名为OPEN，单击“应用”按钮。然后单击“创建信号”命令按钮，在下拉菜单中选择Input选项，创建一个输入信号TABLE CLAMP 2_OPEN。可以看到新创建的输出信号被添加到“连接的信号”列表中，与OPEN相关联。单击“值表达式”栏列表框，输入jvs_TO_Open信号。单击“应用”按钮，结果如图4-56所示。

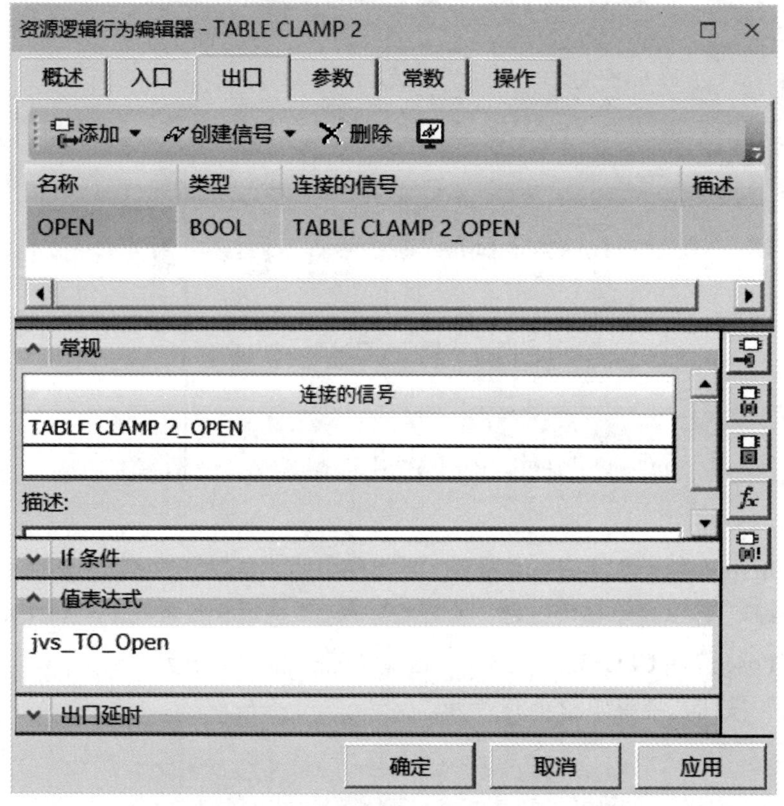

图4-56

同理，再次单击“添加”命令按钮，在下拉菜单中选择BOOL选项，信号命名为CLOSE，单击“应用”按钮。然后单击“创建信号”命令按钮，在下拉菜单中选择Input选项，创建一个输入信号TABLE CLAMP 2_CLOSE。可以看到新创建的输出信号被添加到“连接的信号”列表中，与CLOSE相关联。单击“值表达式”栏列表框，输入jvs_TO_Close信号；单击“应用”按钮，结果如图4-57所示。单击“确定”按钮，退出“资源逻辑行为编辑器”对话框。

图 4-57

03 在“信号查看器”中选择“TABLE CLAMP 2_OPEN”“TABLE CLAMP 2_CLOSE”和“TABLE CLAMP 2_TO_OPEN”三个信号（图 4-58）。然后在“仿真面板”查看器中单击“添加信号到查看器”命令按钮 。可以看到，三个信号已经添加进了“仿真面板”查看器中，如图 4-59 所示。

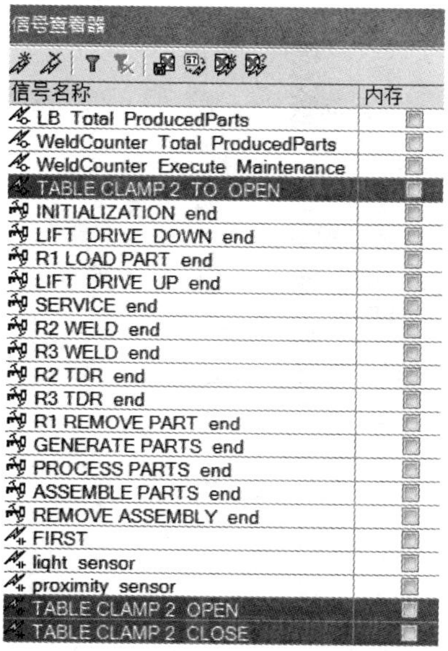

信号查看器
信号名称 内存
LB_Total_ProducedParts
WeldCounter_Total_ProducedParts
WeldCounter_Execute_Maintenance
TABLE CLAMP 2_TO_OPEN
INITIALIZATION_end
LIFT_DRIVE_DOWN_end
R1 LOAD PART_end
LIFT_DRIVE_UP_end
SERVICE_end
R2 WELD_end
R3 WELD_end
R2 TDR_end
R3 TDR_end
R1 REMOVE PART_end
GENERATE PARTS_end
PROCESS PARTS_end
ASSEMBLE PARTS_end
REMOVE ASSEMBLY_end
FIRST
light_sensor
proximity_sensor
TABLE CLAMP 2_OPEN
TABLE CLAMP 2_CLOSE

图 4-58

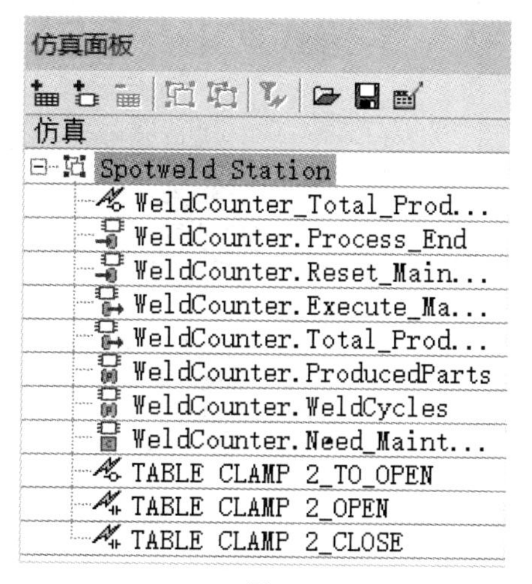

图 4-59

04 接下来验证针对焊接夹头所做的“智能组件”定义是否正确。

（1）因为我们只看焊接夹头的动作，所以在运行操作仿真时，让所有操作都不运行。编辑“INITIALIZATION”操作的过渡条件。在“序列编辑器”中打开“INITIALIZATION”操作过渡条件的“过渡编辑器”对话框，将公共条件改为 false（具体操作方法在前面已做过详细介绍，此处不再赘述），如图 4-60 所示。

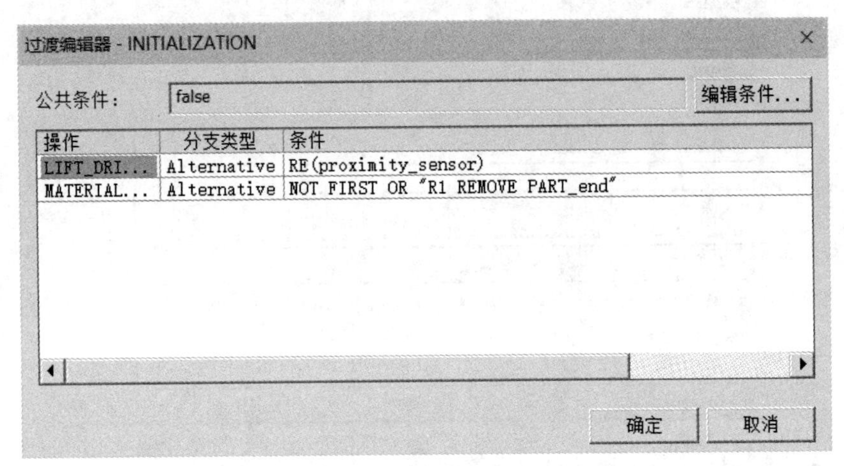

图 4-60

（2）在“序列编辑器”查看器中，单击“正向播放仿真”按钮 ▸ 运行仿真。可以看到所有操作都没有运行。

（3）在“仿真面板”查看器中，勾选“TABLE CLAMP 2_TO_OPEN”信号的“强制”复选框，然后单击“强制值”红色按钮（图 4-61），触发强制焊接夹头打开的输出信号，可以看到，随着强制打开信号的输出和关闭，焊接夹头从关闭姿态转换到打开姿态，再从打开姿态转换到关闭姿态。

仿真面板

仿真	输入	输出	逻辑块	强制!	强制值
Spotweld Station					
WeldCounter_Total_ProducedP...		0		□	0
WeldCounter.Process_End			■	□	■
WeldCounter.Reset_Maintenance			■	□	■
WeldCounter.Execute_Mainten...			■	□	■
WeldCounter.Total_ProducedP...			0	□	0
WeldCounter.ProducedParts			0	□	0
WeldCounter.WeldCycles			0	□	0
WeldCounter.Need_Maintenance			5	□	0
TABLE CLAMP 2_TO_OPEN		●		☑	■
TABLE CLAMP 2_OPEN	■			□	■
TABLE CLAMP 2_CLOSE	■			□	■

图 4-61 （有彩图）

05 将完成的研究文件另外保存。

4.5 “智能组件”应用 2

下面我们通过第二个应用案例来进一步熟悉“智能组件”的创建过程。在这个应用中，我们将实现以下目的：创建带有两个输入信号的焊接夹头智能组件。分别控制焊接夹头打开姿态和闭合姿态。

01 单击“以生产线仿真模式打开研究”按钮，在弹出的“打开”对话框中选择“Session 4 - Logic Blocks”文件夹中的“S04-E03.psz”研究文件，然后单击对话框中的“打开”按钮。系统将以生产线仿真模式打开该研究文件。

02 接下来编辑已经创建好的智能组件“TABLE CLAMP 2”，过程步骤如下。

（1）在“对象树”查看器中，单击“TABLE CLAMP 2”资源对象（图 4-62），然后单击“建模”菜单栏中的“设置建模范围”命令按钮（图 4-63），将“TABLE CLAMP 2”变为工作部件。

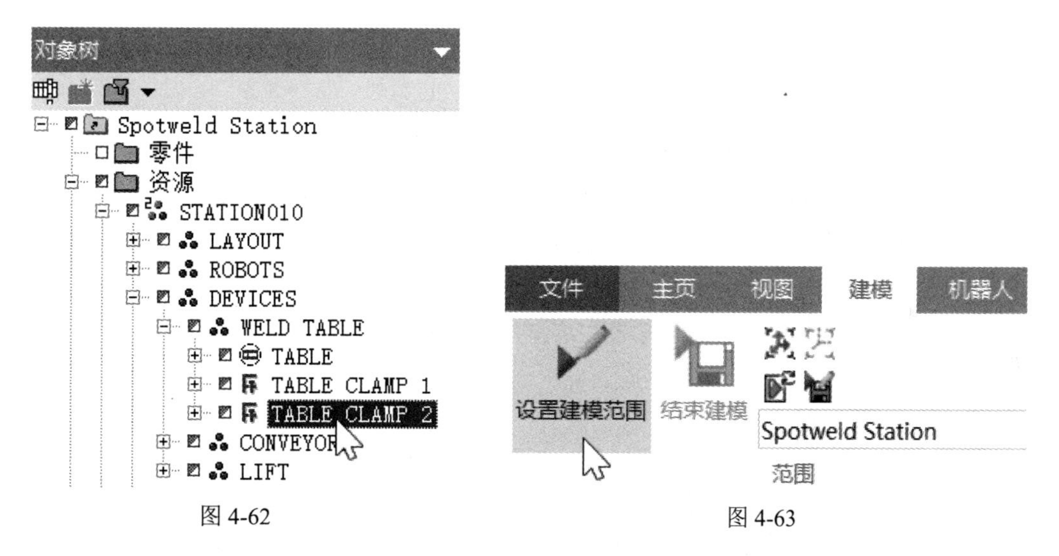

图 4-62　　　　图 4-63

（2）单击“控件”菜单栏中的“编辑逻辑资源”命令按钮（图 4-64），弹出“资源逻辑行为编辑器”对话框（图 4-65）。

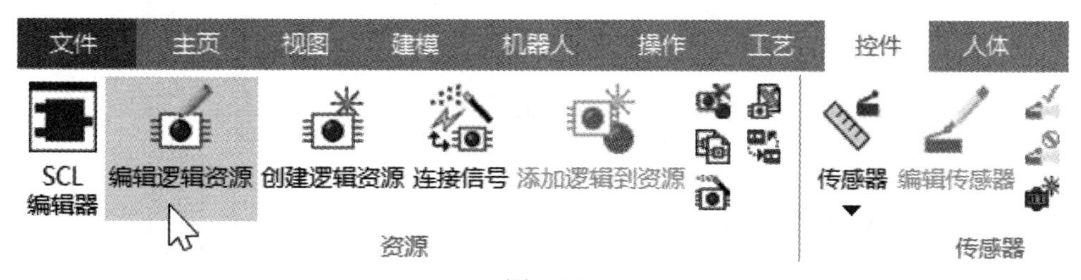

图 4-64

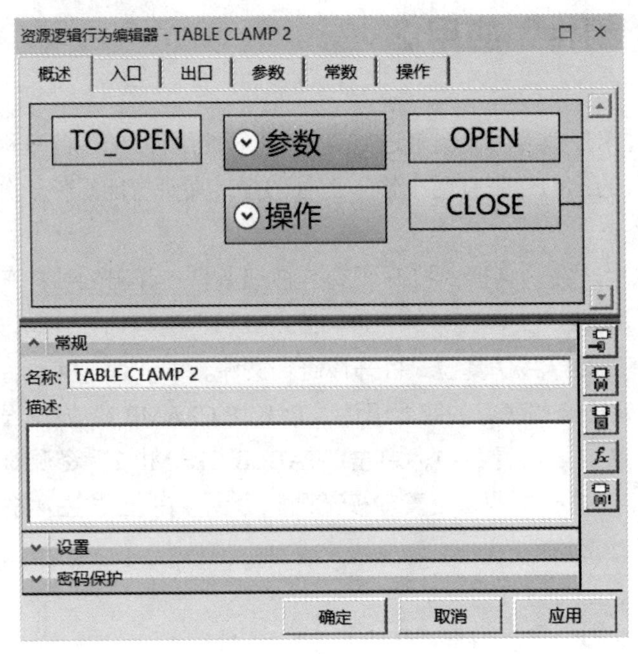

图 4-65

（3）单击“资源逻辑行为编辑器”对话框中的“入口”折页项，单击“添加”命令按钮 添加，在下拉菜单中选择 BOOL 选项，信号命名为 To_CLOSE，单击“应用”按钮。然后单击“创建信号”命令按钮 创建信号，在下拉菜单中选择 Output 选项，创建一个输出信号 TABLE CLAMP 2_TO_CLOSE。可以看到新创建的输出信号被添加到“连接的信号”列表中，与 TO_CLOSE 相关联。结果如图 4-66 所示。

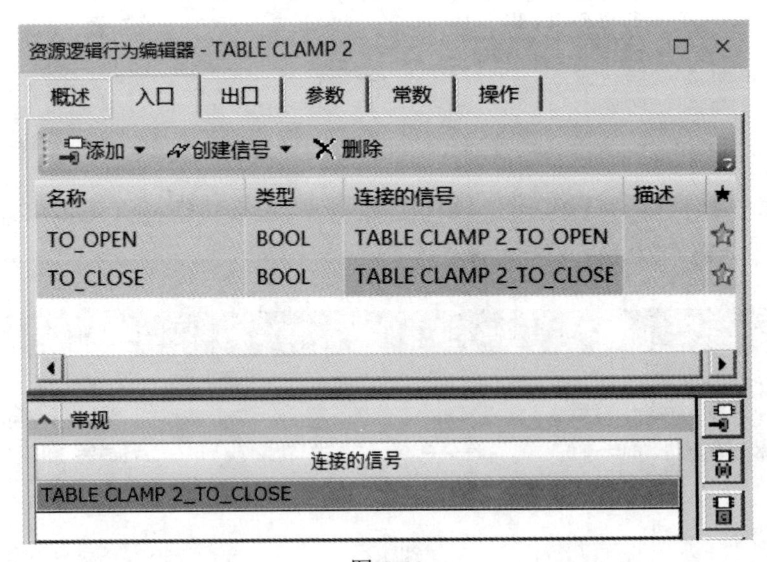

图 4-66

（4）单击“操作”折页项，选择“MTP_Open”选项。然后单击“MTP_Open”操作的“值表达式”栏列表框，将信号更改为 TO_OPEN AND NOT TO_CLOSE。单击“应用”按钮，结果如图 4-67 所示。

图 4-67 （有彩图）

同理，单击“MTP_Close”操作，然后单击“MTP_Close”操作的“值表达式”栏列表框，将信号更改为 TO_CLOSE。单击“应用”按钮，结果如图 4-68 所示。单击“确定”按钮，退出“资源逻辑行为编辑器”对话框。

图 4-68

至此，智能组件“TABLE CLAMP 2”编辑完成。

03 下面我们来快速搜索与“TABLE CLAMP 2”有关的信号，步骤如下。

（1）在“信号查看器”面板中，单击“过滤器”命令按钮（图 4-69）。然后在弹出的“信号查看器”面板第一行（颜色为淡黄色）中，单击此行“资源”列右边的三角按钮（图 4-70），弹出如图 4-71 所示的“按资源过滤”对话框。

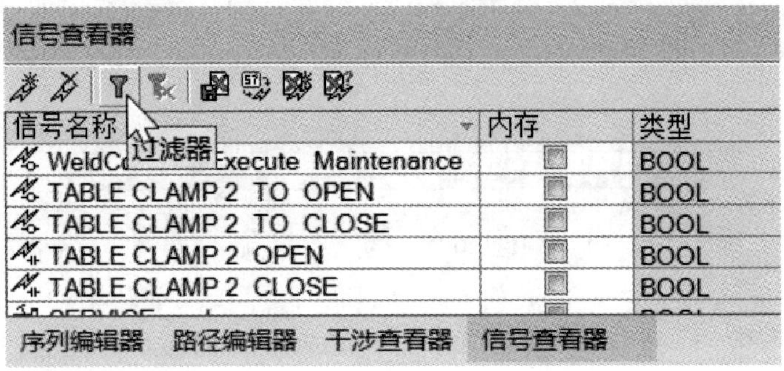

图 4-69

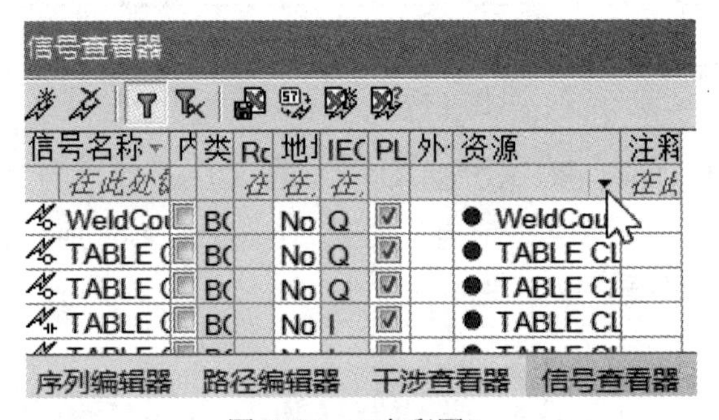

图 4-70　（有彩图）

（2）在“按资源过滤”对话框中，选择“仅显示与以下资源和姿态关联的信号”选项，单击“资源”列表框。然后，在“对象树”查看器的“资源”类别中单击“TABLE CLAMP 2”，将该设备添加到“仅显示与以下资源和姿态关联的信号”资源列表框中，如图 4-71 所示。单击“应用”按钮，退出对话框。

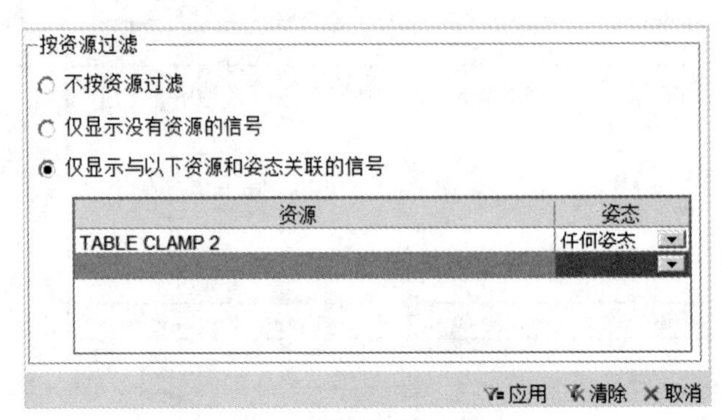

图 4-71

（3）在如图 4-72 所示的“信号查看器”面板中可以看到四个与“TABLE CLAMP 2”设备相关的信号。

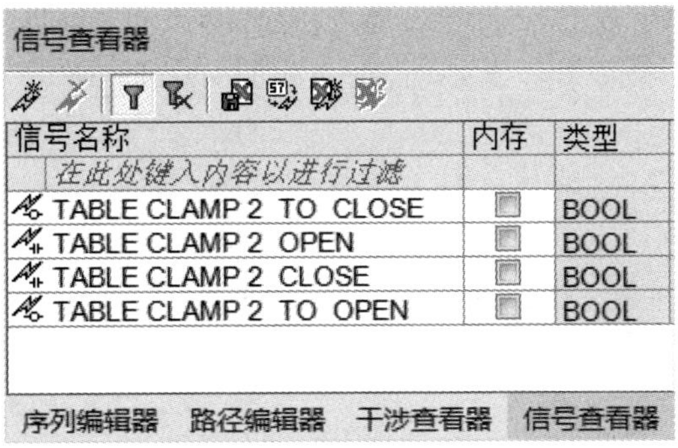

信号查看器

信号名称	内存	类型
在此处键入内容以进行过滤		
TABLE CLAMP 2_TO_CLOSE	☐	BOOL
TABLE CLAMP 2_OPEN	☐	BOOL
TABLE CLAMP 2_CLOSE	☐	BOOL
TABLE CLAMP 2_TO_OPEN	☐	BOOL

序列编辑器　路径编辑器　干涉查看器　信号查看器

图 4-72

04 在“信号查看器”面板中选择这四个信号，然后在“仿真面板”查看器中，单击“添加信号到查看器”命令按钮，将这四个信号添加进“仿真面板”查看器中，如图 4-73 所示。

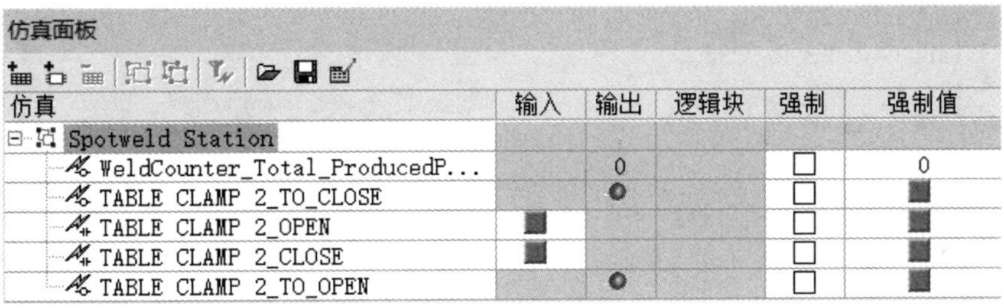

仿真面板

仿真	输入	输出	逻辑块	强制	强制值
Spotweld Station					
WeldCounter_Total_ProducedP...		0		☐	0
TABLE CLAMP 2_TO_CLOSE		●		☐	■
TABLE CLAMP 2_OPEN	■			☐	■
TABLE CLAMP 2_CLOSE	■			☐	■
TABLE CLAMP 2_TO_OPEN		●		☐	■

图 4-73

05 接下来我们来验证针对焊接夹头所做的“智能组件”定义是否正确。

（1）因为我们只看焊接夹头的动作，所以在运行操作仿真时，我们让所有操作都不运行。

编辑“INITIALIZATION”操作的过渡条件。在“序列编辑器”中打开“INITIALIZATION”操作过渡条件的“过渡编辑器”对话框，将公共条件改为 false，如图 4-74 所示（具体操作方法在前面已做过详细介绍，这里不再赘述）。

（2）在“序列编辑器”查看器中，单击“正向播放仿真”按钮，运行仿真。可以看到所有操作都没有运行。

（3）在“仿真面板”查看器中，分别勾选“TABLE CLAMP 2_TO_OPEN”和“TABLE CLAMP 2_TO_CLOSE”信号的“强制”复选框（图 4-75）。然后，先单击“TABLE CLAMP 2_TO_OPEN”信号的“强制值”按钮（图 4-75），触发强制焊接夹头打开的输出信号，可以看到，焊接夹头从关闭姿态转到打开姿态。接着再单击“TABLE CLAMP 2_TO_CLOSE”信号的“强制值”按钮（图 4-75），触发强制焊接夹头关闭的输出信号，可以看到焊接夹头从打开姿态转到关闭姿态。

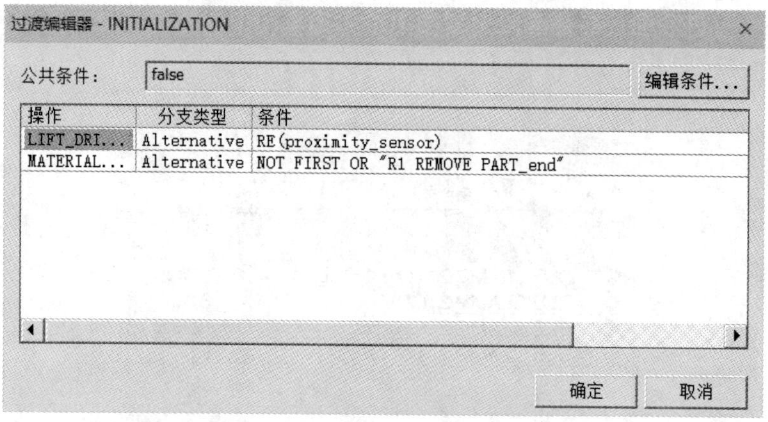

过渡编辑器 - INITIALIZATION

公共条件： false 编辑条件...

操作	分支类型	条件
LIFT_DRI...	Alternative	RE(proximity_sensor)
MATERIAL...	Alternative	NOT FIRST OR "R1 REMOVE PART_end"

确定 取消

图 4-74

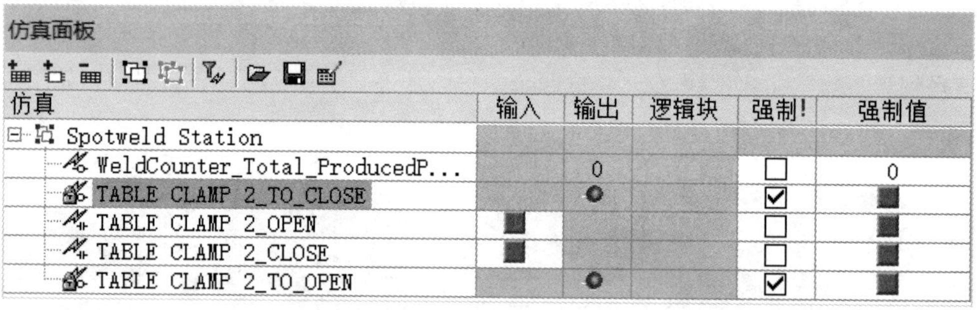

仿真面板

仿真	输入	输出	逻辑块	强制!	强制值
Spotweld Station					
WeldCounter_Total_ProducedP...		0		☐	0
TABLE CLAMP 2_TO_CLOSE		●		☑	■
TABLE CLAMP 2_OPEN	■			☐	■
TABLE CLAMP 2_CLOSE	■			☐	■
TABLE CLAMP 2_TO_OPEN		●		☑	■

图 4-75 （有彩图）

06 将完成的研究文件另外保存。

4.6 “智能组件”应用 3

下面通过第三个应用案例深入了解“智能组件”的创建过程。在这个应用中，我们将实现以下目的。创建一个双程连续动作的焊接夹头智能组件。与以前创建的焊接夹头类型不同，该焊接夹头在达到期望的姿态时，即使被要求复位，依然“知道”保持打开（或关闭）状态。此外，该焊接夹具能够自动夹紧和释放零件。

01 单击“以生产线仿真模式打开研究”按钮，在弹出的“打开”对话框中，选择“Session 4 - Logic Blocks”文件夹中的“S04-E04.psz”研究文件，然后单击对话框中的“打开”按钮。系统将以生产线仿真模式打开该研究文件。

02 接下来，我们继续编辑已经创建好的智能组件“TABLE CLAMP 2”，过程步骤如下。

（1）在“对象树”查看器中，单击“TABLE CLAMP 2”资源对象。然后单击“建模”菜单栏中的“设置建模范围”命令按钮，将“TABLE CLAMP 2”变为工作部件。

（2）单击“控件”菜单栏中的“编辑逻辑资源”命令按钮（图 4-76），弹出如图 4-77 所示的“资源逻辑行为编辑器”对话框。

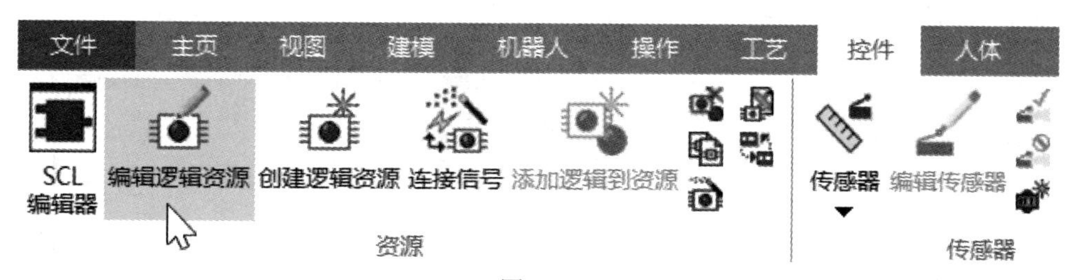

图 4-76

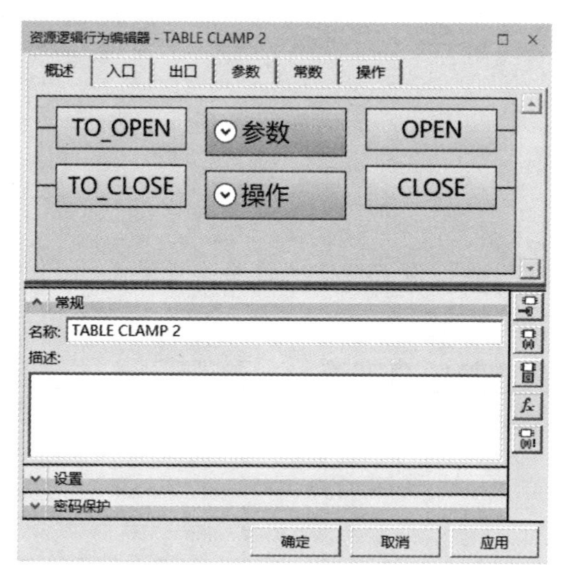

图 4-77

（3）单击“资源逻辑行为编辑器”对话框中的“参数”折页项，单击“添加”命令按钮，在下拉菜单中选择 BOOL 选项，命名为 RE_Open，单击“应用”按钮。再次单击“添加”命令按钮，在下拉菜单中选择 BOOL 选项，命名为 RE_Close，单击“应用”按钮，结果如图 4-78 所示。然后单击新创建的 RE_Open，在其“值表达式”栏中输入 RE（TO_OPEN），结果如图 4-79 所示。同理，单击新创建的 RE_Close，在其“值表达式”栏中输入 RE（TO_CLOSE），结果如图 4-80 所示，单击“应用”按钮。

（4）继续在“资源逻辑行为编辑器”对话框中的“参数”折页项中，单击“添加”命令按钮，在下拉菜单中选择 BOOL 选项，命名为 KEEP_Open，单击“应用”按钮。再次单击“添加”命令按钮，在下拉菜单中选择 BOOL 选项，命名为 KEEP_Close，单击“应用”按钮，结果如图 4-81 所示。然后单击新创建的 KEEP_Open，在其“值表达式”栏中输入 SR（RE_Open，jvs_TO_Open）（图 4-82）。单击新创建的 KEEP_Close，在其“值表达式”栏中输入 SR（RE_Close，jvs_TO_Close），结果如图 4-83 所示，单击“应用”按钮。

图 4-78

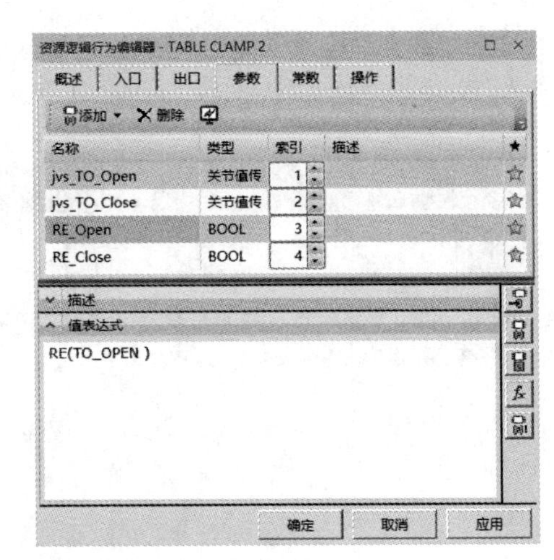

图 4-79

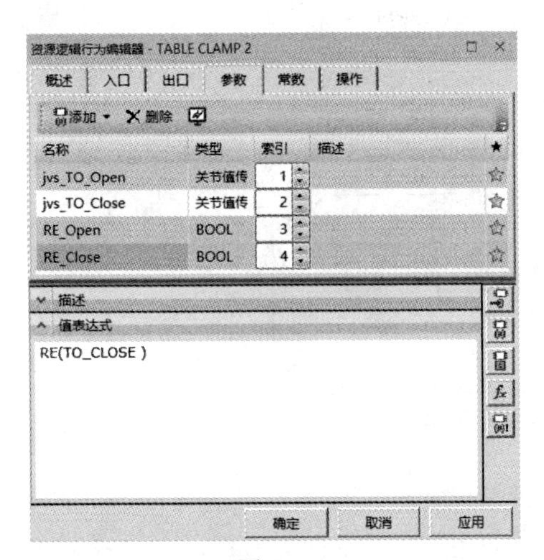

图 4-80

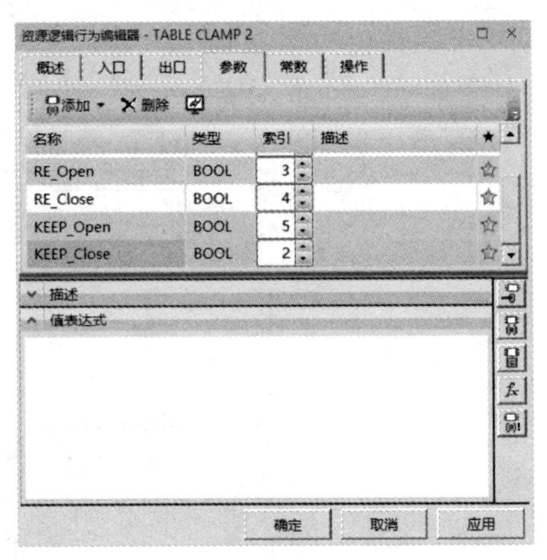

图 4-81

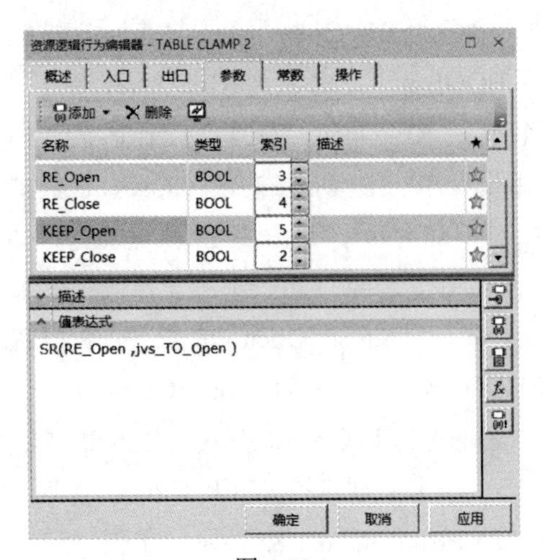

图 4-82

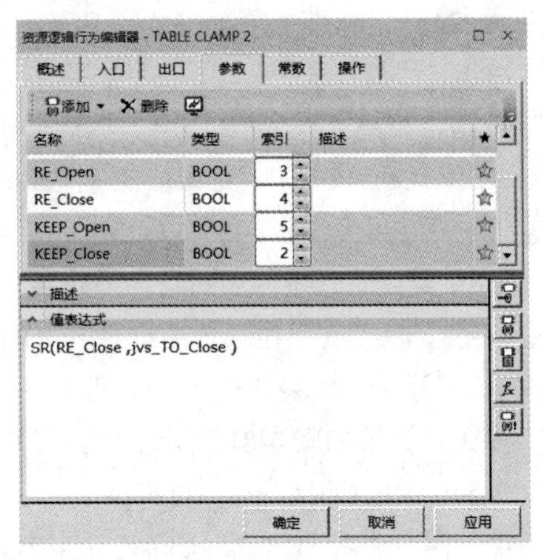

图 4-83

说明：

SR（SET RESET）（X，Y）功能是将信号保持在触发位置。如果两个参数都为false，设置参数X变为true，则SR变为true。如果设置参数X更改为false，则SR保持true；直到重置参数Y变为true，SR变成false。如果重置参数Y，使Y变成false，则SR仍然是false。

我们也可以通过下面的描述来理解SR（X，Y）的功能。

SR(Set，Reset):

- 输入（1，0），输出为true；
- 输入（0，1），输出为false；
- 输入（1，1），输出true；
- 输入（0，0），如果是由（0，1）变为（0，0）则输出为false；
  如果是由（1，0）变为（0，0）则输出为true；
  如果初始是（0，0），输出也是false；

（5）单击“操作”折页项，单击“MTP_Open”操作，然后单击“MTP_Open”操作的“值表达式”栏列表框，将信号更改为KEEP_Open。单击“应用”按钮，结果如图4-84所示。

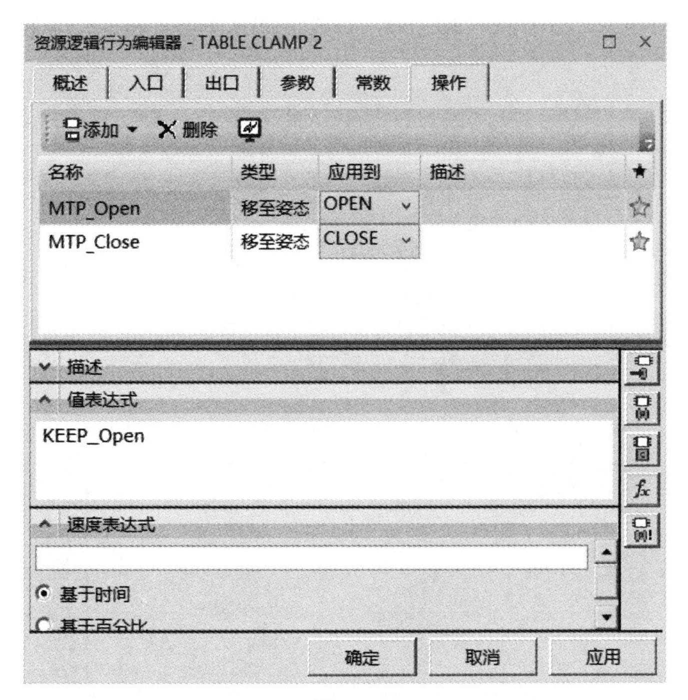

图 4-84

同理，单击“MTP_Close”操作，然后单击“MTP_Close”操作的“值表达式”栏列表框，将信号更改为KEEP_Close。单击“应用”按钮，结果如图4-85所示。

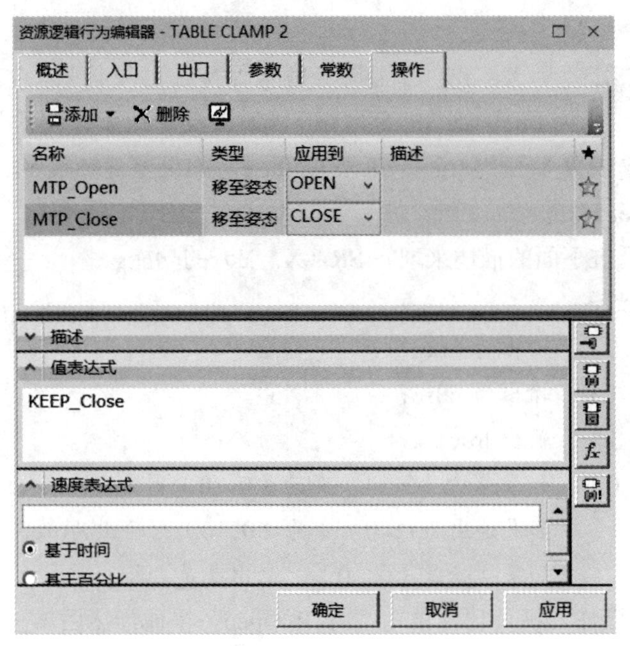

图 4-85

（6）在“操作”折页项中，单击“添加”命令按钮 添加，在下拉菜单中选择“抓握”选项，在其“值表达式”栏中输入 RE(jvs_TO_Close)，单击“应用”按钮，结果如图 4-86 所示。

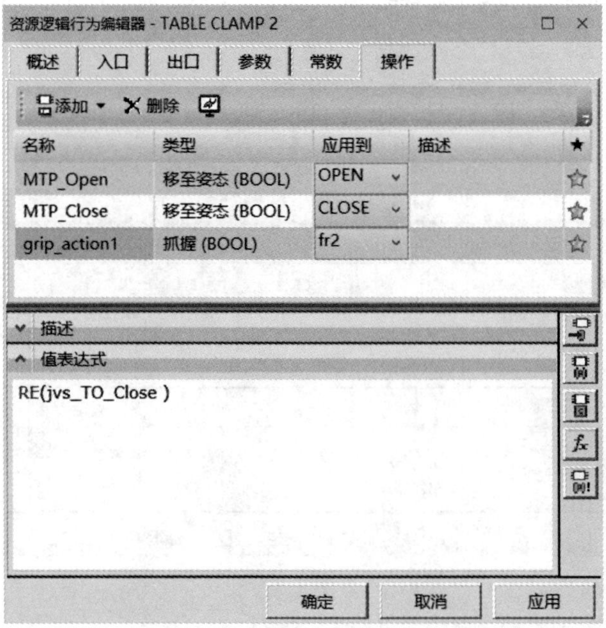

图 4-86

同理，再次单击“添加”命令按钮，在下拉菜单中选择“释放”选项，在其“值表达式”栏中输入 RE(jvs_TO_Open)，单击“应用”按钮，结果如图 4-87 所示。单击“确定”按钮，退出“资源逻辑行为编辑器”对话框。

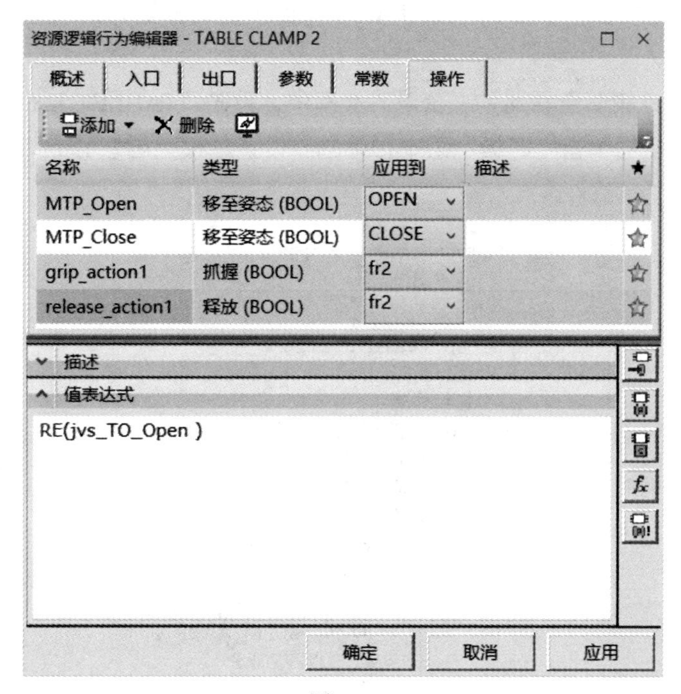

图 4-87

03 接下来验证针对此焊接夹头所做的“智能组件”定义是否正确。

在“序列编辑器”查看器中，单击“正向播放仿真”按钮 ▶ 运行仿真。可以看到所有操作都没有运行，但“TABLE CLAMP 2_Close”信号由红色转为绿色。

接下来单击“TABLE CLAMP 2_TO_OPEN”信号的“强制值”红色按钮（图 4-88），触发强制焊接夹头打开的输出信号，可以看到，焊接夹头从关闭姿态转到打开姿态，“TABLE CLAMP 2_OPEN”信号直到焊接夹头打开到位后，才由红色转为绿色。

接着再单击“TABLE CLAMP 2_TO_CLOSE”信号的“强制值”红色按钮（图 4-88），触发强制焊接夹头关闭的输出信号，可以看到，焊接夹头从打开姿态转到关闭姿态，“TABLE CLAMP 2_OPEN”信号直到焊接夹头关闭到位后，才由绿色转为红色，而“TABLE CLAMP 2_Close”信号再次由红色转为绿色。

仿真面板

仿真	输入	输出	逻辑块	强制!	强制值	地址
Spotweld Station						
WeldCounter_Total_Produce...		0			0	Q
TABLE CLAMP 2_TO_CLOSE						Q
TABLE CLAMP 2_OPEN						I
TABLE CLAMP 2_CLOSE						I
TABLE CLAMP 2_TO_OPEN						Q

图 4-88 （有彩图）

04 将完成的研究文件另外保存。

05 接下来将添加到“TABLE CLAMP 2”设备中的逻辑复制到“TABLE CLAMP 1”设备中。

（1）在“对象树”查看器的“资源”类别中，单击“TABLE CLAMP 1”资源对象，如图 4-89 所示。然后单击“建模”菜单栏中的“设置建模范围”命令按钮，将“TABLE CLAMP 1”变为工作部件。

图 4-89

（2）在“对象树”查看器的“资源”类别中，单击“TABLE CLAMP 2”（图 4-90）。然后单击“控件”菜单栏中的“复制逻辑块逻辑”命令按钮（图 4-91），弹出如图 4-92 所示的“复制逻辑块逻辑”对话框。

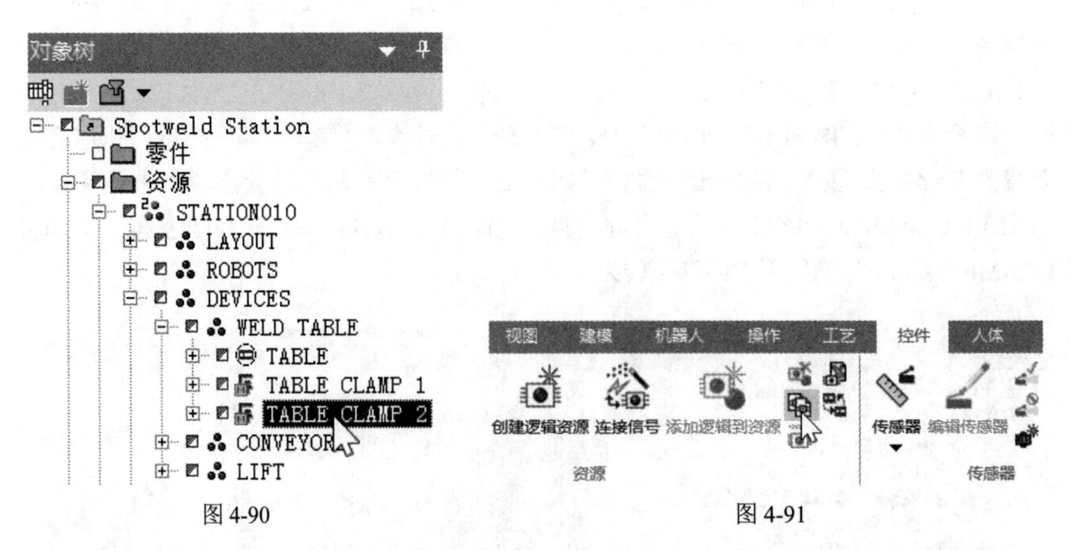

图 4-90 图 4-91

（3）在“复制逻辑块逻辑”对话框中，单击“到资源”列“对象”栏的列表框（图 4-92）。然后单击“对象树”查看器中的“TABLE CLAMP 1”资源对象，添加到“到资源”列“对象”栏的列表框中，结果如图 4-92 所示。单击“确定”按钮，退出对话框。

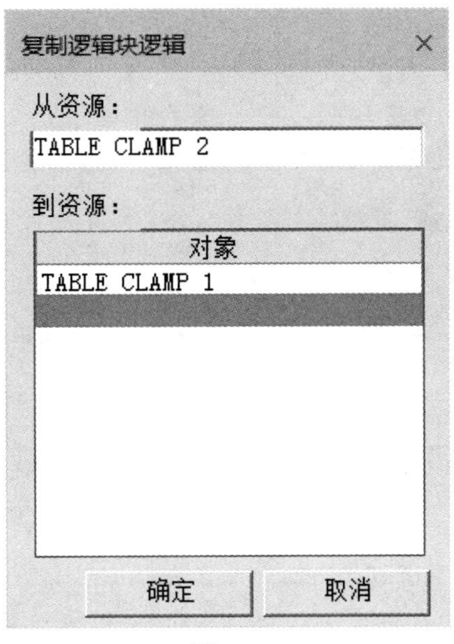

图 4-92

（4）单击“对象树”查看器中的“TABLE CLAMP 1”资源对象，然后单击“控件”菜单栏中的“编辑逻辑资源”命令按钮，弹出如图 4-93 所示的“资源逻辑行为编辑器”对话框。

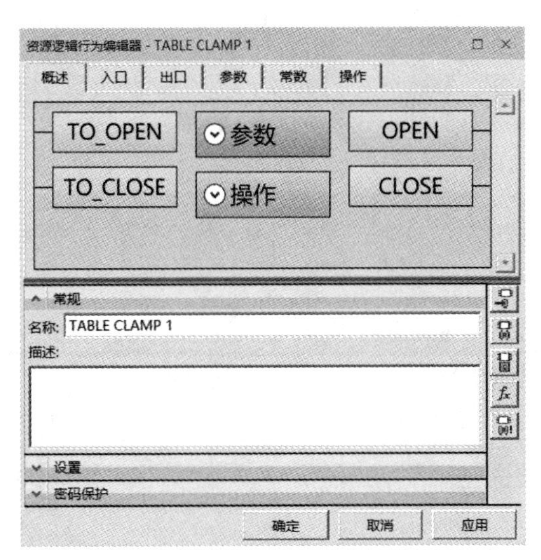

图 4-93

（5）单击“资源逻辑行为编辑器”对话框中的“入口”折页项，单击“TO_OPEN”信号，然后单击“创建信号”命令按钮，在下拉菜单中选择“Output”选项，创建一个输出信号 TABLE CLAMP 1_TO_OPEN。可以看到新创建的输出信号被添加到“连接的信号”列表中，与“TO_OPEN”相关联，结果如图 4-94 所示。同理，单击“TO_CLOSE”信号，创建一个与“TO_CLOSE”相关联的输出信号 TABLE CLAMP 1_TO_CLOSE，如图 4-94 所示。单击“应用”按钮。

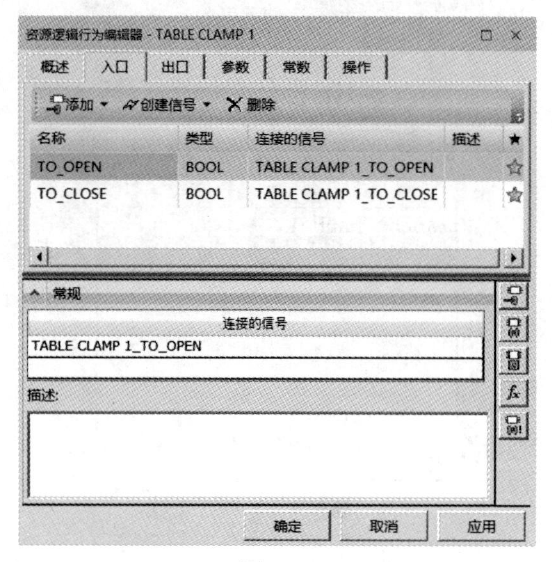

图 4-94

（6）单击“资源逻辑行为编辑器”对话框的“出口”折页项，单击“OPEN”信号，然后单击“创建信号”命令按钮 创建信号，在下拉菜单中选择“Intput”选项，创建一个关联的输入信号 TABLE CLAMP 1_OPEN，如图 4-95 所示。同理，单击“CLOSE”信号，创建一个与“CLOSE”相关联的输入信号 TABLE CLAMP 1_CLOSE，单击“应用”按钮。

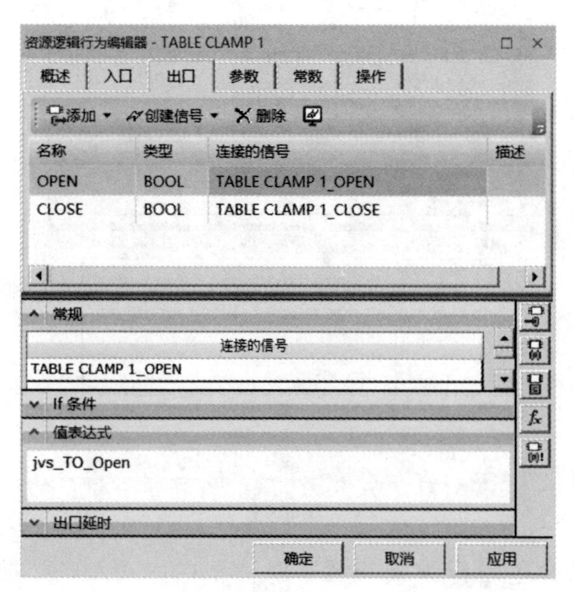

图 4-95

（7）单击“资源逻辑行为编辑器”对话框的“确定”按钮，退出对话框。

至此，我们已将“TABLE CLAMP 2”设备中的逻辑复制到“TABLE CLAMP 1”设备中。

06 在“信号查看器”面板中，通过“过滤器”命令按钮可以快速搜索到“TABLE CLAMP 1”设备的4个新建信号，如图4-96所示。

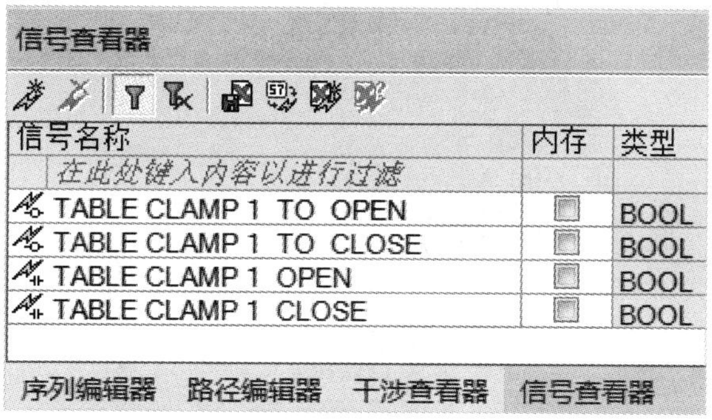

信号查看器

信号名称	内存	类型
在此处键入内容以进行过滤		
TABLE CLAMP 1 TO OPEN	☐	BOOL
TABLE CLAMP 1 TO CLOSE	☐	BOOL
TABLE CLAMP 1 OPEN	☐	BOOL
TABLE CLAMP 1 CLOSE	☐	BOOL

序列编辑器 路径编辑器 干涉查看器 信号查看器

图4-96

07 将“TABLE CLAMP 1”设备的四个新建信号添加到“仿真面板”查看器中，如图4-97所示。在“序列编辑器”查看器中单击“正向播放仿真”按钮 ▸，运行仿真。然后通过前面所讲的方法去验证“TABLE CLAMP 1”焊接夹具是否按照设定的逻辑要求打开或者关闭。

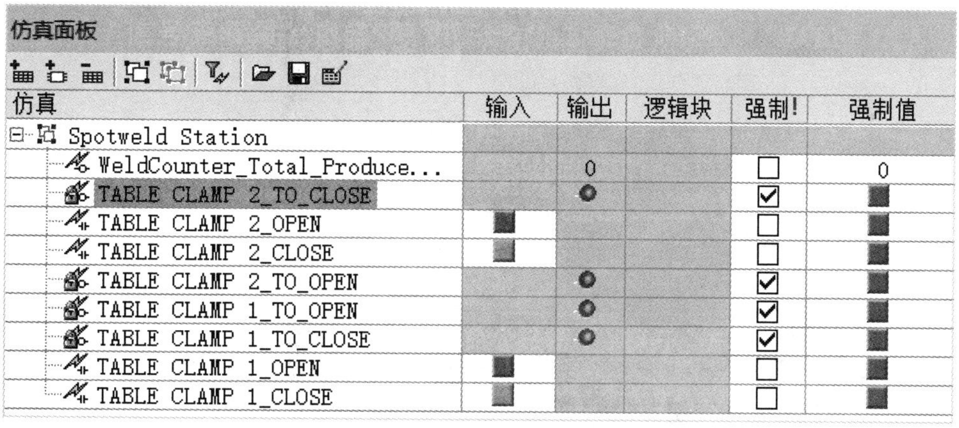

仿真面板

仿真	输入	输出	逻辑块	强制!	强制值
Spotweld Station					
WeldCounter_Total_Produce...		0		☐	0
TABLE CLAMP 2_TO_CLOSE				☑	
TABLE CLAMP 2_OPEN				☐	
TABLE CLAMP 2_CLOSE				☐	
TABLE CLAMP 2_TO_OPEN				☑	
TABLE CLAMP 1_TO_OPEN				☑	
TABLE CLAMP 1_TO_CLOSE				☑	
TABLE CLAMP 1_OPEN				☐	
TABLE CLAMP 1_CLOSE				☐	

图4-97

08 将完成的研究文件另外保存。

4.7 创建“智能组件”转台

下面讲解创建转台“智能组件”的过程。在这个过程中，我们将学习快速创建设备逻辑关系行为的方法。

01 单击“以生产线仿真模式打开研究”按钮，在弹出的“打开”对话框中选择

“Session 4 - Logic Blocks”文件夹中的“S04-E05.psz”研究文件，然后单击对话框中的“打开”按钮。系统将以生产线仿真模式打开该研究文件。

02 在“对象树”查看器的“资源”类别中，单击“TABLE”资源对象，然后单击“建模”菜单栏中的“设置建模范围”命令按钮，将“TABLE”变为工作部件，如图 4-98 所示。

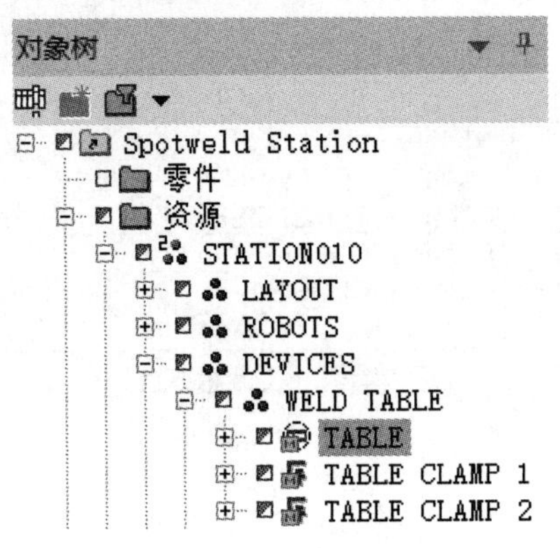

图 4-98

03 单击“机器人”菜单栏中的“关节调整”命令按钮，弹出“关节调整”对话框，如图 4-99 所示。然后在对话框中的“转向姿态”列表中，分别选择“HOME”和“FWD”进行转台姿态的切换。

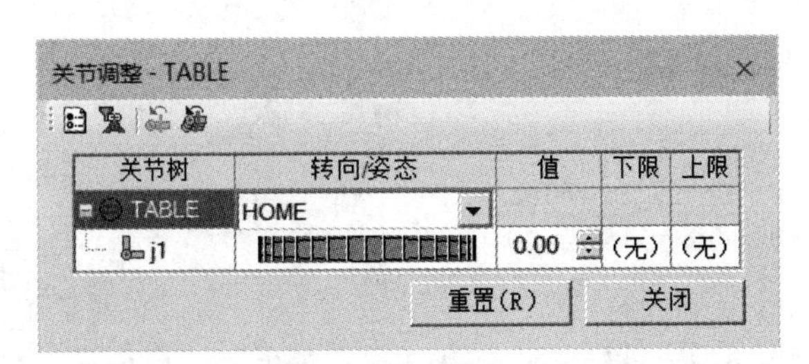

图 4-99

04 下面创建转台的逻辑关系，实现转台从一个姿态转动到另一个姿态。

（1）在“对象树”查看器的“资源”类别中，单击“TABLE”资源对象。

（2）在“控件”菜单栏中，单击“创建逻辑块姿态操作和传感器”命令按钮（图 4-100），弹出如图 4-101 所示的“自动姿态操作 / 传感器”对话框。

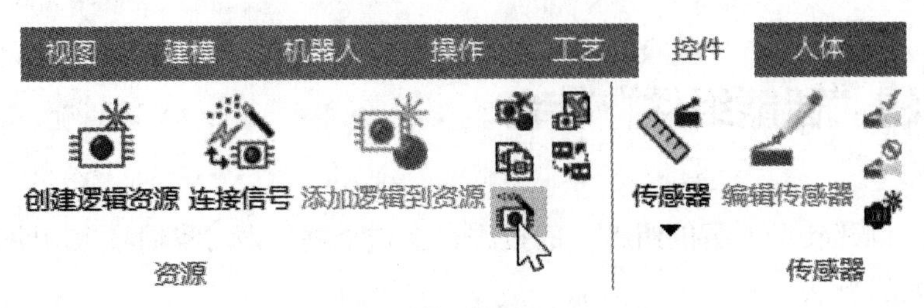

图 4-100

（3）在“自动姿态操作 / 传感器”对话框的“设备姿态”列表框中，勾选“HOME”和“FWD”姿态复选框；然后勾选“创建并连接信号”复选框，如图 4-101 所示。单击“确定”按钮，退出对话框。

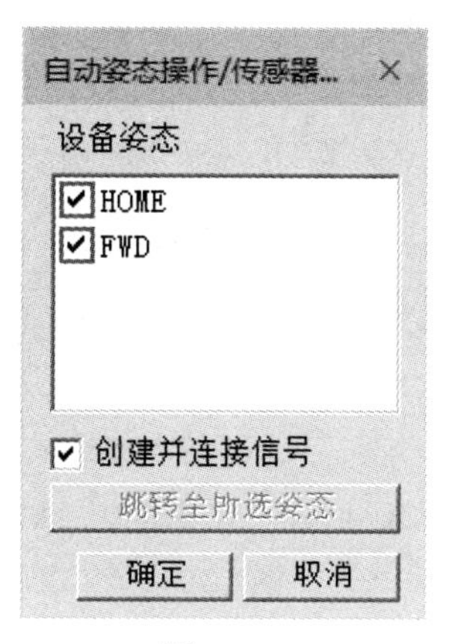

图 4-101

（4）单击“对象树”查看器“资源”类别中的“TABLE”资源对象，接着单击“控件”菜单栏中的“编辑逻辑资源”命令按钮，弹出“资源逻辑行为编辑器”对话框，如图 4-102 所示。

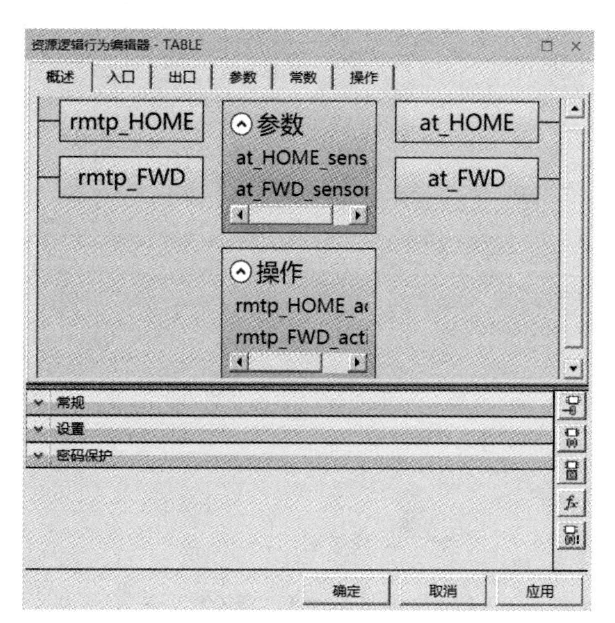

图 4-102

可以看到，已经自动创建了以下内容：

- 2 个入口：分别对应一个姿势，为选定的姿势设置移动请求。
- 2 个动作：分别对应一个姿势，将转台移动到选定的姿势。
- 2 个姿势传感器：分别对应一个姿势，指示转台何时到达特定姿势。

- 2 个出口：分别对应一个姿态，用于发送姿势传感器的反馈。

（5）通过增加一些逻辑关系，使转台成为一个连续运动的设备。

- 在“资源逻辑行为编辑器”对话框中的“参数”折页项中，单击“添加”命令按钮 添加，然后如图 4-103 所示，分别创建“RE_HOME”“RE_FWD”“Keep_HOME”“Keep_FWD”四个参数，并输入对应的“值表达式”。注意，每创建完成一个参数，就单击一次“应用”按钮。结果如图 4-104 所示。

参数名称	类型	值表达式
RE_HOME	BOOL	RE(rmtp_HOME)
RE_FWD	BOOL	RE(rmtp_FWD)
Keep_HOME	BOOL	SR(RE_HOME ,at_HOME_sensor)
Keep_FWD	BOOL	SR(RE_FWD ,at_FWD_sensor)

图 4-103

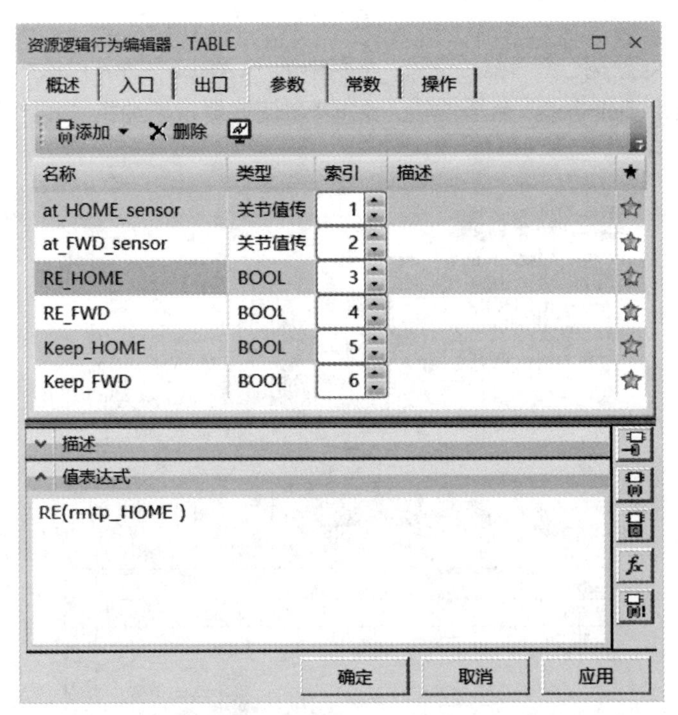

图 4-104

- 在“资源逻辑行为编辑器”对话框中的“操作”折页项中，单击“rmtp_HOME_action”操作，更改该操作的“值表达式”为 Keep_HOME。同理，单击“rmtp_FWD_action”操作，更改该操作的“值表达式”为 Keep_FWD。单击“应用”按钮，结果如图 4-105 和图 4-106 所示。单击“确定”按钮，退出“资源逻辑行为编辑器”对话框。

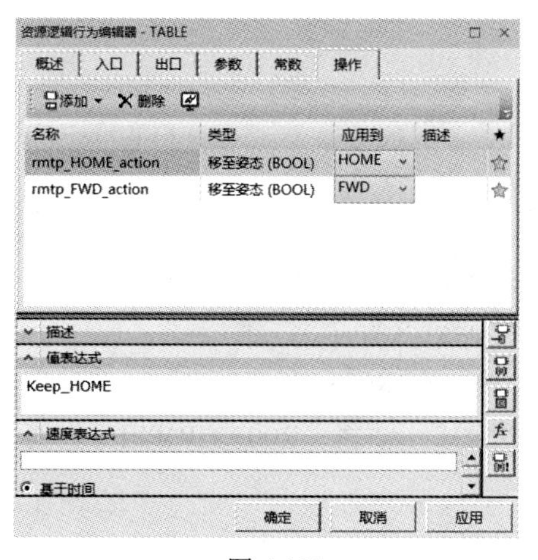

图 4-105

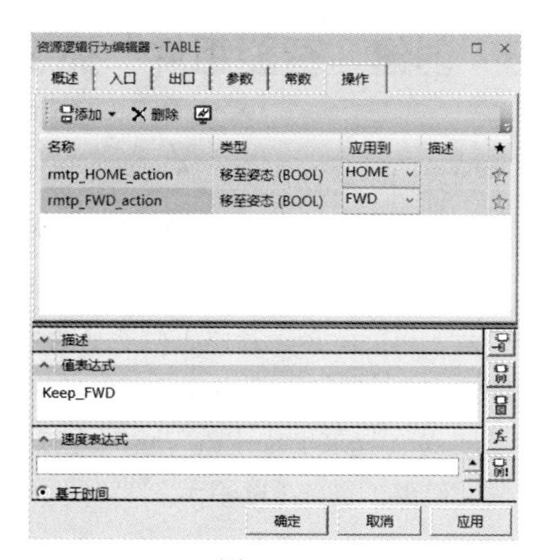

图 4-106

至此，“智能组件”转台的逻辑关系创建完成。

05 在“信号查看器”面板中，通过“过滤器”命令按钮可以快速搜索到“TABLE”设备的四个新建信号，如图 4-107 所示。

信号查看器

信号名称	内存	类型	Robot Signal Na	地址
在此处键入内容以进行过滤			在此处键入内容	在此处键入内容.
TABLE_mtp_HOME	☐	BOOL		No Address
TABLE_mtp_FWD	☐	BOOL		No Address
TABLE_at_HOME	☐	BOOL		No Address
TABLE_at_FWD	☐	BOOL		No Address

图 4-107

06 将“TABLE”设备的 4 个新建信号添加到“仿真面板”查看器中，如图 4-108 所示；在“序列编辑器”查看器中，单击“正向播放仿真”按钮 ▸，运行仿真。然后通过前面所讲的方法验证“TABLE”转台是否按照设定的逻辑要求进行转动。

仿真面板

仿真	输入	输出	逻辑块	强制!	强制值	地址
Spotweld Station						
TABLE_mtp_HOME		●		☑	■	Q
TABLE_mtp_FWD		●		☑	■	Q
TABLE_at_HOME	■			☐	■	I
TABLE_at_FWD	■			☐	■	I

图 4-108

07 将完成的研究文件另外保存。

4.8 创建“智能组件”抓手

下面我们讲解创建抓手“智能组件”的过程。

01 单击“以生产线仿真模式打开研究”按钮，在弹出的“打开”对话框中，选择“Session 4 - Logic Blocks”文件夹中的“S04-E06.psz”研究文件，然后单击对话框中的“打开”按钮。系统将以生产线仿真模式打开该研究文件。

02 在“对象树”查看器的“资源”类别中，单击“R001 GRIPPER”资源对象。然后单击“建模”菜单栏中的“设置建模范围”命令按钮，将“R001 GRIPPER”变为工作部件，结果如图 4-109 所示。

图 4-109

03 在“对象树”查看器的“资源”类别中，单击“TABLE CLAMP 1”资源对象（图 4-110）。然后单击“控件”菜单栏中的“复制逻辑块逻辑”命令按钮（图 4-111），弹出如图 4-112 所示的“复制逻辑块逻辑”对话框。

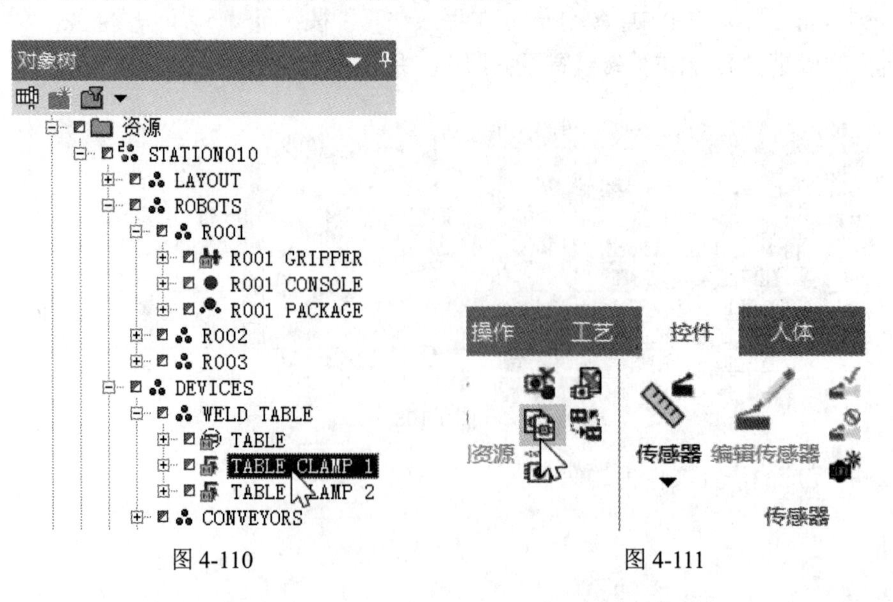

图 4-110　　图 4-111

04 在“复制逻辑块逻辑”对话框中，单击“到资源”列“对象”栏的列表框，如图4-112所示。然后单击“对象树”查看器中的“R001 GRIPPER”资源对象，添加到“到资源”列“对象”栏的列表框中，结果如图4-112所示。单击“确定”按钮，退出对话框。

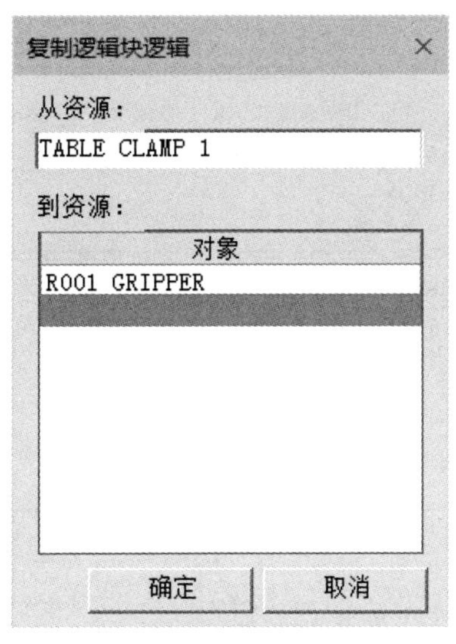

图 4-112

05 在“对象树”查看器的“资源”类别中，单击“R001 GRIPPER”资源对象。在“控件”菜单栏中单击“编辑逻辑资源”命令按钮，弹出如图4-113所示的“资源逻辑行为编辑器”对话框。

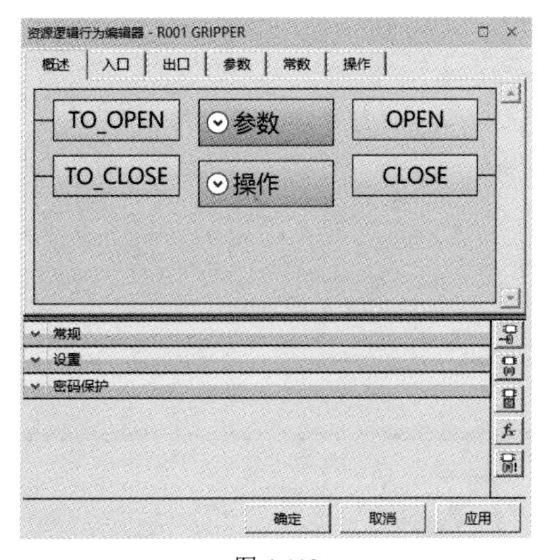

图 4-113

06 单击“资源逻辑行为编辑器”对话框中的“操作”折页项，单击“grip_action1”的“应用到”列，更改为tcp。同理，单击“release_action1”的“应用到”列，更改为tcp。单击“应用”按钮，结果如图4-114所示。

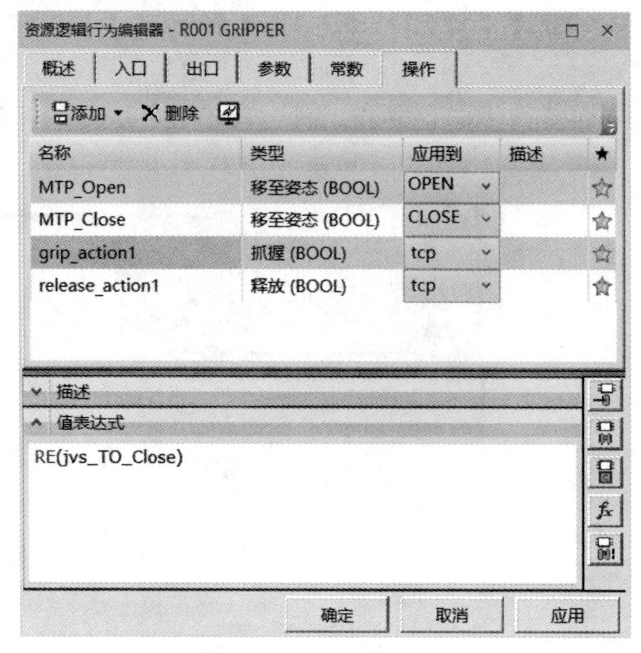

图 4-114

07 单击“资源逻辑行为编辑器”对话框中的“入口”折页项，单击“TO_OPEN”信号。然后单击“创建信号”命令按钮，在下拉菜单中选择“Output”选项，创建一个与“TO_OPEN”相关联的输出信号 R001 GRIPPER_TO_OPEN（图 4-115）。同理，单击“TO_CLOSE”信号，然后创建一个与“TO_CLOSE”相关联的输出信号 R001 GRIPPER _TO_CLOSE（图 4-115）。单击“应用”按钮。

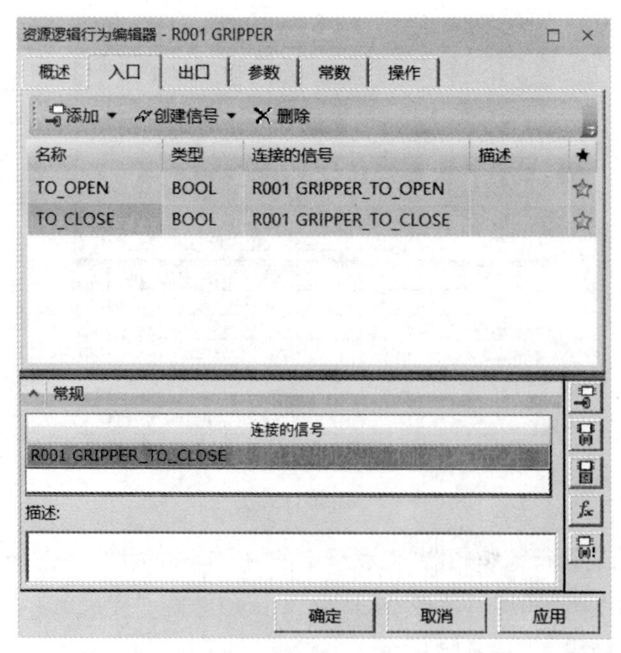

图 4-115

08 单击“资源逻辑行为编辑器”对话框中的“出口”折页项，单击“OPEN”信号。然后单击“创建信号”命令按钮，在下拉菜单中选择“Intput”选项，创建一个关联的输入信号 R001 GRIPPER_OPEN（图 4-116）。同理，单击“CLOSE”信号，然后创建一个与“CLOSE”相关联的输入信号 R001 GRIPPER_CLOSE（图 4-116）。单击“应用”按钮。

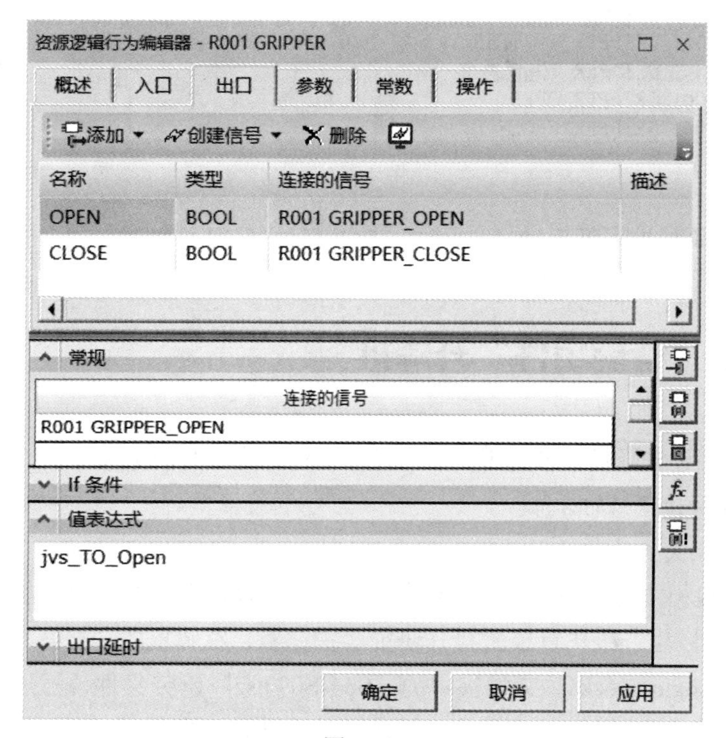

图 4-116

09 在“信号查看器”面板中，通过“过滤器”命令按钮可以快速搜索到“R001 GRIPPER”抓手的四个信号，如图 4-117 所示。

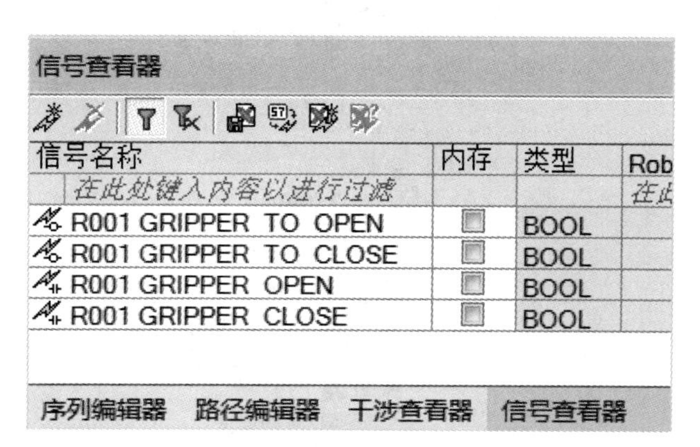

图 4-117

10 将“R001 GRIPPER”抓手的四个信号添加到“仿真面板”查看器中，如图 4-118

所示。在“序列编辑器”查看器中，单击“正向播放仿真”按钮▶，运行仿真。然后通过前面所讲的方法验证“R001 GRIPPER”抓手是否按照设定的逻辑要求进行转动。

仿真面板

仿真	输入	输出	逻辑块	强制!	强制值
Spotweld Station					
R001 GRIPPER_TO_OPEN				☑	
R001 GRIPPER_TO_CLOSE				☑	
R001 GRIPPER_OPEN				☐	
R001 GRIPPER_CLOSE				☐	

图 4-118

11 将完成的研究文件另外保存。

4.9 创建“智能组件”升降机

下面讲解创建升降机“智能组件”的过程，该升降机有两个关节：

- J1：控制升降机的升降。
- J2：控制夹头的打开和关闭。

我们将创建相关逻辑关系用于控制升降机的升降以及夹头的开闭。

01 单击“以生产线仿真模式打开研究”按钮，在弹出的“打开”对话框中，选择“Session 4-Logic Blocks”文件夹中的“S04-E07.psz”研究文件，然后单击对话框中的“打开”按钮。系统将以生产线仿真模式打开该研究文件。

02 在“对象树”查看器中，单击“LIFT”资源对象，然后单击“建模”菜单栏中的“设置建模范围”命令按钮，将“LIFT”变为工作部件，结果如图 4-119 所示。

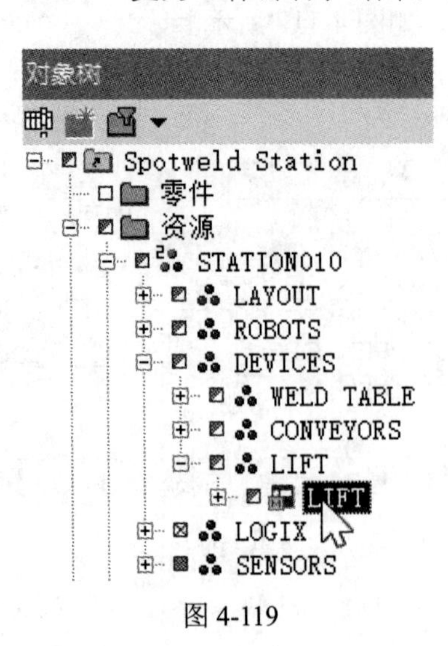

图 4-119

03 单击“控件”菜单栏中的“添加逻辑到资源”命令按钮 ，弹出如图 4-120 所示的“资源逻辑行为编辑器”对话框。

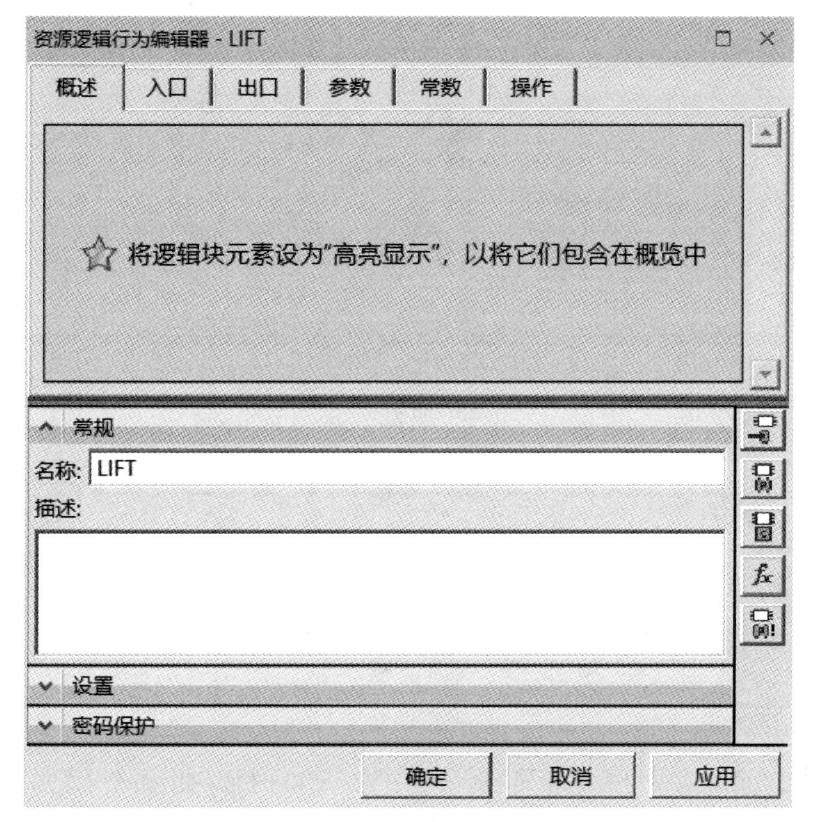

图 4-120

04 单击“资源逻辑行为编辑器”对话框中的“入口”折页项，单击“添加”命令按钮，如图 4-121 所示，分别创建“To_Up”“To_Down”“To_Open”“To_Close”四个信号和对应的连接输出信号。注意，每创建一个信号，就单击一次“应用”按钮，结果如图 4-122 所示。

入口信号名	参数类型	连接的输出信号名
To_Up	BOOL	LIFT_To_Up
To_Down	BOOL	LIFT_To_Down
To_Open	BOOL	LIFT_To_Open
To_Close	BOOL	LIFT_To_Close

图 4-121

图 4-122

05 单击"资源逻辑行为编辑器"对话框中的"出口"折页项，单击"添加"命令按钮，如图 4-123 所示，分别创建"UP""DOWN""OPEN""CLOSE"以及"LiftPosition"五个信号和对应的连接输入信号。注意，每创建一个信号，就单击一次"应用"按钮，结果如图 4-124 所示。

出口信号	参数类型	连接的输入信号名
UP	BOOL	LIFT_UP
DOWN	BOOL	LIFT_DOWN
OPEN	BOOL	LIFT_OPEN
CLOSE	BOOL	LIFT_CLOSE
LiftPosition	REAL	LIFT_LiftPosition

图 4-123

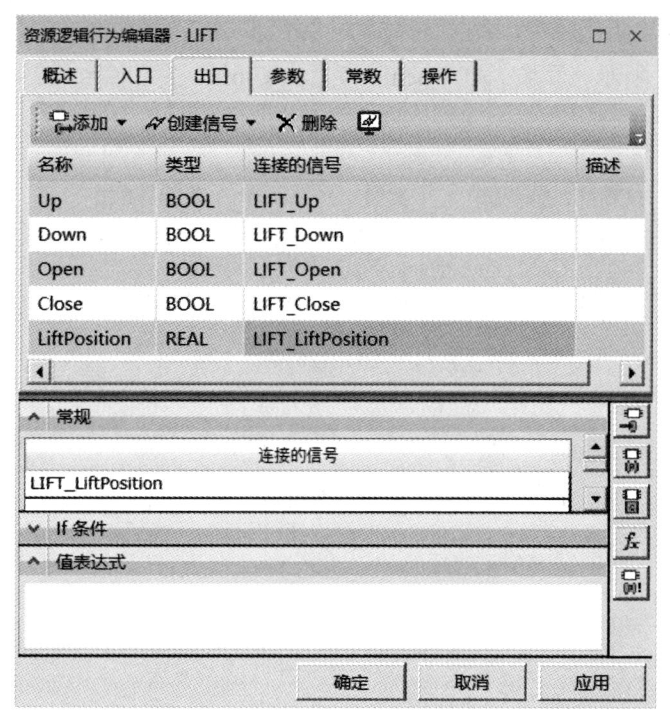

图 4-124

06 单击“资源逻辑行为编辑器”对话框中的“参数”折页项，单击“添加”命令按钮，在下拉菜单中选择“关节距离传感器”选项，输入名称 jds_LiftPos，单击“应用”按钮，然后在“定义”栏中，“Joint”选择 j1，“Data Type”选择 REAL，结果如图 4-125 所示。

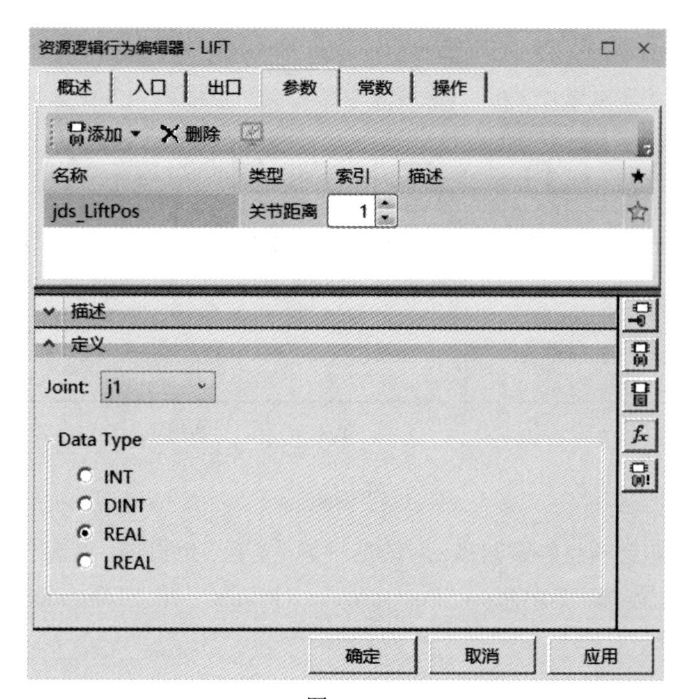

图 4-125

仍然在"参数"折页项中，单击"添加"命令按钮，在下拉菜单中选择"关节值传感器"选项，如图 4-126 所示，添加"At_Open"和"At_Close"关节值传感器，结果如图 4-127 所示。

关节值传感器名称	类型	Joint	传感器容差
At_Open	BOOL	j2	范围:从-92 到-88
At_Close	BOOL	j2	范围:从-2 到 2

图 4-126

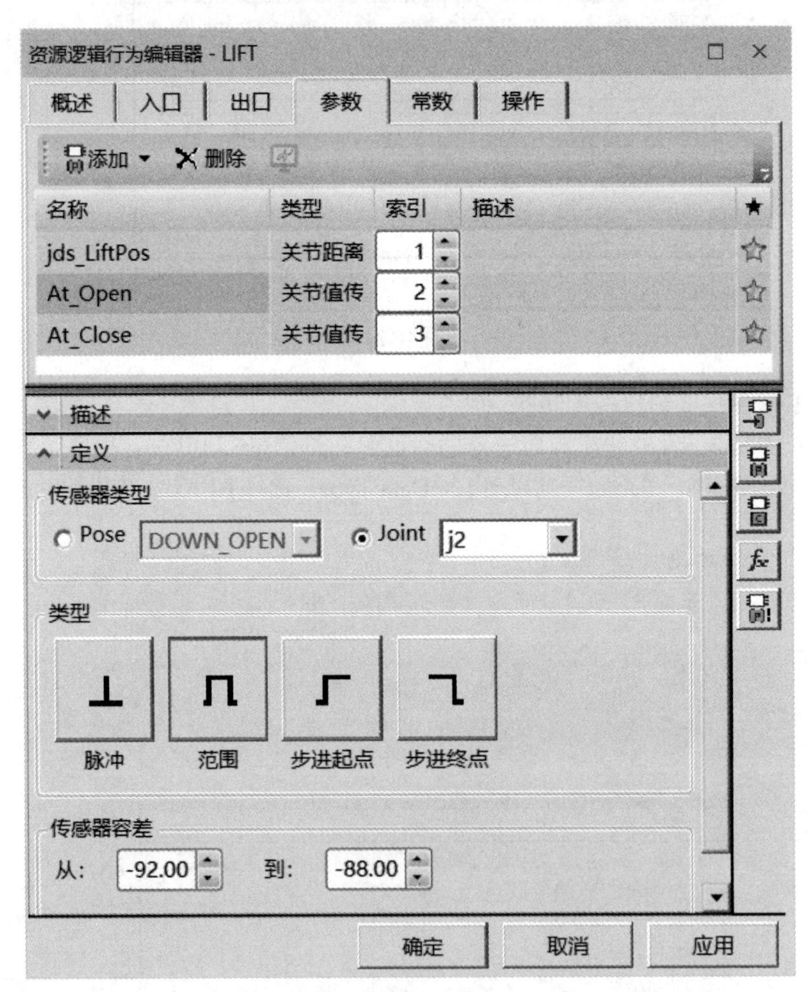

图 4-127

07 单击"资源逻辑行为编辑器"对话框中的"常数"折页项，单击"添加"命令按钮，如图 4-128 所示，添加"PosUp""PosDown""Minus"和"Tolerance"四个常数，结果如图 4-129 所示。

常数名称	类型	值	说明
PosUp	INT	0	LIFT 在高点的关节值
PosDown	INT	5400	LIFT 在低点的关节值
Minus	REAL	-1	在移动关节处用作控制速度方向
Tolerance	REAL	2	LIFT 的容差范围

图 4-128

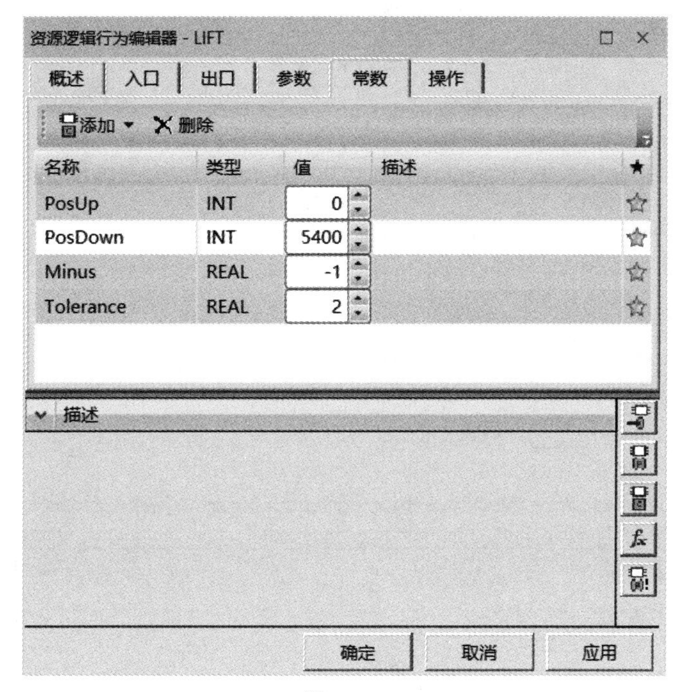

图 4-129

08 再次单击“资源逻辑行为编辑器”对话框中的“参数”折页项，单击“添加”命令按钮，添加如图 4-130 所示的参数，结果如图 4-131 所示。

参数名称	类型	值表达式
At_Up	BOOL	("jds_LiftPos" > ("PosUp" - "Tolerance")) AND ("jds_LiftPos" < ("PosUp" + "Tolerance"))
At_Down	BOOL	("jds_LiftPos" > ("PosDown" - "Tolerance")) AND ("jds_LiftPos" < ("PosDown" + "Tolerance"))
RE_Up	BOOL	RE ("To_Up")
RE_Down	BOOL	RE ("To_Down")
RE_Open	BOOL	RE ("To_Open")
RE_Close	BOOL	RE ("To_Close")
Keep_Up	BOOL	SR ("RE_Up" ,"At_Up")
Keep_Down	BOOL	SR ("RE_Down", "At_Down")
Keep_Open	BOOL	SR ("RE_Open" ,"At_Open")
Keep_Close	BOOL	SR ("RE_Close" ,"At_Close")

图 4-130

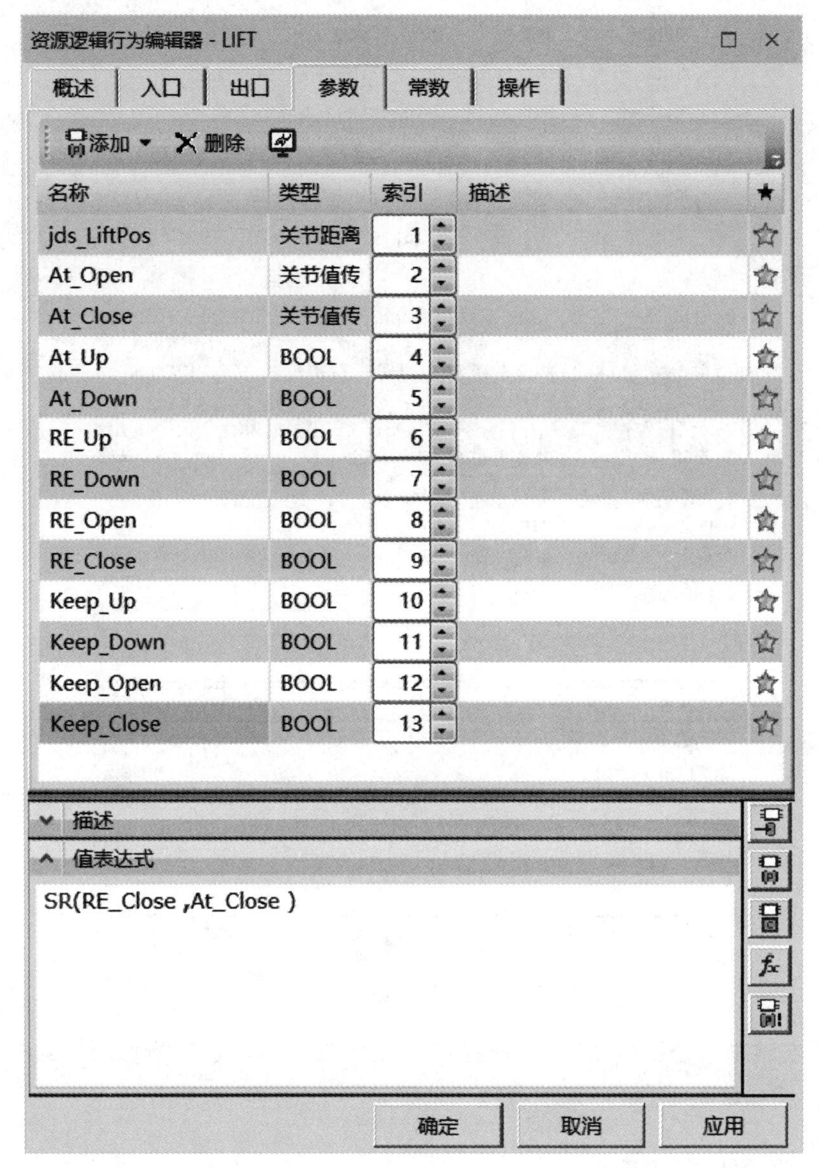

图 4-131

09 单击“资源逻辑行为编辑器”对话框中的“操作”折页项，单击“添加”命令按钮，在下拉菜单中选择“移动关节到值”选项，命名为 mjv_action1，应用到 J1，“值表达式”为 Keep_Up OR Keep_Down，“关节值表达式”为 Keep_Up * PosUp + Keep_Down * PosDown，“目标速度表达式”为 1000，“加速度表达式”为 200，“减速度表达式”为 200，结果如图 4-132 所示。单击“应用”按钮。

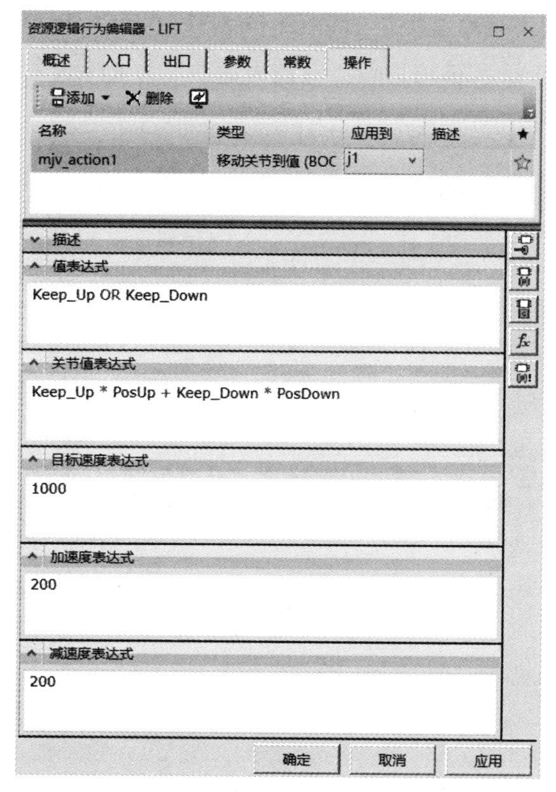

图 4-132

仍然在“操作”折页项中，单击“添加”命令按钮，在下拉菜单中选择“移动关节”选项，命名为 mj_action1，应用到 J2，“值表达式”为 Keep_Close OR Keep_Open，“速度表达式”为 (Keep_Close + Keep_Open * Minus) * 500，结果如图 4-133 所示，单击“应用”按钮。

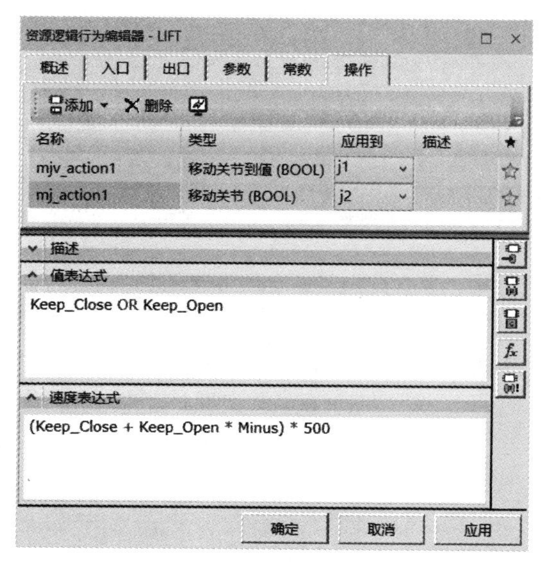

图 4-133

继续在“操作”折页项中单击“添加”命令按钮，在下拉菜单中选择“抓握”选项，命名为 grip_action1，应用到 partFrame， “值表达式”为 RE(At_Close)，结果如图 4-134 所示。单击“应用”按钮。

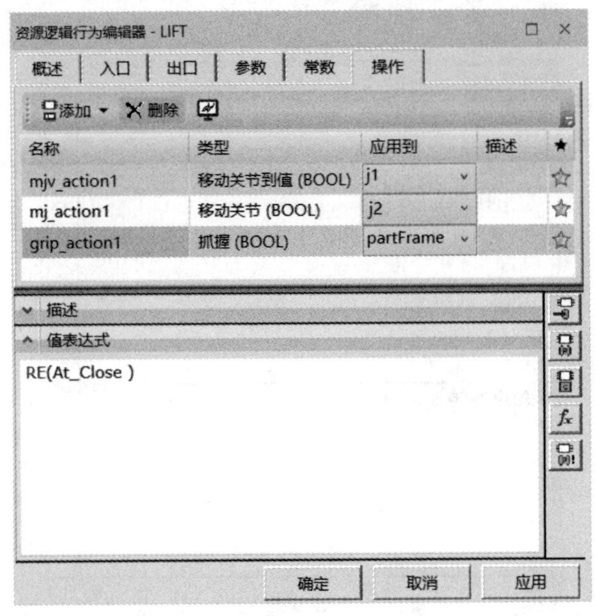

图 4-134

最后，在“操作”折页项中，单击“添加”命令按钮，在下拉菜单中选择“释放”选项，命名为 release_action1，应用到 partFrame， “值表达式”为 RE(At_Open)，结果如图 4-135 所示。单击“应用”按钮。

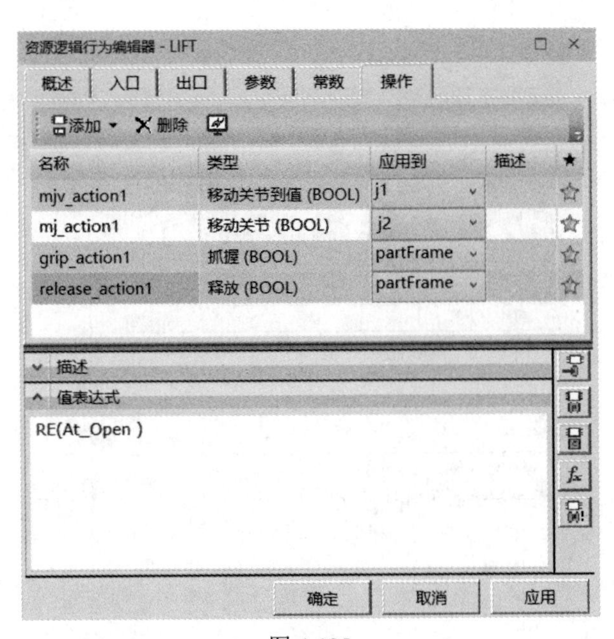

图 4-135

10 单击“资源逻辑行为编辑器”对话框中的“出口”折页项，分别给“UP”“DOWN”“OPEN”“CLOSE”以及“LiftPosition”在“值表达式”中赋值(图4-136)，结果如图4-137所示。单击“确定”按钮，退出“资源逻辑行为编辑器”对话框。

出口名称	类型	连接的信号	值表达式
UP	BOOL	LIFT_UP	At_Up
DOWN	BOOL	LIFT_DOWN	At_Down
OPEN	BOOL	LIFT_OPEN	At_Open
CLOSE	BOOL	LIFT_CLOSE	At_Close
LiftPosition	REAL	LIFT_LiftPosition	jds_LiftPos

图4-136

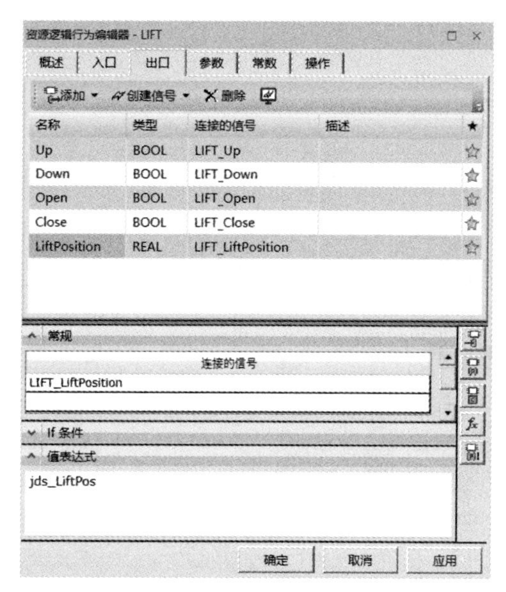

图4-137

11 在“信号查看器”面板中，通过“过滤器”命令按钮可以快速搜索到“LIFT”升降机的相关信号，如图4-138所示。

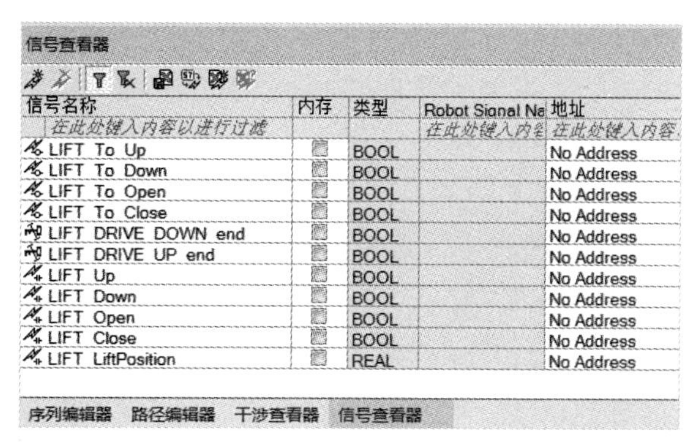

图4-138

12 将“LIFT”升降机的九个信号添加到“仿真面板”查看器中，如图 4-139 所示。在“序列编辑器”查看器中，单击“正向播放仿真”按钮 ▸，运行仿真，然后通过前面所讲的方法验证“LIFT”升降机是否按照设定的逻辑要求进行运动。

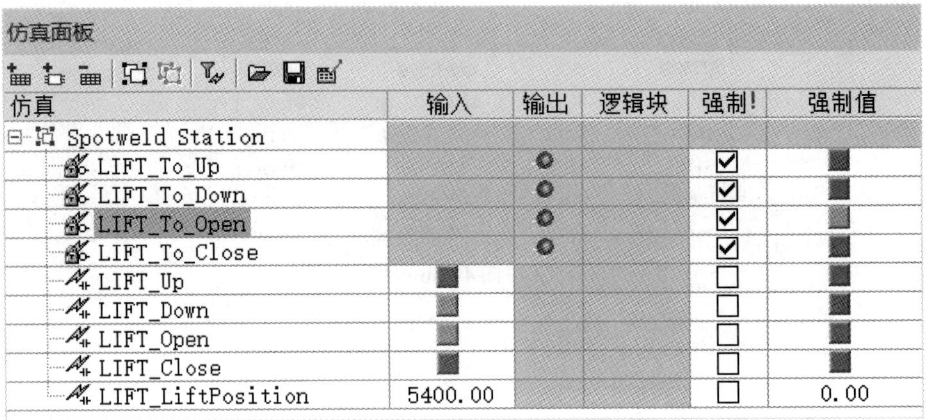

仿真面板

仿真	输入	输出	逻辑块	强制!	强制值
Spotweld Station					
LIFT_To_Up				☑	
LIFT_To_Down				☑	
LIFT_To_Open				☑	
LIFT_To_Close				☑	
LIFT_Up				☐	
LIFT_Down				☐	
LIFT_Open				☐	
LIFT_Close				☐	
LIFT_LiftPosition	5400.00			☐	0.00

图 4-139

13 最后，编辑“INITIALIZATION”操作的过渡条件。在“序列编辑器”中打开“INITIALIZATION”操作过渡条件的“过渡编辑器”对话框，将公共条件 false 删除（具体操作方法在前面章节已做过详细介绍，这里不再赘述），如图 4-140 所示。

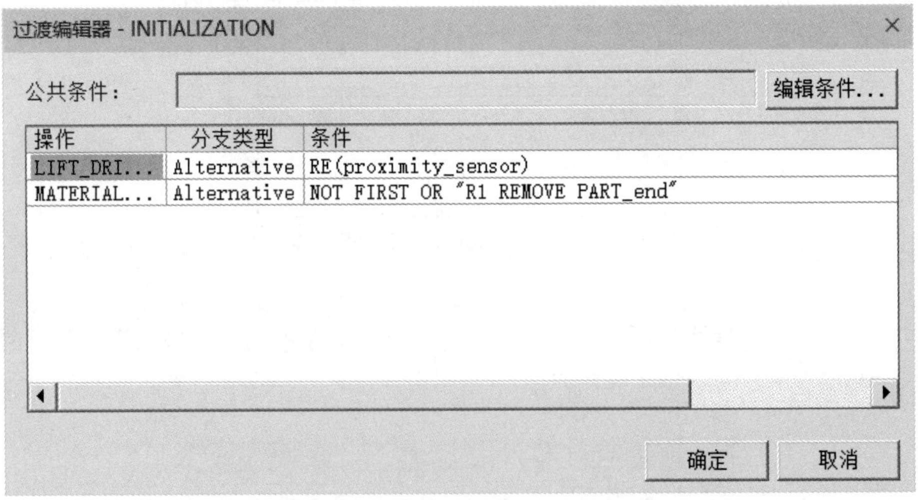

过渡编辑器 - INITIALIZATION

公共条件： 编辑条件...

操作	分支类型	条件
LIFT_DRI...	Alternative	RE(proximity_sensor)
MATERIAL...	Alternative	NOT FIRST OR "R1 REMOVE PART_end"

确定 取消

图 4-140

14 再次单击“序列编辑器”查看器中的“正向播放仿真”按钮 ▸，运行仿真，可以看到在整个操作序列的运行过程中，所有设备均按照设置的逻辑关系正确运行。

15 将完成的研究文件另外保存。

第5章
Process Simulate 过程控制

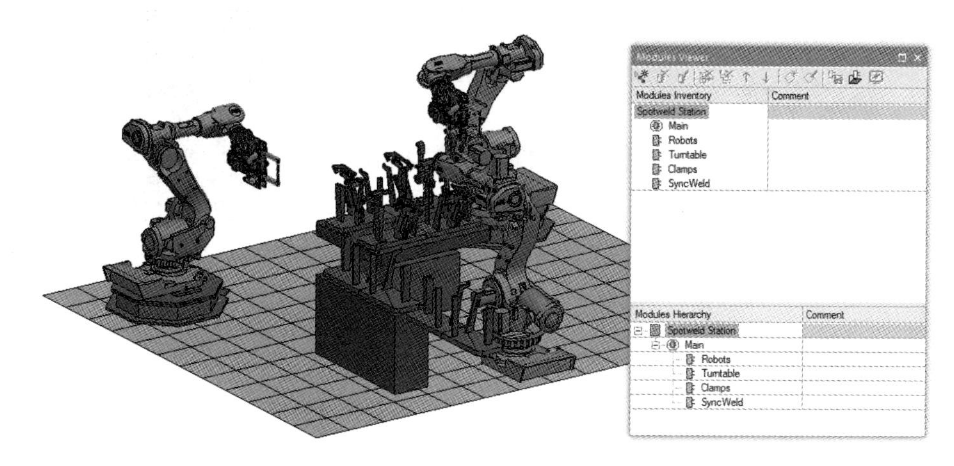

要实现对任何工艺过程的有效控制，最基本的要求就是具有编辑和评估信号表达式的能力。Process Simulate 工艺过程仿真软件系统通过“模块查看器”功能提供了这一能力，同时起到了一个内部 PLC 的作用。

接下来介绍机器人、离线编程、模块（模组）以及仿真面板的定义及应用方法。

5.1 机器人基础

关节式机械臂（即机器人）是许多制造过程中应用非常广泛的设备。由于机器人应用的广泛性，针对机器人设备的处理已经形成了一个专门的技术领域。

在基于事件的仿真中，机器人经常使用的一些基本应用和概念如下。

1. 机器人同步。

控制程序（PLC）的结构通常是将工作装置（夹具、工具等）和机器人分开处理，并且是用不同的特定功能块（FB）来处理。Process Simulate 基于事件的仿真解决方案，不仅可以测试和验证机器人路径的运动部分，还可以测试和验证机器人作为生产资源，其在工位、工区或产线内的同步情况。该解决方案的优点是能够显著提高机器人路径的质量，并节省在车间调试所使用的宝贵时间。这些工作任务都是在没有真实机器人的情况下通过模拟测试完成的。Process Simulate 的逻辑评估工具通过接收、处理信号后反馈给机器人，模拟详细的 PLC 程序。

2. 机器人—PLC 信号交换。

通常机器人需要通过 PLC 与其他机器人进行通信，PLC 可用于各种应用环境，如互锁（运动区域的同步在不同机器人之间共享，以避免碰撞）。机器人也可能需要与不直接由机器人控制的其他车间设备交换信号（机器人控制器通常直接控制安装在其上的任何设备，例如焊枪。但是外部设备，例如夹具，则通常通过 PLC 进行通信）。

机器人（Robot）和 PLC 之间的信号交换关系如图 5-1 所示。

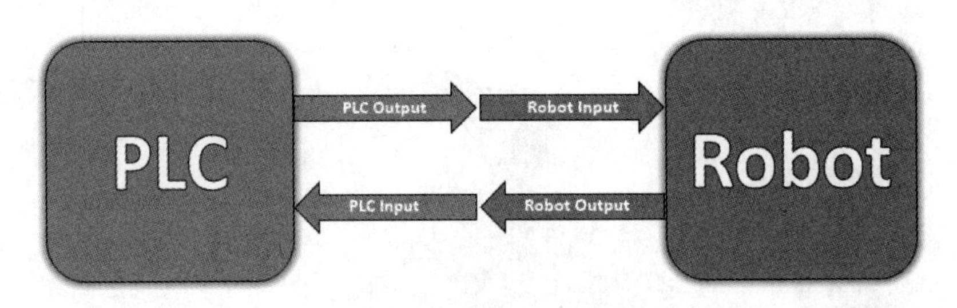

图 5-1

Process Simulate 软件系统提供了添加机器人信号的功能。用户可以在如图 5-2 所示的“机器人信号”对话框中，添加机器人输入和输出信号以及 PLC 信号。

机器人信号 - "R001"

PLC 信号名称	机器人信号名称	I..	信号函数	硬件类型	地址	外部连
R001_startProgram	startProgram	Q	启动程序	BOOL	No Address	
R001_programNumber	programNumber	Q	程序编号	BYTE	No Address	
R001_emergencyStop	emergencyStop	Q	程序紧急停止	BOOL	No Address	
R001_programPause	programPause	Q	程序暂停	BOOL	No Address	
R001_programEnded	programEnded	I	结束程序	BOOL	No Address	
R001_mirrorProgramNumber	mirrorProgramNumber	I	镜像程序编号	BYTE	No Address	
R001_errorProgramNumber	errorProgramNumber	I	程序编号错误	BOOL	No Address	
R001_robotReady	robotReady	I	机器人就绪	BOOL	No Address	
R001_at_HOME	HOME	I	姿态信号	BOOL	No Address	
R001_at_HOME1	HOME1	I	姿态信号	BOOL	No Address	
R001_at_HOME2	HOME2	I	姿态信号	BOOL	No Address	

确定 取消 应用

图 5-2

在 I/Q 信号中，I 表示 PLC 输入信号（即设备输出信号）；Q 表示 PLC 输出信号（即设备输入信号）。

3. 离线编程（Off Line Programming，OLP）。

离线编程（OLP）是一种机器人编程方法，其中机器人程序是独立于实际机器人单元创建的，然后将机器人程序上传到实际的工业机器人上执行。这种方法与传统的工业机器人在线编程方法有很大不同，传统的工业机器人在线编程方法是利用机器人示教器对机器人进行手工编程。离线编程（OLP）不会干扰车间的正常生产，因为机器人的程序是在外部计算机上创建完成的，是在生产过程之外创建的。

Process Simulate 软件系统为端到端离线编程提供了一个出色的全 3D 环境，并支持许多工业机器人供应商，例如 ABB、FANUC（法那科）、KuKa（库卡）、Yaskawa（安川）等，还支持自定义 OLP 语法（称为默认控制器）。在 Process Simulate 软件系统中已经包含了许多离线编程命令（OLP Commands），我们还可以通过“控制器 XML 定制”功能（Controller XML Customization）定制创建。

离线编程命令可在“路径编辑器”查看器中创建——添加“离线编程命令”列，然后将命令信号关联到机器人操作中（图 5-3）；或者通过机器人“示教器”命令进行创建。离线编程命令按写入顺序一个接一个地执行（逐行执行）。

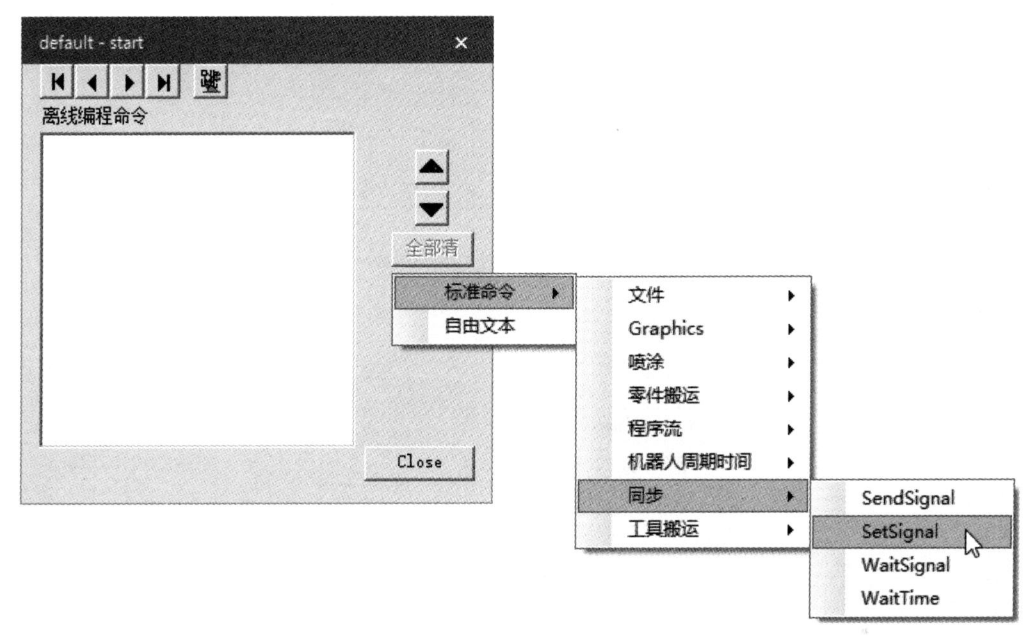

图 5-3

5.2 “机器人同步”应用

下面通过一个应用案例来详细地讲解“定义机器人信号”“使用基本的 OLP 命令”以及“在一个干扰区域内实现机器人同步”的创建及解决过程。

01 单击“以生产线仿真模式打开研究”按钮，在弹出的“打开”对话框中，选择“Session 5-Process Logic”文件夹中的“S05-E01.psz”研究文件，然后单击对话框中的“打开”按钮。系统将以生产线仿真模式打开该研究文件。

02 在“序列编辑器”查看器中，单击“正向播放仿真”按钮，运行该操作仿真并观察操作过程。可以发现在焊接过程中，两个焊接机器人发生了碰撞。单击“暂停仿真”按钮，再单击“将仿真跳转至起点”按钮，重置仿真。

03 通过“自动干涉”检查功能来检测两个焊接机器人是否发生了碰撞。

（1）单击“机器人”菜单栏中的“自动干涉”命令按钮（图 5-4），弹出如图 5-5 所示的“自动干涉”对话框。

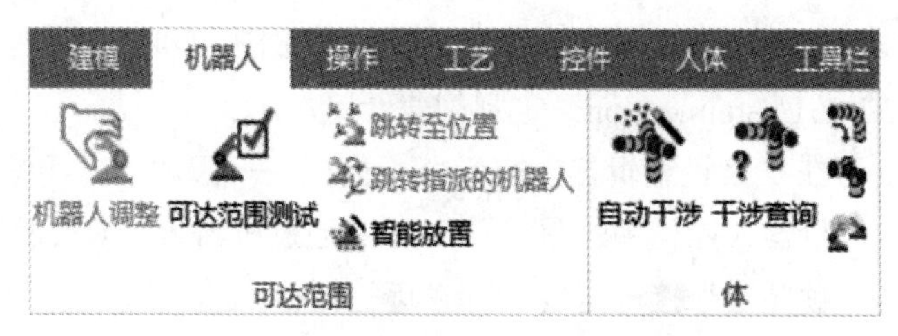

图 5-4

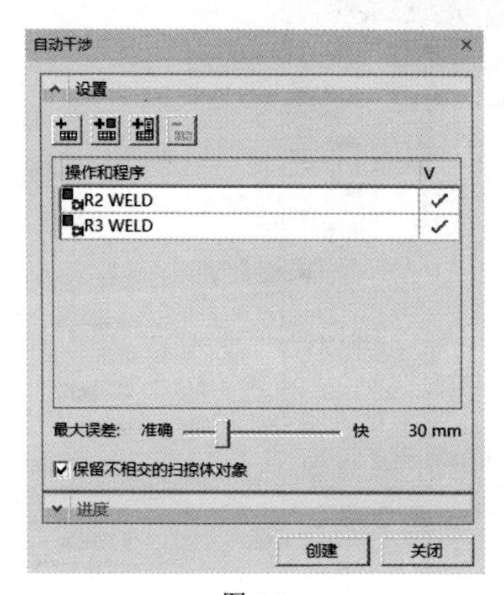

图 5-5

（2）单击“操作树”查看器中的复合操作“WELD”，然后单击“自动干涉”对话框中的“添加机器人程序和操作”命令按钮（图 5-5），将两个焊接操作添加到“操作和程序”列表框中（图 5-5）。单击“创建”按钮，运行干涉检测（图 5-6）。

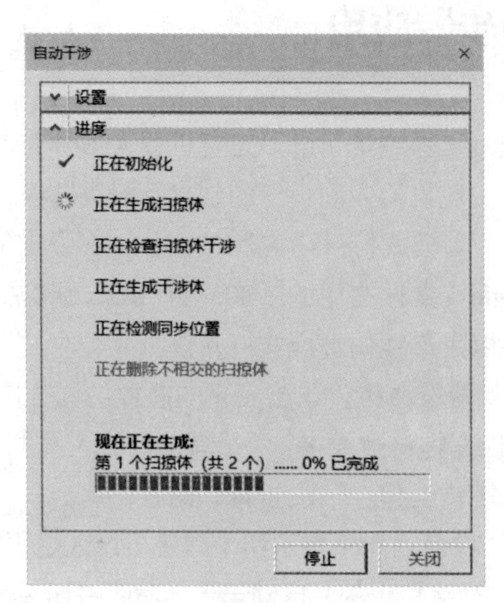

图 5-6

（3）在“自动干涉”对话框中单击“关闭”按钮（图 5-7）。在“对象树”查看器的“运动体”类别中可以看到干涉检查的结果，如图 5-8 所示。

图 5-7

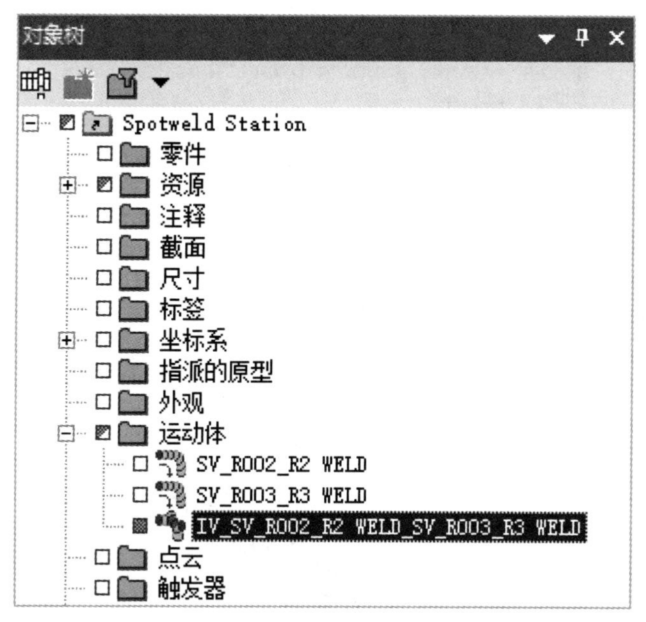

图 5-8

（4）在“对象树”查看器的“运动体”类别中勾选干涉检查的结果，如图 5-9 所示，在图形窗口可以看到两个焊接机器人发生干涉碰撞的区域范围（图 5-10 中箭头所指之处）。

04 解决焊接机器人发生干涉碰撞的问题，过程步骤如下。

（1）为了实现机器人间的信息交换，首先要创建一些机器人需要的信号。

①在“对象树”查看器的“资源”类别中，右击机器人“R002”（图 5-11），在弹出的快捷菜单中选择“机器人信号”选项（图 5-12），弹出如图 5-13 所示的“机器人信号”对话框。

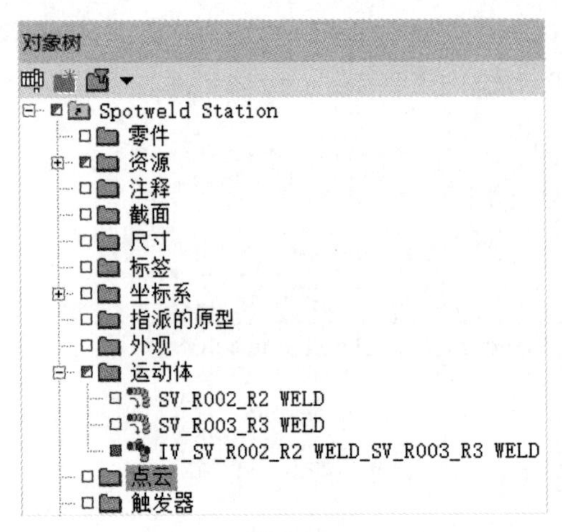

图 5-9

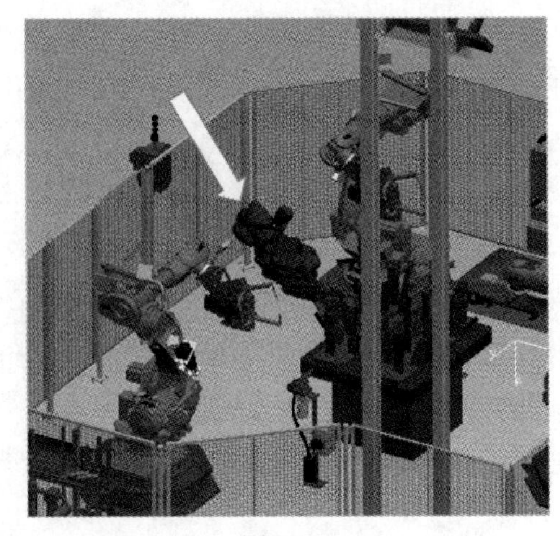

图 5-10

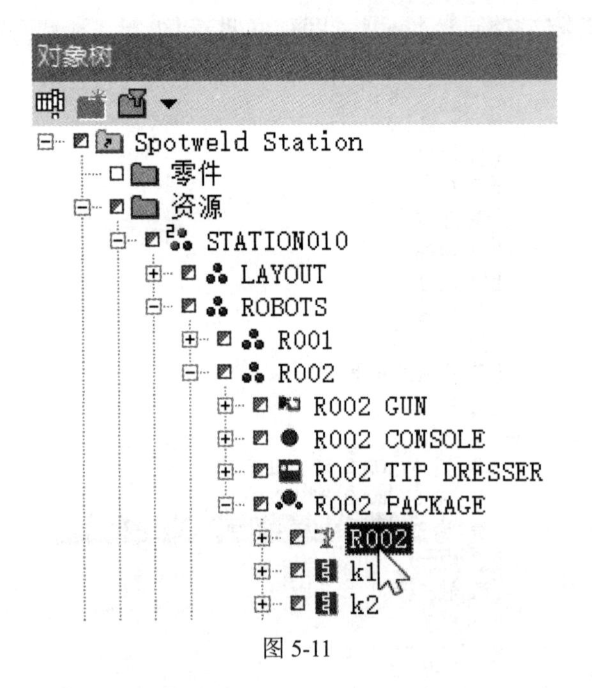

图 5-11

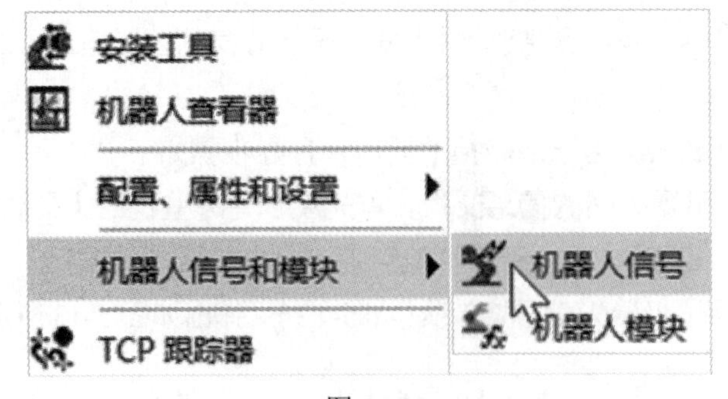

图 5-12

②在“机器人信号”对话框中，单击“新建输入信号”命令按钮（图 5-13 中①），在弹出的“输入信号”对话框中的“PLC 信号名称”栏中输入 R002_ReqZone，在“机器人信号名称”栏中输入 ReqZone（图 5-14），单击“确定”按钮，结果如图 5-13 中②所示。同理，再单击“新建输入信号”命令按钮，新建一个输入信号，“PLC 信号名称”为 R002_InZone，“机器人信号名称”为 InZone，结果如图 5-13 中②所示。

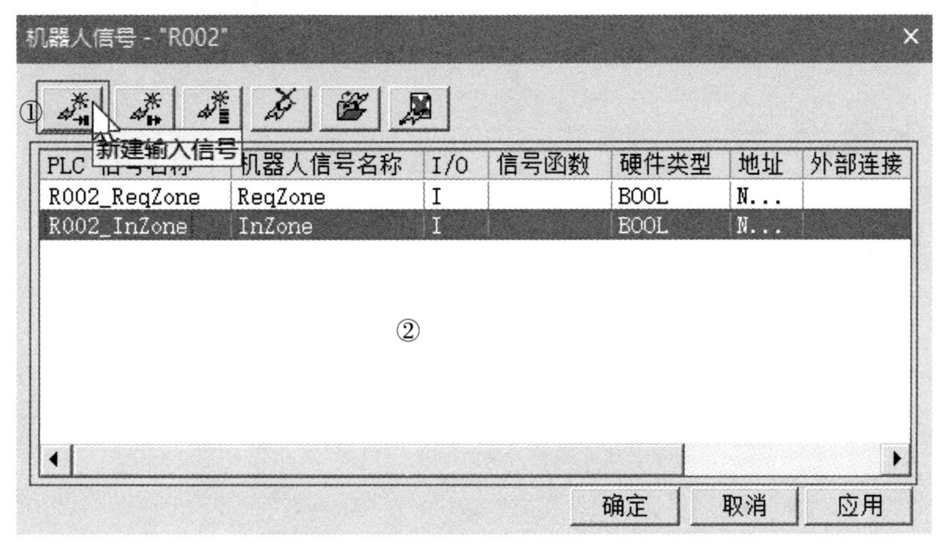

图 5-13

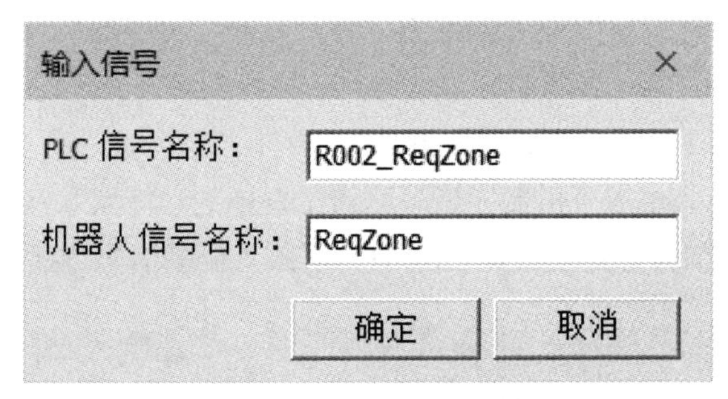

图 5-14

③在“机器人信号”对话框中，单击“新建输出信号”命令按钮，如图 5-15 中①所示。在弹出的“输出信号”对话框中的“PLC 信号名称”栏中输入 R002_ReqZoneOK，在“机器人信号名称”栏中输入 ReqZoneOK，如图 5-16 所示。单击“确定”按钮，结果如图 5-15 中②所示。同理，再单击“新建输出信号”命令按钮，新建一个输出信号，“PLC 信号名称”为 R002_InZoneOK，“机器人信号名称”为 InZoneOK，结果如图 5-15 所示。单击“机器人信号”对话框的“确定”按钮，退出对话框。

④“R002”机器人所需信号创建完成。我们来创建“R003”机器人所需信号。

在“对象树”查看器的“资源”类别中，右击机器人“R003”，在弹出的快捷菜单中选择“机器人信号”选项，弹出“机器人信号”对话框。

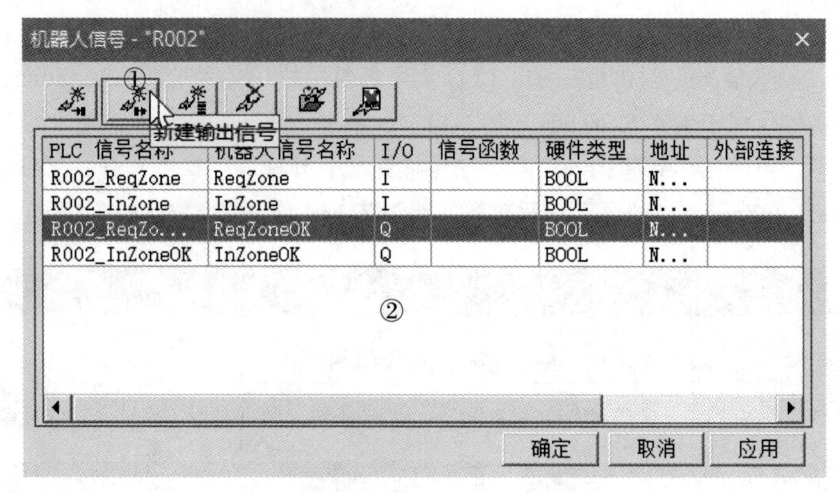

图 5-15

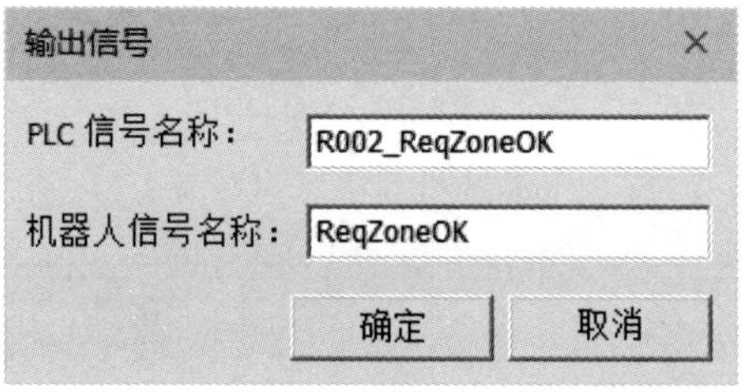

输出信号

PLC 信号名称：R002_ReqZoneOK

机器人信号名称：ReqZoneOK

确定 取消

图 5-16

⑤在“机器人信号”对话框中，单击“导入信号”命令按钮（图 5-17 中①），在弹出的“导入信号”对话框中，浏览到 Session 5 - Process Logic\S05 SysRoot\PLC\Session 5\R003 Signal List-Interlock Signals.xls 文件，单击“打开”按钮（图 5-18），结果如图 5-17 中②所示，单击“机器人信号”对话框中的“应用”按钮；再单击“确定”按钮，退出“机器人信号”对话框。“R003”机器人所需信号创建完成。

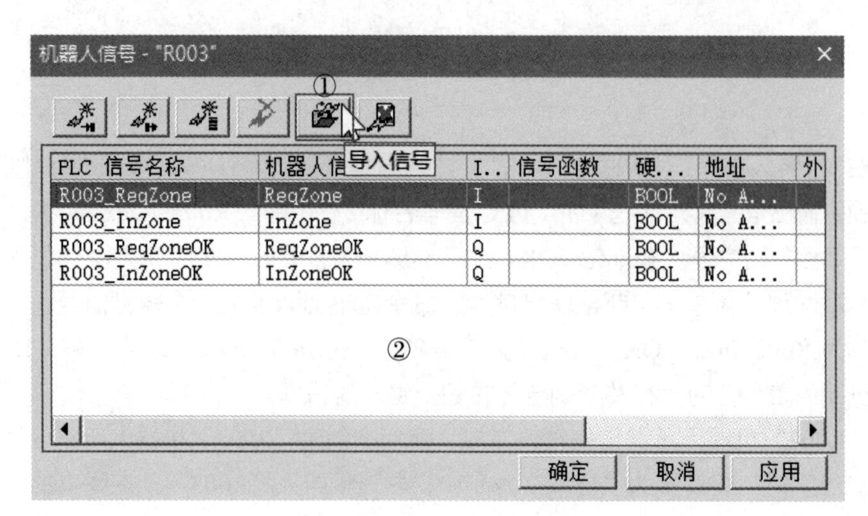

图 5-17

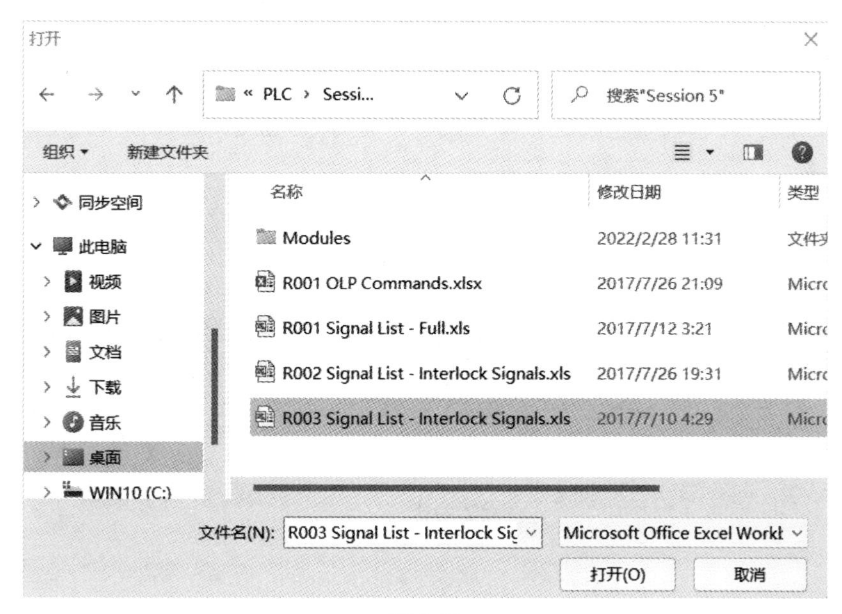

图 5-18

注意

通过 Excel 电子表格导入信号，一定要先单击“应用”按钮，否则更改不会保存。

（2）要实现两个焊接机器人同步，而不发生干涉碰撞，需要先了解清楚机器人运行到哪里发生了干涉碰撞。

①在“对象树”查看器的“运动体”类别中勾选“IV_SV_R002_R2 WELD_SV_R003_R3 WELD”干涉区域包络体，如图 5-19 所示。

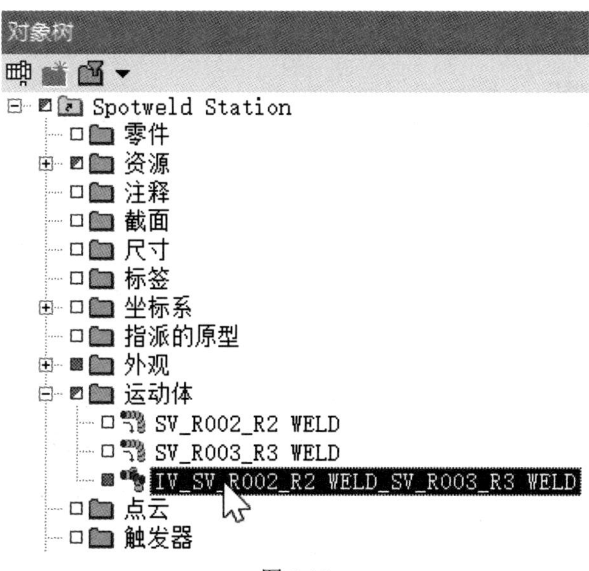

图 5-19

②单击“机器人”菜单栏中的“干涉查询”命令按钮，如图 5-20 所示，弹出“干涉查询”对话框，如图 5-21 所示，在对话框中，可以看到，在“R2 WELD”焊接操作中，机器人 R002 进入干涉碰撞区域之前的最后一个位置是 via5a，离开干涉碰撞区域的第一个位置是 via7。

在“R3 WELD”焊接操作中，机器人 R003 进入干涉碰撞区域之前的最后一个位置是 via10，离开干涉碰撞区域的第一个位置是 start。

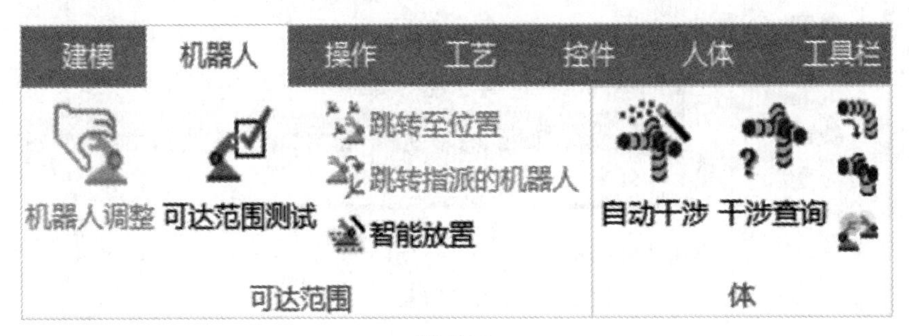

图 5-20

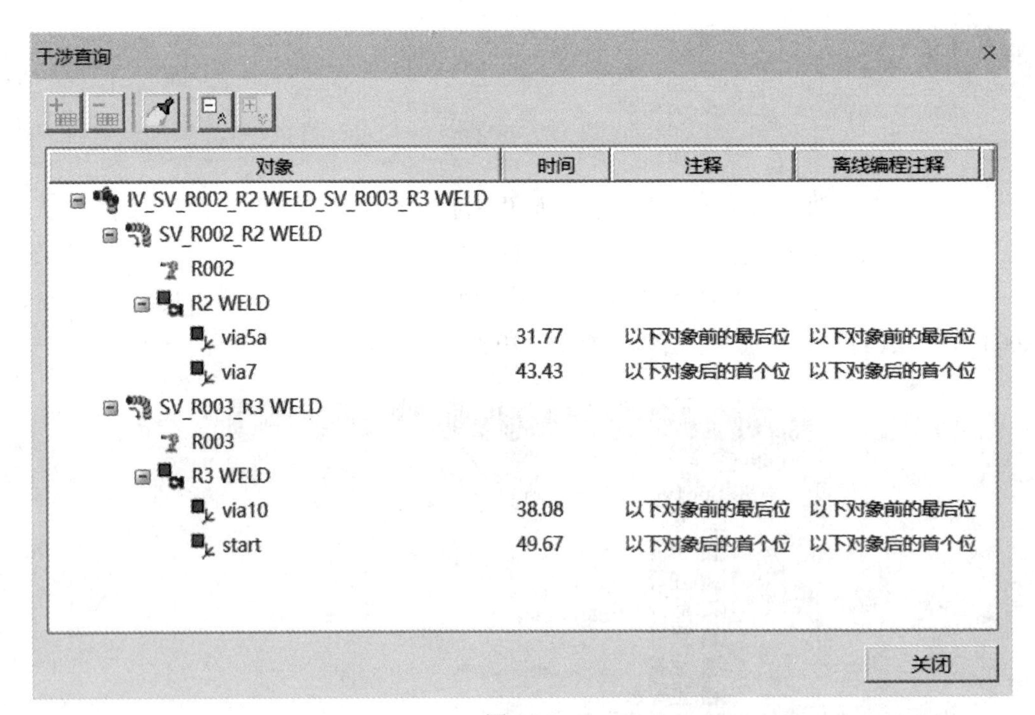

图 5-21

③单击“干涉查询”对话框中的“关闭”按钮，退出对话框。

（3）在“操作树”查看器中，单击“R3_Weld”操作，如图 5-22 所示。在“路径编辑器”查看器中，单击“向编辑器添加操作”命令按钮，结果如图 5-23 所示。

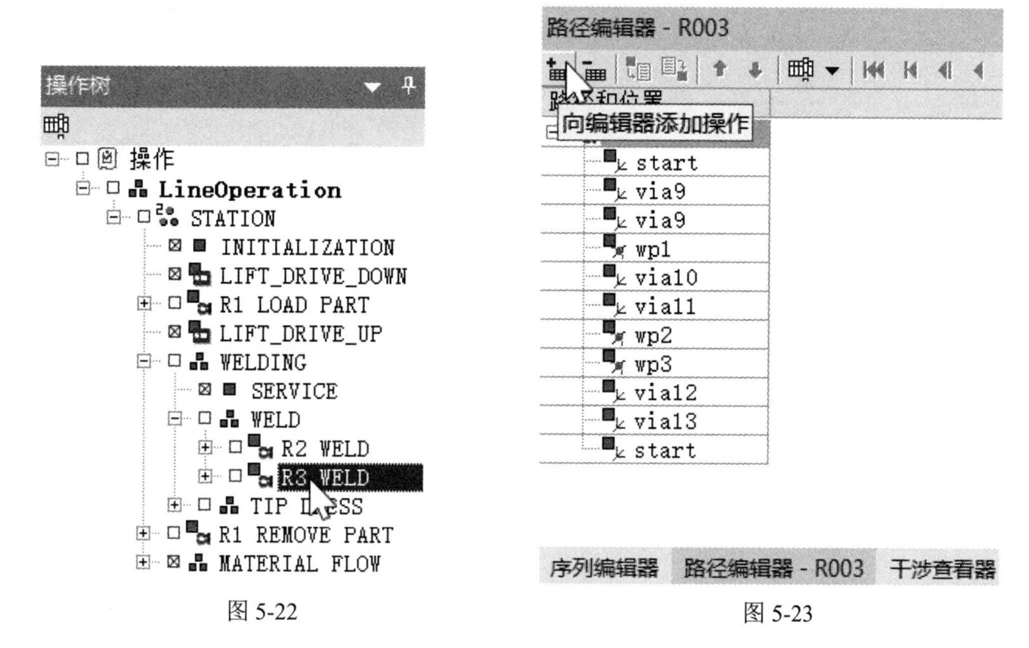

图 5-22　　图 5-23

（4）在“路径编辑器”查看器中，单击“定制列”命令按钮（图 5-24 中①），在弹出的“定制列”对话框中，单击“常规”项中的“离线编程命令”操作，如图 5-25 所示，然后单击“添加到显示的列”按钮，最后单击“确定”按钮，退出“定制列”对话框。结果如图 5-24 中②所示。

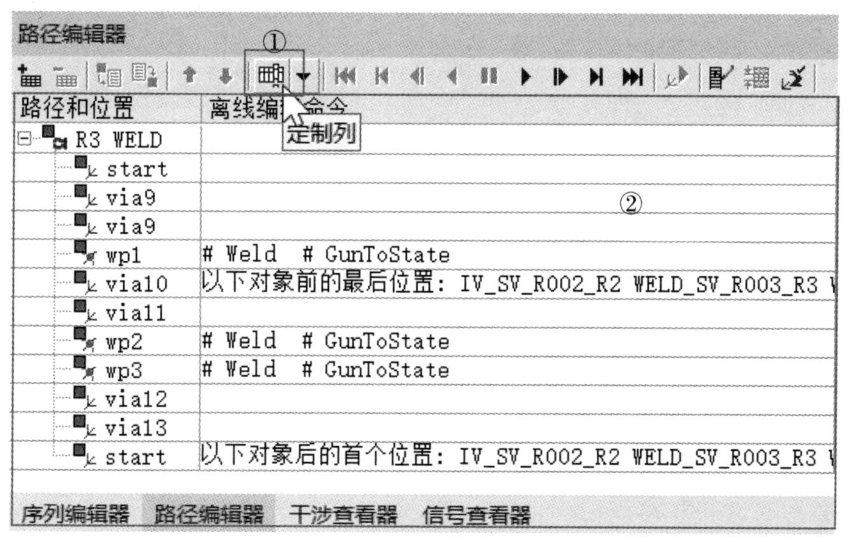

图 5-24

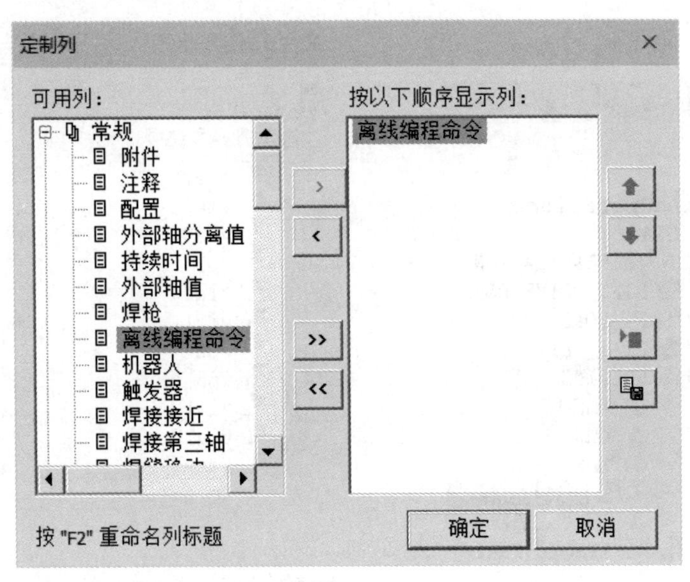

图 5-25

可以看到，机器人进入和离开干涉碰撞区域的位置已经添加了 OLP 注释。

（5）在“路径编辑器”查看器中，单击“via10”位置对应的“离线编程命令”列所在行（图 5-26），在弹出的对话框中右击“离线编程命令”列表框中的 OLP 命令，在弹出的快捷菜单中选择“删除”选项（图 5-27），删除其中已有的 OLP 命令。

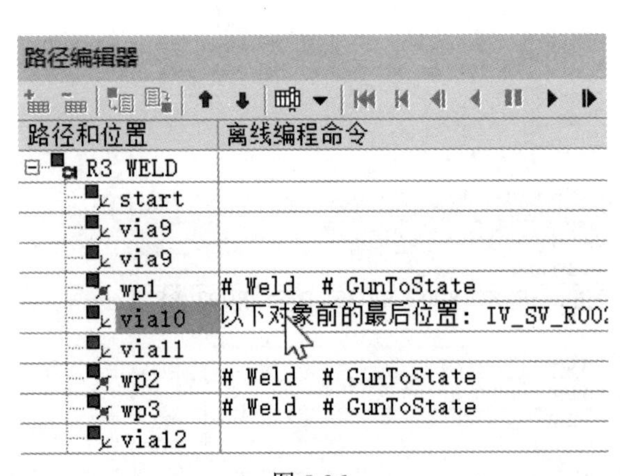

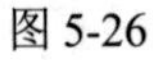

图 5-26

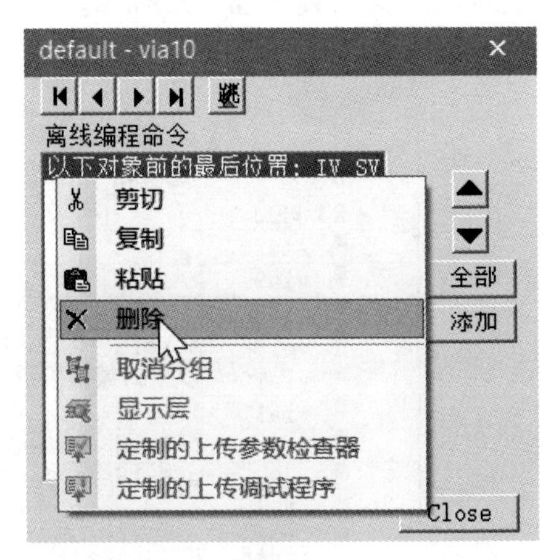

图 5-27

然后单击对话框中的“添加”按钮（图 5-28）。依次选择“Standard Commands”→“Synchronization”→“SetSignal”选项（图 5-29），弹出如图 5-30 所示的“设置信号”对话框。

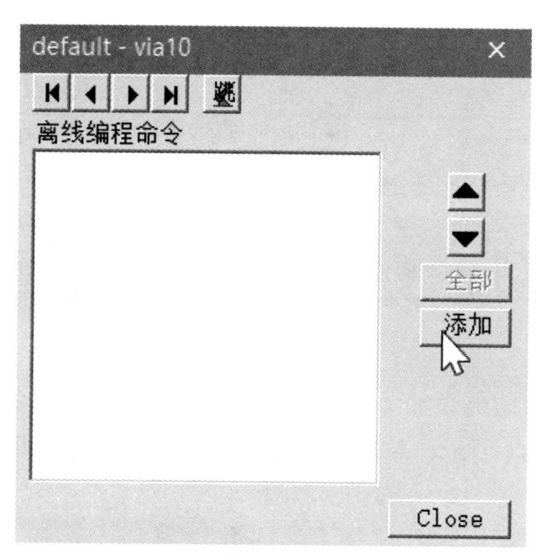

图 5-28

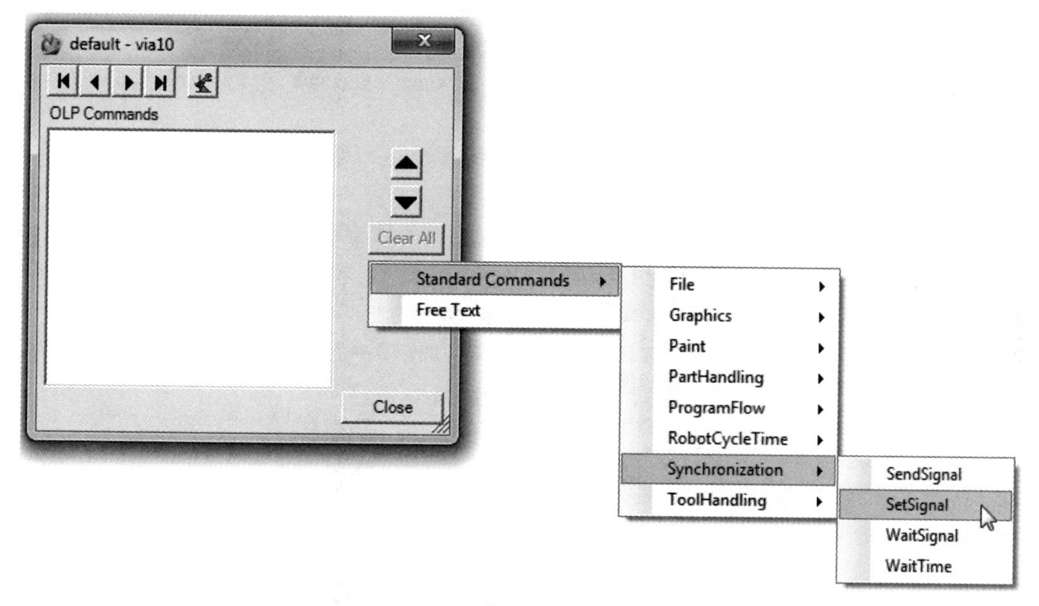

图 5-29

在“设置信号”对话框中的“信号名称”栏中，选择“ReqZone”；“表达式”栏设为 1，如图 5-30 所示，单击“确定”按钮，退出“设置信号”对话框。

再次单击对话框中的“添加”按钮（图 5-28）；依次选择“Standard Commands”→“Synchronization”→“WaitSignal”选项，在弹出的“等待信号”对话框中的“信号名称”栏中，选择“ReqZoneOK”，“表达式”栏设为 1（图 5-31），单击“确定”按钮，退出“等待信号”对话框。

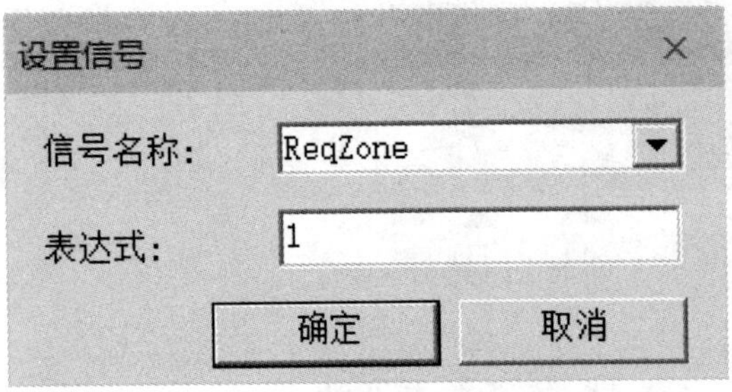

设置信号
信号名称： ReqZone
表达式： 1
确定 取消

图 5-30

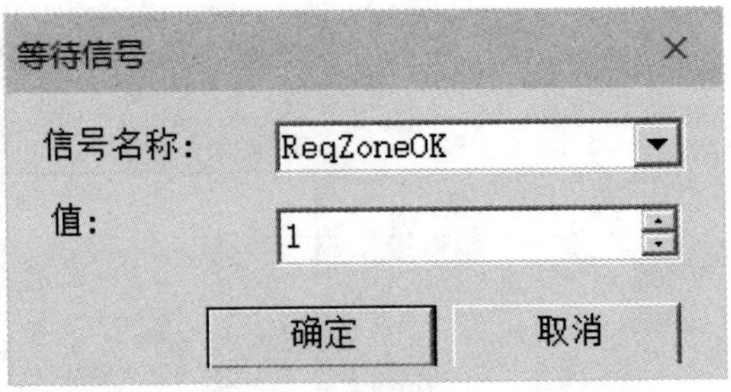

等待信号
信号名称： ReqZoneOK
值： 1
确定 取消

图 5-31

同理，我们用上述方法再添加两个 OLP 命令来处理“InZone”信号，如图 5-32 和图 5-33 所示。最后结果如图 5-34 所示，单击“Close”按钮，退出对话框。

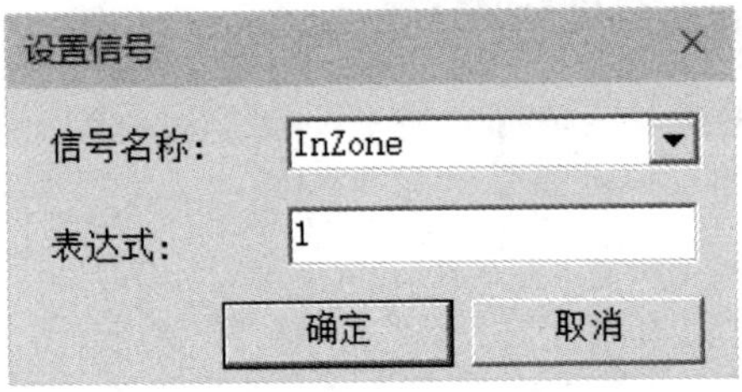

设置信号
信号名称： InZone
表达式： 1
确定 取消

图 5-32

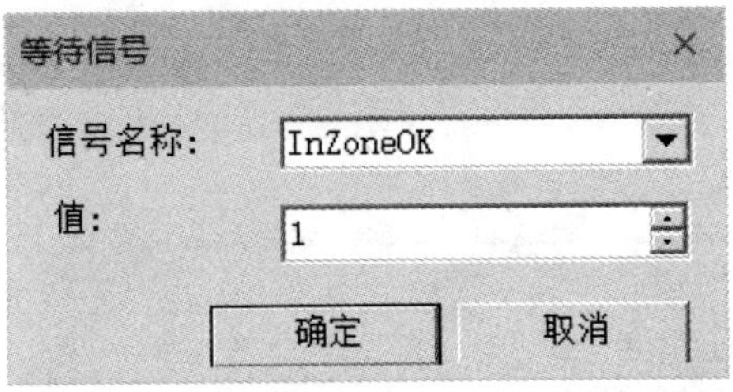

等待信号
信号名称： InZoneOK
值： 1
确定 取消

图 5-33

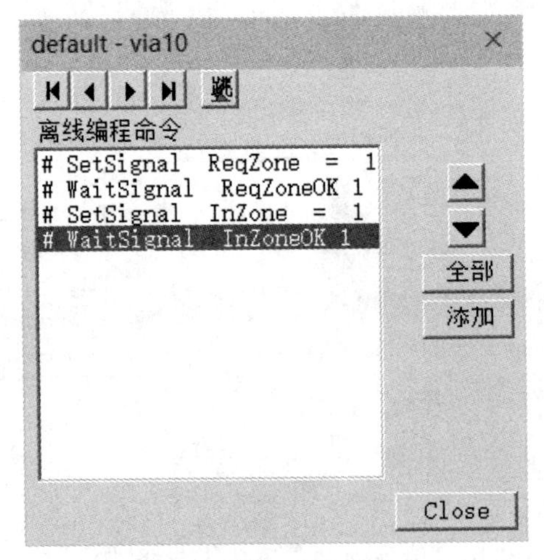

图 5-34

（6）在“路径编辑器”查看器中，单击“start”位置对应的“离线编程命令”列所在行，在弹出的对话框中，右击“离线编程命令”列表框中 OLP 命令，在弹出的快捷菜单中选择“删除”选项，删除其中已有的 OLP 命令。

然后，单击对话框中的“添加”按钮（图 5-35 中①）。用前面讲述的方法添加四个 OLP 命令来处理“ReqZone”“InZone”信号，最后结果如图 5-35 中②所示。单击“Close”按钮，退出对话框。

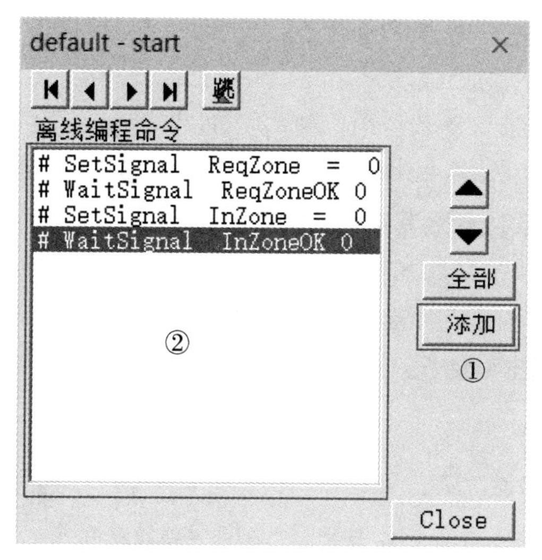

图 5-35

注意

如果需要编辑“离线编程命令”列表框中的 OLP 命令，只需单击该 OLP 命令，即可弹出相应的设置对话框，以便编辑修改。

（7）在“操作树”查看器中，单击“R2_Weld”操作（图 5-36），在“路径编辑器”查看器中，单击“向编辑器添加操作”命令按钮 ，结果如图 5-37 所示。

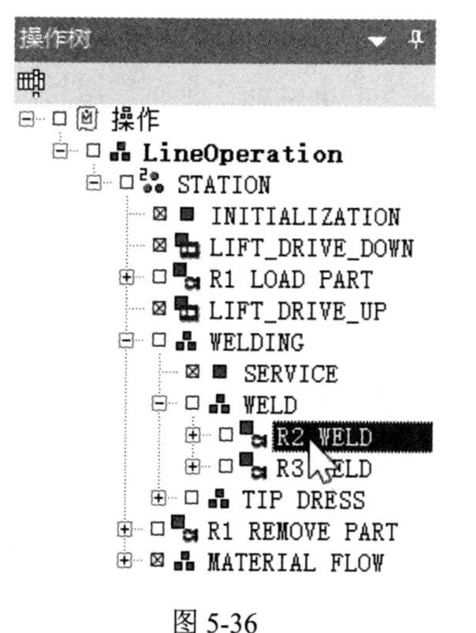

图 5-36

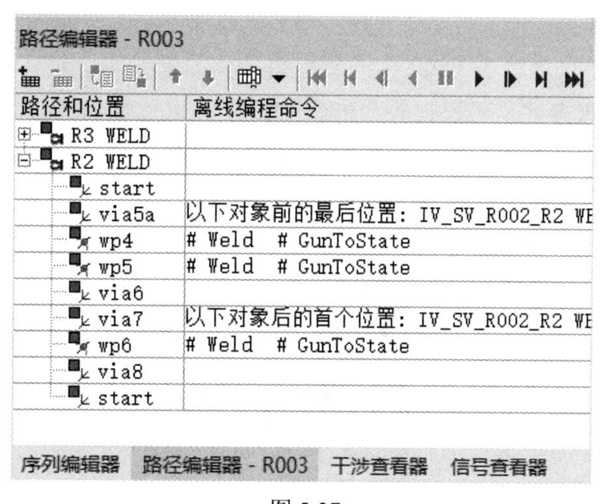

图 5-37

（8）在“路径编辑器”查看器中，单击“via5a”位置对应的“离线编程命令”列所在行，在弹出的对话框中，右击“离线编程命令”列表框中 OLP 命令，在弹出的快捷菜单中选择“删除”选项，删除其中已有的 OLP 命令。

然后，单击对话框中的“添加”按钮（图 5-38 中①），用前面讲述的方法添加四个

OLP 命令来处理“ReqZone”“InZone”信号，最后结果如图 5-38 中②所示。单击对话框的“Close”按钮，退出对话框。

（9）在“路径编辑器”查看器中，单击“via7”位置对应的“离线编程命令”列所在行，在弹出的对话框中，右击“离线编程命令”列表框中 OLP 命令，在弹出的快捷菜单中选择“删除”选项，删除其中已有的 OLP 命令。

然后，单击对话框中的“添加”按钮（图 5-39 中①），用前面讲述的方法添加四个 OLP 命令来处理“ReqZone”“InZone”信号，最后结果如图 5-39 中②所示。单击对话框的“Close”按钮，退出对话框。

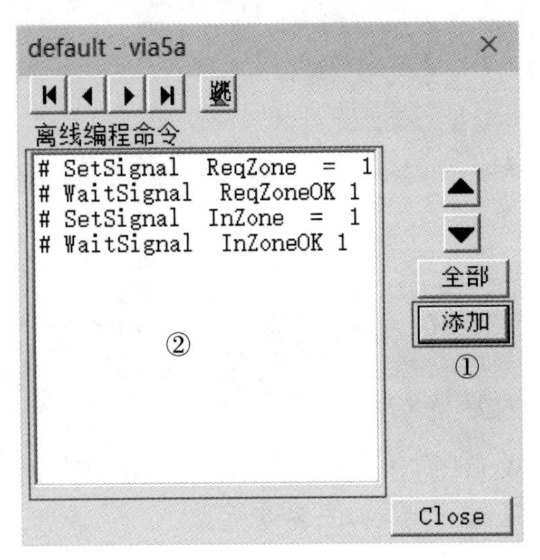

图 5-38

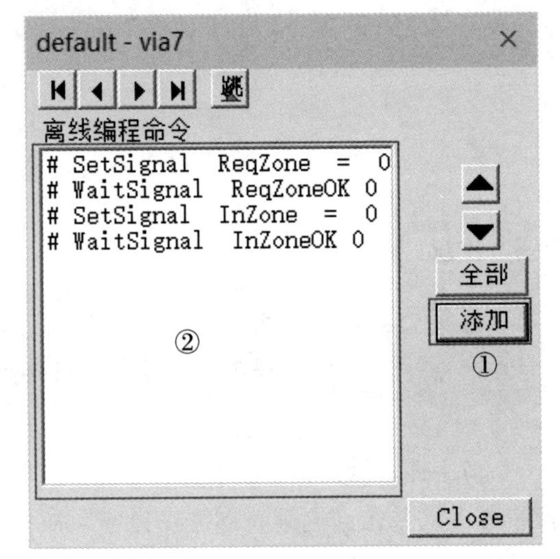

图 5-39

（10）实现 PLC 代码与机器人进行交互。在 Process Simulate 软件系统中进行内部逻辑评估（不用直接连接到 PLC），可以使用模块（模组）或逻辑块作为“软 PLC”进行评估。接下来讲解如何运用模块（模组）。

①单击“主页”（或者“视图”）菜单栏中的“查看器”命令按钮（图 5-40），选择下拉菜单中的“模块查看器”选项（图 5-41），弹出“模块查看器”面板。

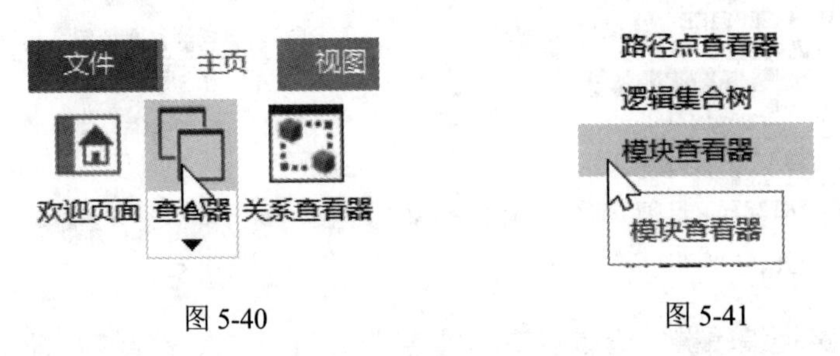

图 5-40　　图 5-41

②单击“模块查看器”面板中的“导入模块”命令按钮（图 5-42 中①），在弹出的“导入模块”对话框中，找到 Session 5-Process Logic\S05 SysRoot\PLC\Session

5\Modules\RobotSyncModule.xml 文件，单击“打开”按钮（图 5-43），结果如图 5-42 中②所示。

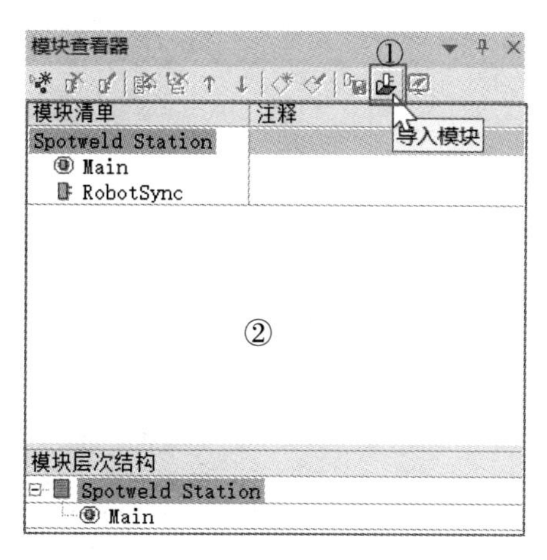

图 5-42

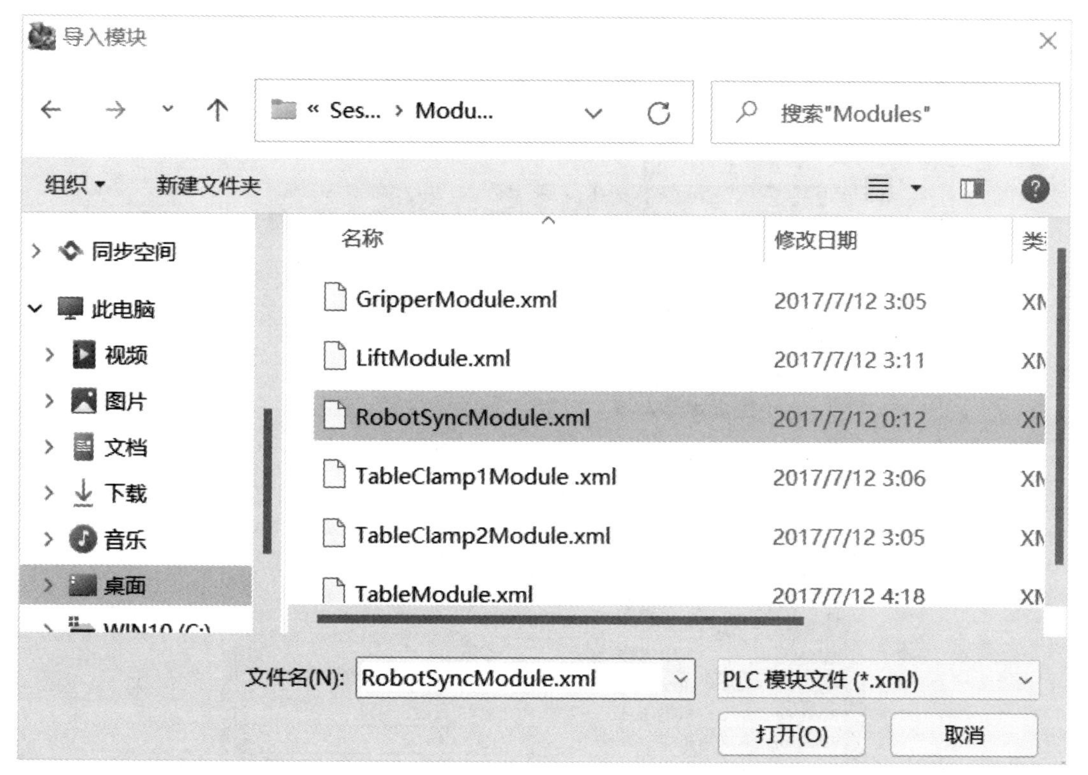

图 5-43

③在“模块查看器”面板的“模块清单”列表框中，单击导入的“RobotSync”模块。然后按住鼠标左键，将其拖曳到“模块层次结构”列表框中的“Main”上方，如图 5-44 所示，松开鼠标左键，结果如图 5-45 所示。

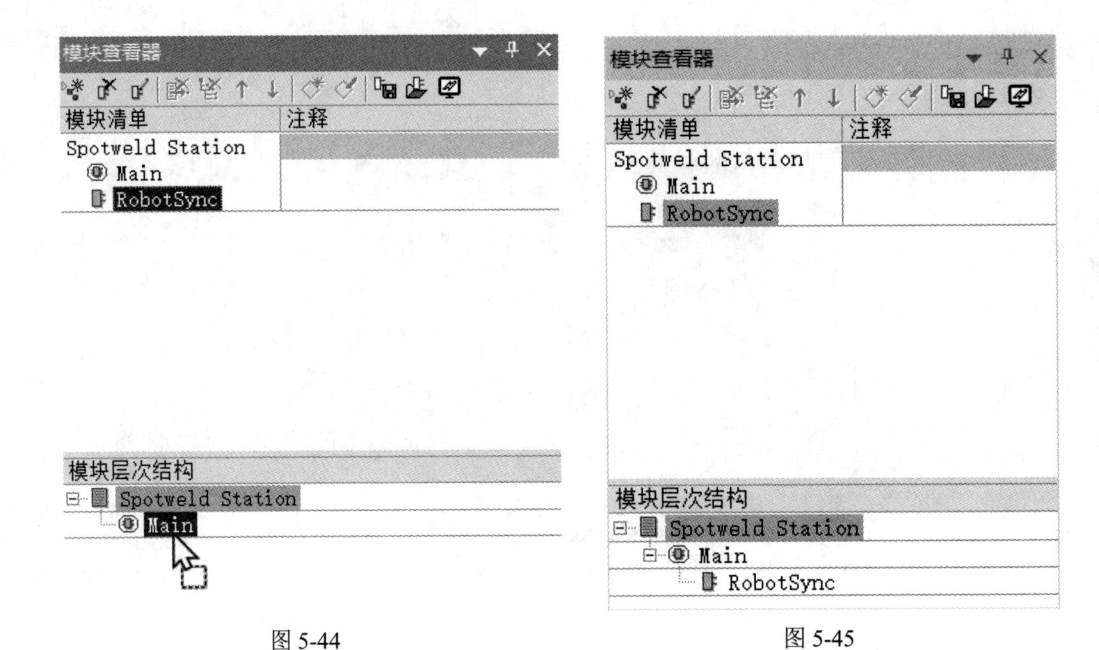

图 5-44　　　　图 5-45

④单击“模块查看器”面板的“模块清单”列表框中的“RobotSync”模块，然后，单击“编辑模块”命令按钮（图 5-46），或者双击“RobotSync”模块，弹出如图 5-47 所示的“模块编辑器”对话框，可以查看到“RobotSync”模块中包含的实际代码。

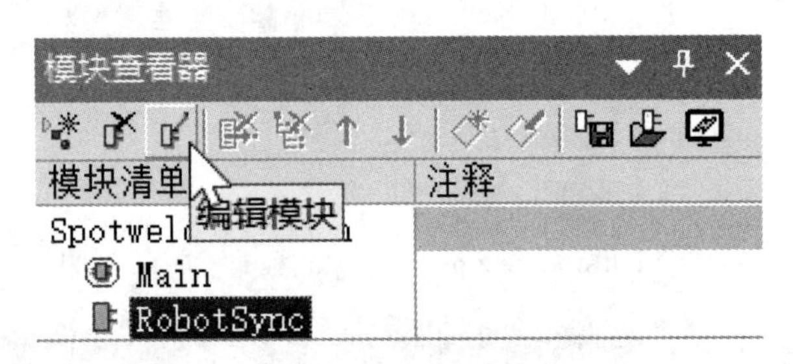

图 5-46

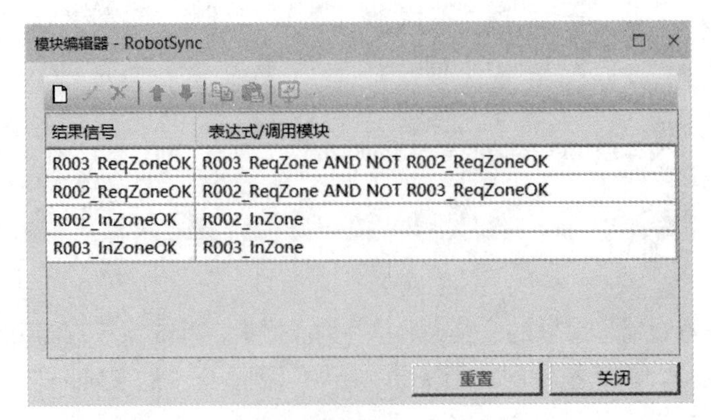

图 5-47

05 在“序列编辑器”查看器中，单击“正向播放仿真”按钮 ▸，运行仿真。可以看到，两个焊接机器人都开始运动，但是R003机器人移动到位置“via10”后停止，处于等待状态，直到R002机器人完成焊接操作，R003机器人才恢复运动，确保不会与R002机器人发生碰撞。然而，R002机器人完成焊接之后，转台却在R003机器人完成工作前就开始旋转了。这是由于R002机器人的焊接操作需要更长的时间，因此，触发转台的旋转是通过“R2 WELD_end”信号来触发的。

06 双击“R2 Weld”焊接操作的过渡条件，如图5-48所示，在弹出的“过渡编辑器”对话框中，将公共条件“R2 Weld_end”删除，结果如图5-49所示。

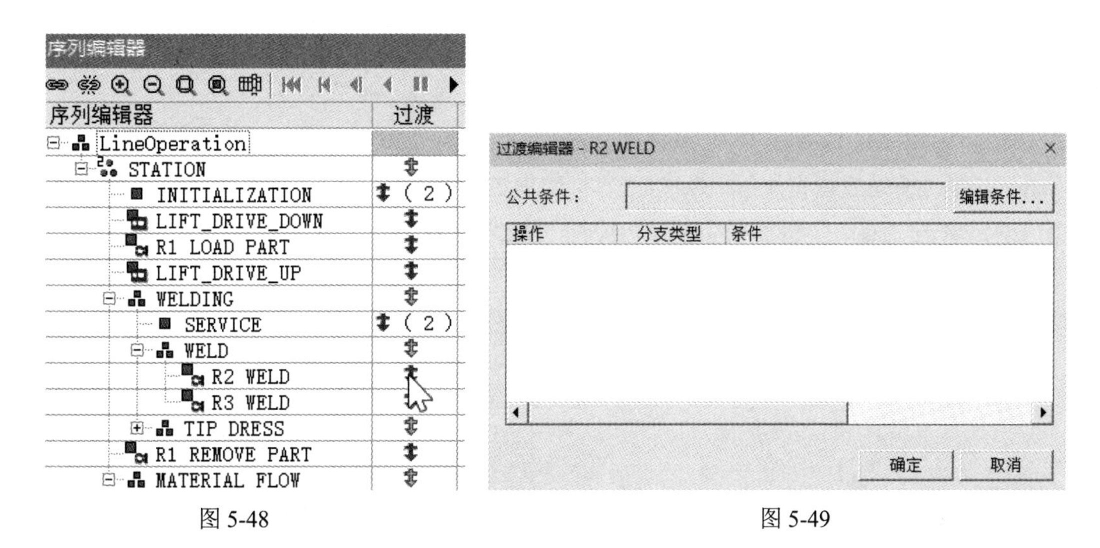

图 5-48　　　　图 5-49

双击“R3 Weld”焊接操作的过渡条件，如图5-50所示，在弹出的“过渡编辑器”对话框中，将公共条件改为"R3 Weld_end"，结果如图5-51所示。

图 5-50

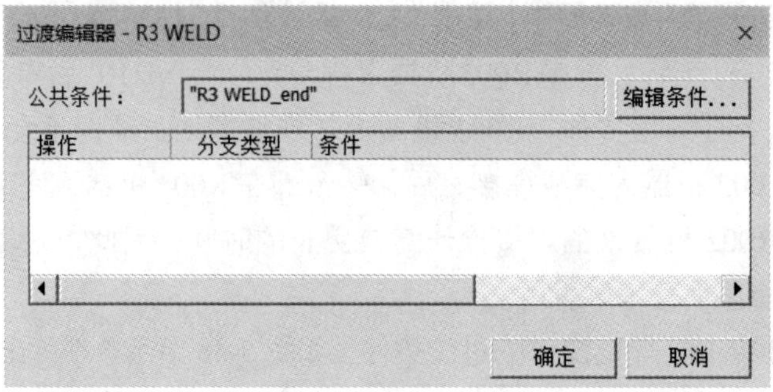

图 5-51

07 把“WeldCounter”逻辑块的“Process_End”连接信号“R2 WELD_end”改为“R3 WELD_end”。操作过程如下。

单击“对象树”查看器中的“WeldCounter”逻辑块，如图 5-52 所示。然后单击“控件”菜单栏中的“编辑逻辑资源”命令按钮，弹出如图 5-53 所示的“资源逻辑行为编辑器”对话框，单击“入口”折页项中的“Process_End”操作，在“连接的信号”列表框中选择“R2 WELD_end”，将“R2 WELD_end”改为“R3 WELD_end”，结果如图 5-53 所示，单击“应用”按钮。单击“确定”按钮退出对话框，完成编辑修改。

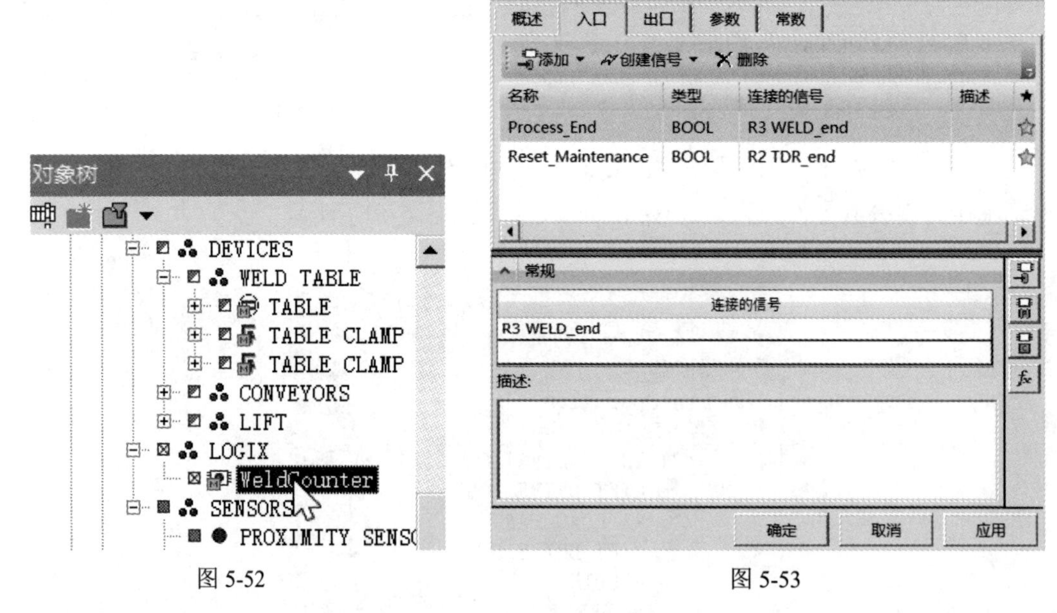

图 5-52　　　　图 5-53

08 在“序列编辑器”查看器中，再次单击“正向播放仿真”按钮运行仿真。可以看到仿真运行出现的问题已经得到解决。

09 如果想要获得机器人在工作过程中的关节状态、数字信号、功耗、关节速度和加速度等信息，可以通过“机器人查看器”进行监测。操作步骤如下。

（1）在“对象树”查看器“资源”类别中，单击机器人“R002”，如图 5-54 所示。

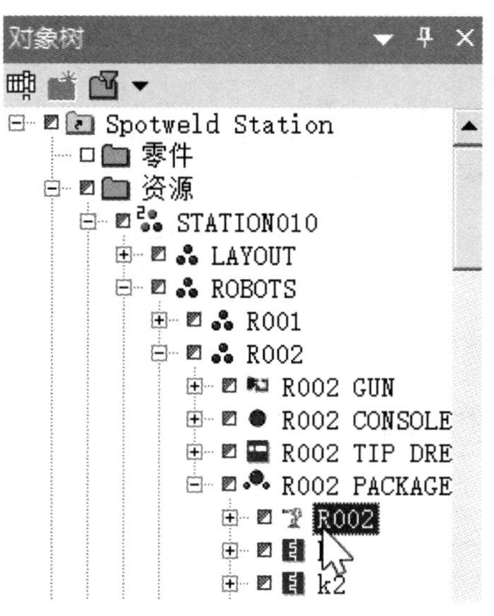

图 5-54

（2）单击“机器人”菜单栏中的“机器人查看器”命令按钮（图 5-55），打开“机器人查看器”面板，如图 5-57 所示。

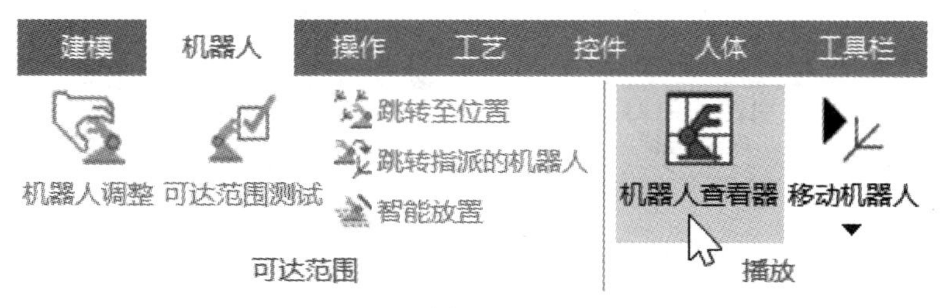

图 5-55

（3）在“机器人查看器”面板中，单击“面板”命令按钮右侧的小三角，在下拉菜单中，选中“关节状态”“数字信号”和“功耗”三个选项，如图 5-56 所示，结果如图 5-57 所示。

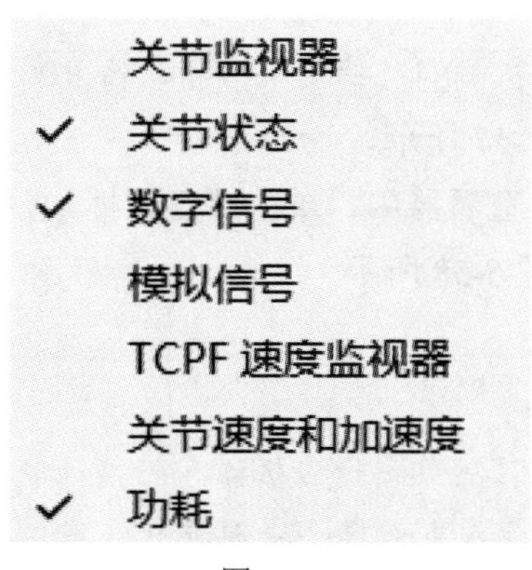

图 5-56

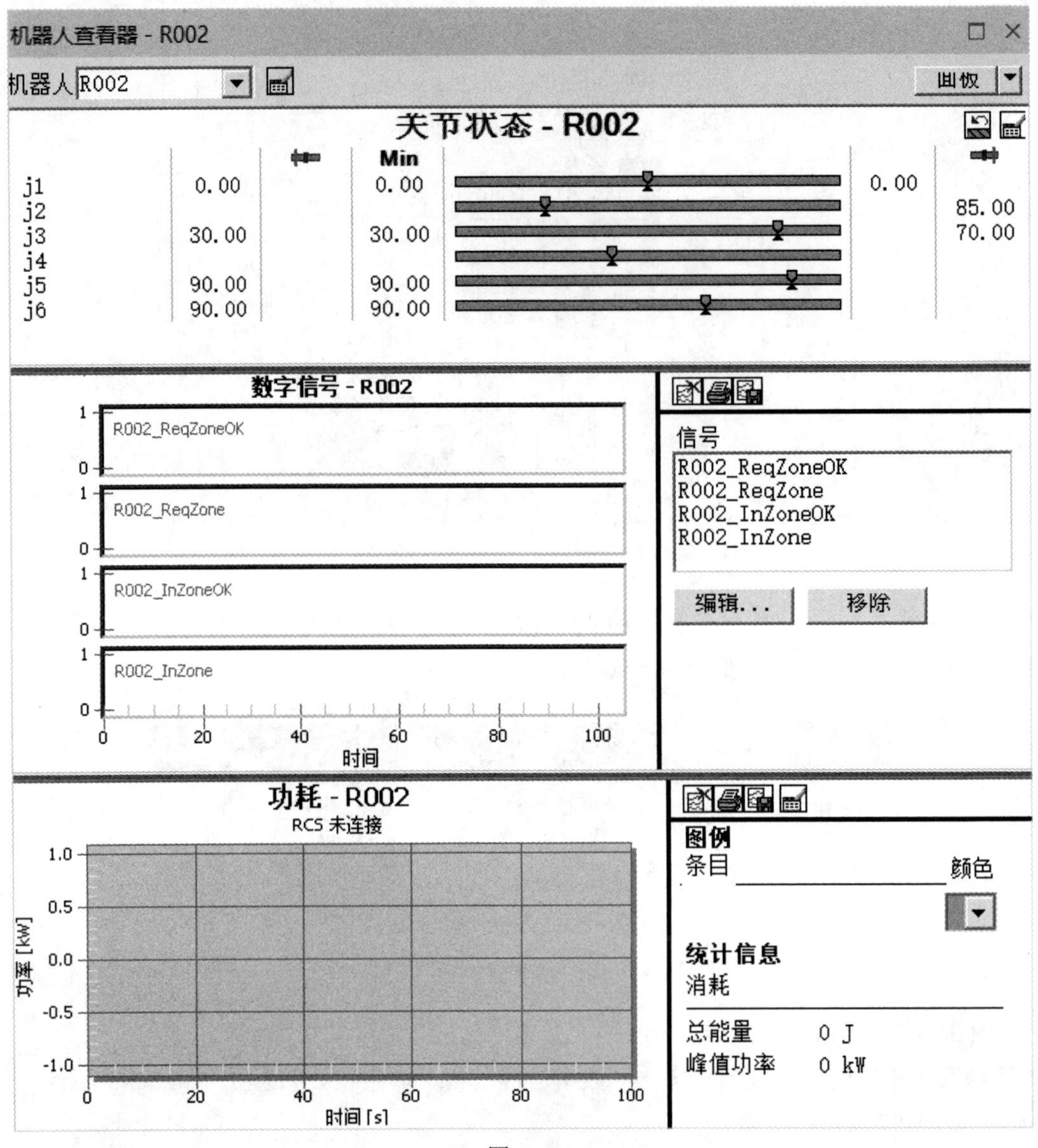

图 5-57

（4）单击“数字信号”右侧的“编辑”按钮，将 R002 机器人相关的数字信号添加到“信号”列表框中，如图 5-57 所示。

（5）在“序列编辑器”查看器中，单击“正向播放仿真”按钮▶，运行仿真，可以看到各监测项的变化，如图 5-58 所示。

注意

一个“机器人查看器”只能监测一台机器人的情况。如果需要监测多台机器人，则需要打开相同数量的“机器人查看器”分别进行监测。

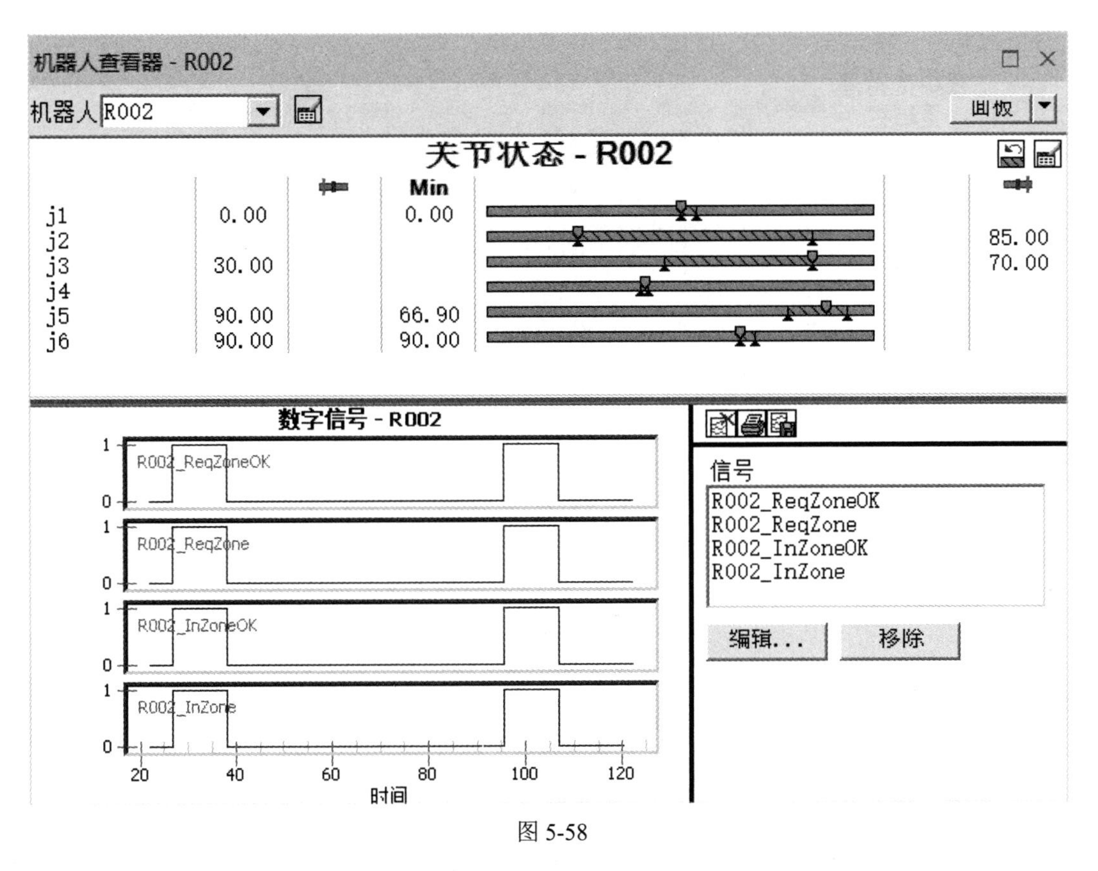

图 5-58

10 将完成的研究文件另外保存。

5.3 “模块（模组）”定义及编辑

通常情况下，中央逻辑处理是通过 PLC 实施的。Process Simulate 软件系统不但提供了多种连接 PLC 的方法，而且还提供了一个内置的“软 PLC（模块查看器）”来模拟逻辑。

“模块查看器”如图 5-59 所示，可以用来创建和查看研究中的模块层次结构。在“模块查看器”中，可以定义信号，该信号表示一个结果，包含多个其他信号和操作逻辑表达式，并会在每个仿真周期都进行评估验证。为了方便重用已开发的逻辑语句，还可以向“模块查看器”导入模块或者从“模块查看器”导出模块。

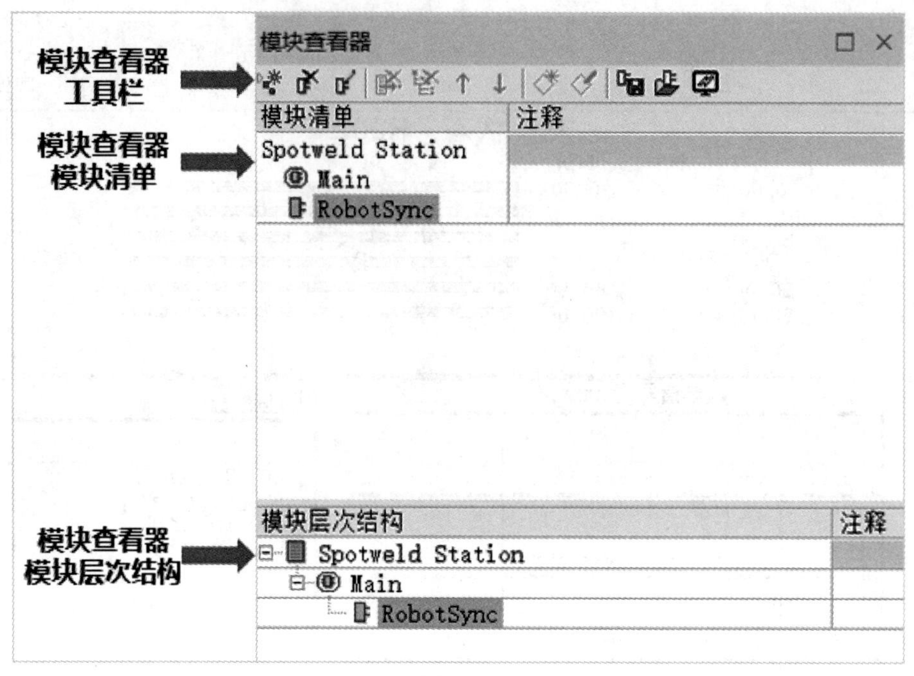

图 5-59

01 “模块查看器”功能区介绍。

（1）“模块查看器”工具栏命令图标功能介绍。

- “新建模块对象”：允许添加新的模块对象到研究文件中。
- “删除所选模块”：允许删除研究文件中的模块对象。
- “编辑模块”：允许编辑所选模块对象。
- “断开调用”：允许从“模块层次结构”区域，断开模块的连接。
- “断开调用树”：允许从“模块层次结构”区域，断开模块层次结构。
- “上移调用”：允许提升模块在“模块层次结构”区域中的位置。
- “下移调用”：允许降低模块在“模块层次结构”区域中的位置。
- “创建 IF 语句”：允许对模块进行条件调用。
- “编辑 IF 语句”：允许编辑调用模块的条件。
- “导出模块”：允许将模块导出到 xml 文件。
- “导入模块”：允许从 xml 文件中导入模块。
- “发送模块到信号监视器”：模块和表达式的实时调试工具。

（2）“模块清单”的作用：显示存储在研究中的所有模块。在“模块清单”区域，可以根据需要将“模块”拖放到“模块层次结构”区域中。

（3）“模块层次结构”的作用：显示研究中可配置的模块层次结构。层次结构中模块的顺序决定了研究的行为。

02 编辑“模块”。

（1）新建一个研究文档，然后从“标准模式”切换到“生产线仿真模式”。

（2）单击“主页”（或者“视图”）菜单栏中的“查看器”命令按钮，在下拉菜单中选择“模块查看器”选项，弹出“模块查看器”面板（图 5-60）。

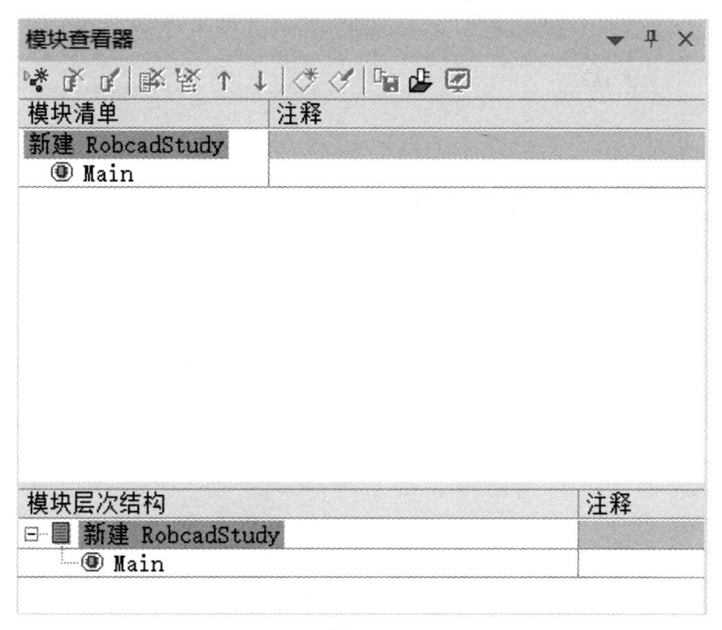

图 5-60

（3）在“模块查看器”面板中，单击“导入模块”命令按钮，在弹出的“导入模块”对话框中浏览到 Session 5-Process Logic\S05 SysRoot\PLC\Session 5\Modules\TableModule.xml 文件，单击“打开”按钮（图 5-61），将“Table”模块导入“模块查看器”面板中（图 5-62）。

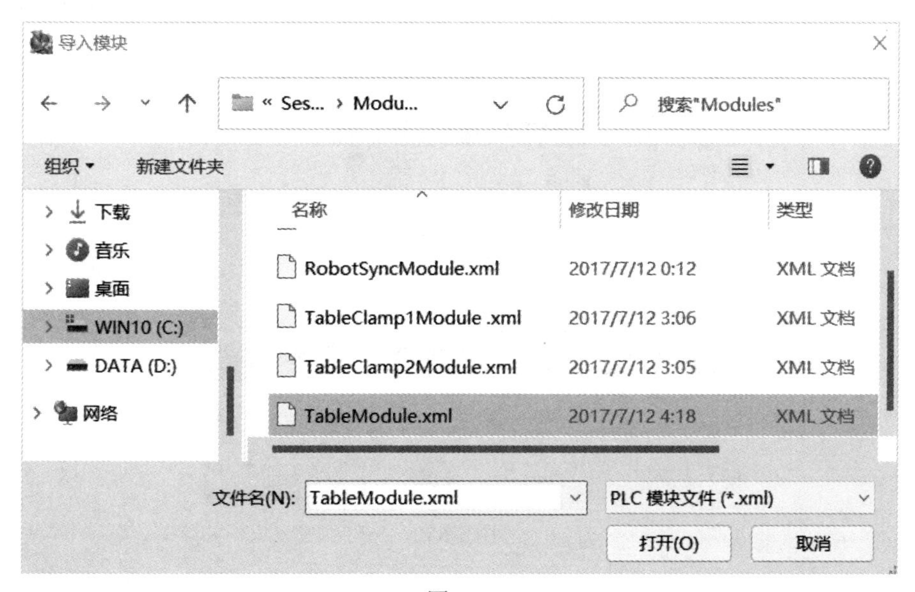

图 5-61

模块查看器
模块清单
注释
新建 RobcadStudy
Main
TABLE
模块层次结构
注释
新建 RobcadStudy
Main

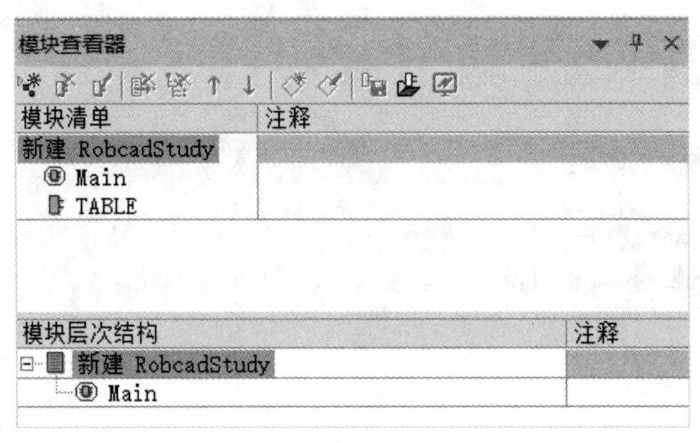

图 5-62

（4）在“模块查看器”面板中单击“Table”模块，然后单击“编辑模块”命令按钮，如图 5-63 所示，弹出“模块编辑器”对话框（图 5-64）。

模块查看器
模块清单
注释
编辑模块
新建
Main
TABLE

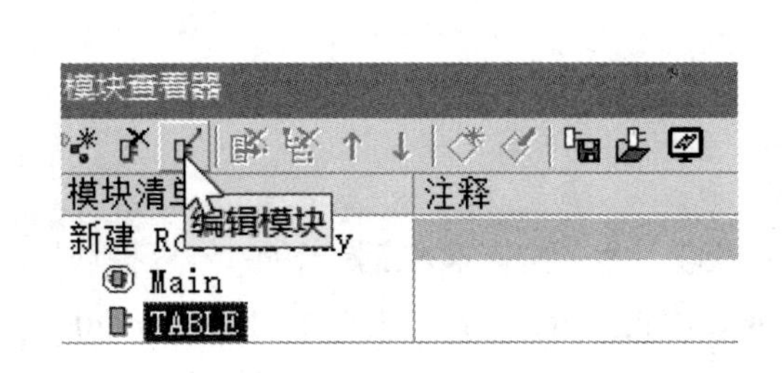

图 5-63

模块编辑器 - TABLE
结果信号
表达式/调用模块
R001_ToolAck[1]
TABLE_at_FWD
R001_ToolAck[2]
TABLE_at_HOME
TABLE_mtp_FWD
R001_Tool[1]
TABLE_mtp_HOME
R001_Tool[2]
重置
关闭

图 5-64

（5）在“模块编辑器”对话框中，可以单击“新建入口”命令按钮（图 5-65），弹出如图 5-66 所示的新入口信号对话框，添加新的结果信号及相应的表达式、信号。

模块编辑器 - TABLE
结果信号
表达式/调用模块
R001_ToolAck[1]
TABLE_at_FWD
R001_ToolAck[2]
TABLE_at_HOME
TABLE_mtp_FWD
R001_Tool[1]
TABLE_mtp_HOME
R001_Tool[2]
重置
关闭

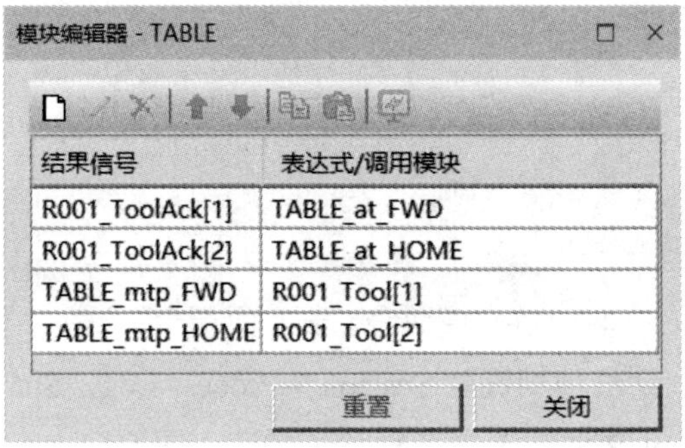

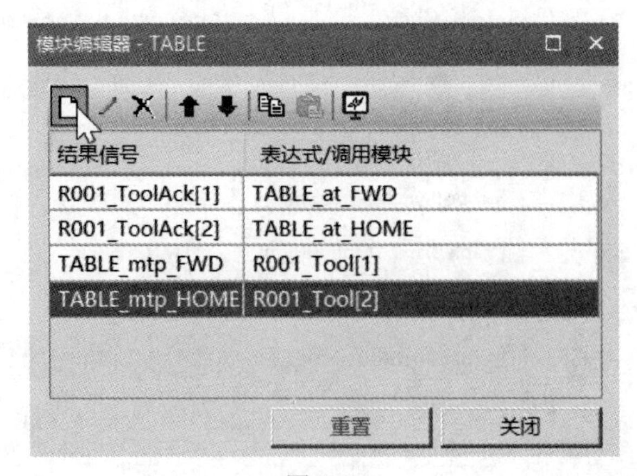

图 5-65

图 5-66

注意：

- “结果信号”栏是通过单击“信号查看器”面板中的已有信号输入的。因此，如果需要添加一个之前没有的新结果信号，需要在“信号查看器”面板中新建信号后，再选择进“结果信号”栏中。
- “表达式区域”中可以输入现有的信号名称，系统会自动显示与输入的关键字符相对应的信号或函数。
- 表达式中最多可以包含 20 个信号和运算符。
- 如果定义的表达式是非法的，则在表达式区域中显示的结果为红色。
- 若要从表达式中删除信号或运算符，请在表达式区域中将其选中，按 Delete 键删除。
- 在如图 5-65 所示的“模块编辑器”对话框中，单击“重置”按钮，则可删除所有新添加的全部内容。

（6）在如图 5-65 所示的“模块编辑器”对话框中，如果需要编辑一个“结果信号”，则先选择该“结果信号”，然后再单击“编辑条目”命令按钮（图 5-67），弹出如图 5-68 所示的对话框，对“结果信号”对应的表达式、信号进行编辑修改，编辑修改完成后，单击“确定”按钮完成修改。也可以单击“添加为新的”按钮，如图 5-68 所示，创建一个新的结果信号。

（7）在如图 5-69 所示的“模块编辑器”对话框中，如果需要删除一个“结果信号”，则先选择该“结果信号”，然后再单击“删除条目”命令按钮（图 5-69），将此结果信号删除。

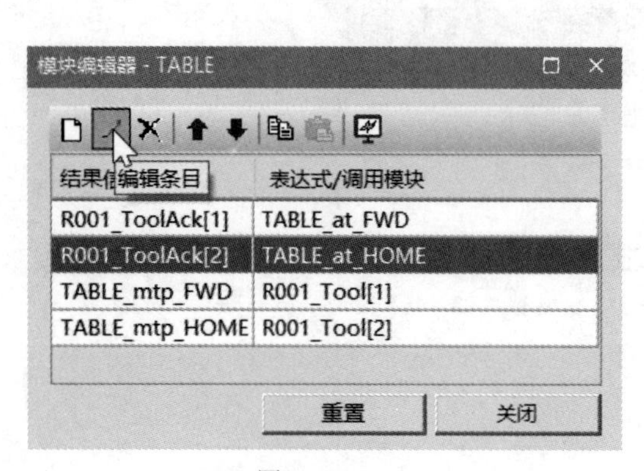

图 5-67

图 5-68

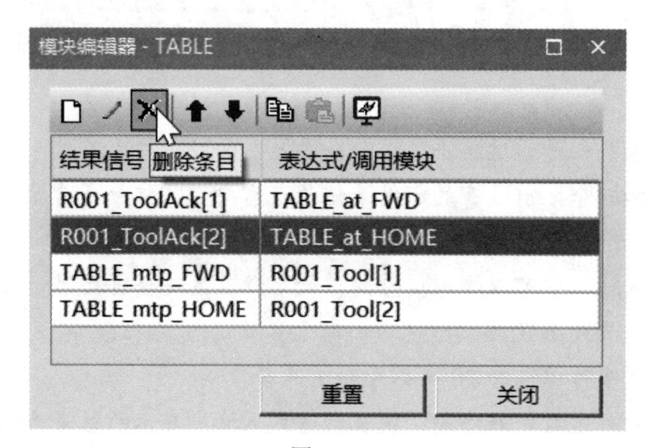

图 5-69

（8）在如图 5-70 所示的“模块编辑器”对话框中，如果需要调整“结果信号”的前后顺序，则先选择该“结果信号”，然后选择“上移”命令按钮 或者“下移”命令按钮 进行顺序调整，如图 5-70 所示。

图 5-70

（9）在如图5-71所示的“模块编辑器”对话框中，可以通过“复制”和“粘贴”功能，对已有的“结果信号”快速重用。先选择需要重用的“结果信号”，然后单击“复制”命令按钮 ，然后再单击“粘贴”命令按钮 （图5-72），结果如图5-73所示。然后再对新的“结果信号”进行编辑修改，以满足实际需要。

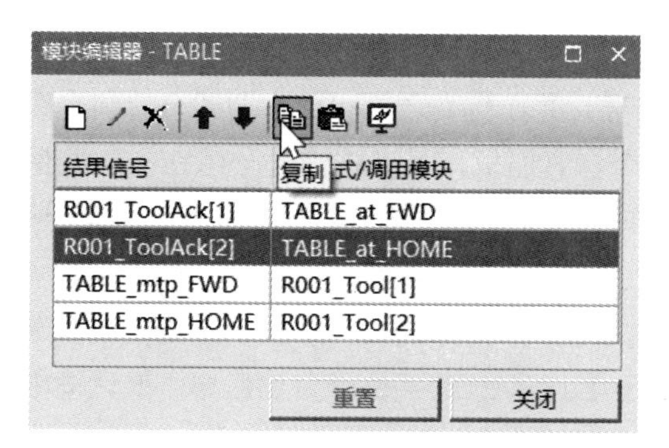

图5-71

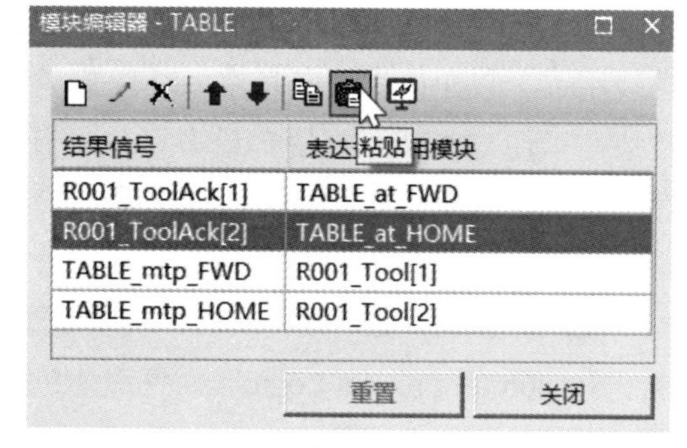

图5-72

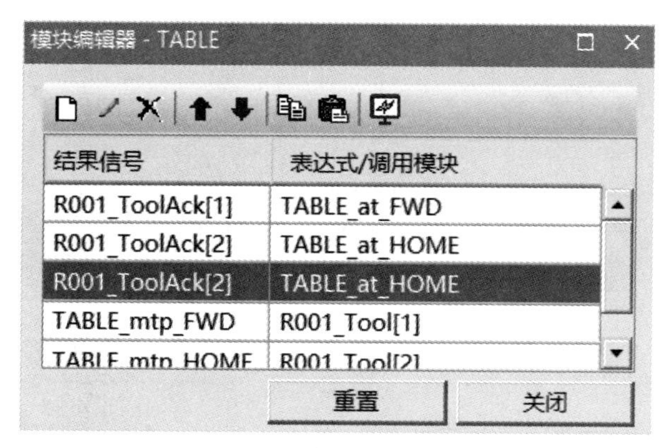

图5-73

（10）在如图5-73所示的“模块编辑器”对话框中，单击“关注信号监视器中的入口”命令按钮，可以观察信号状态，如图5-74所示。

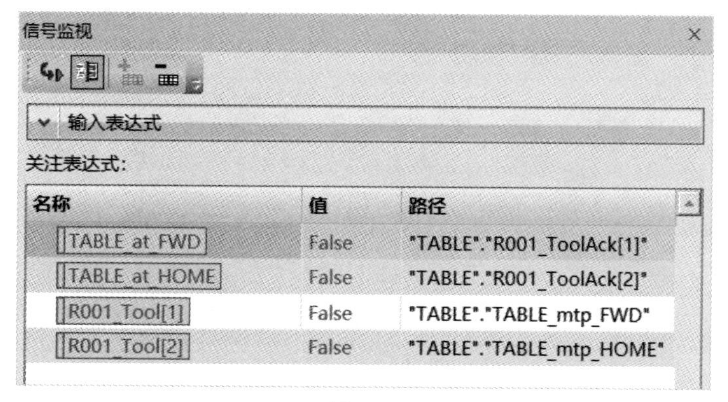

图5-74

5.4　“仿真面板”功能命令介绍

为了方便管理越来越复杂的信号，Process Simulate 软件系统提供“仿真面板”和“信号监视”两种应用工具，帮助用户观察管理信号。

其中，“仿真面板”用于基于事件仿真的一个主要调试工具，我们在之前的章节中也使用过。它允许我们向其添加任意数量的信号，并在仿真之前和仿真期间查看和更改数值，以便与之交互。用户最多可以打开 15 个仿真面板，可以将信号分组在一起并保存仿真面板的信号列表以便以后重用（该文件的扩展名为 .SPSS）。

下面讲解“仿真面板”的主要功能命令。

01 单击“以生产线仿真模式打开研究”按钮，在弹出的“打开”对话框中，选择“Session 5 - Process Logic”文件夹中的“S05-E01.psz”研究文件，然后单击对话框中的“打开”按钮，系统将以生产线仿真模式打开该研究文件。

02 单击“视图”或者“控件”菜单栏中的“仿真面板”命令按钮，弹出“仿真面板”查看器，如图 5-75 所示。

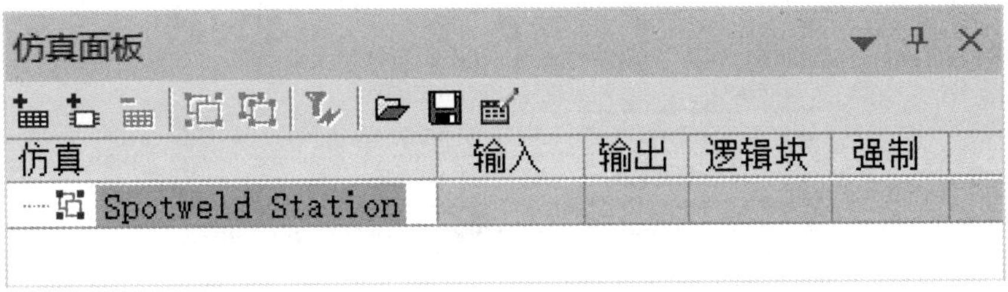

图 5-75

03 如果需要添加信号到“仿真面板”中进行观察，我们需要先从“信号查看器”面板中选择需要添加的信号（图 5-76），然后单击“仿真面板”中的“添加信号到查看器”命令按钮进行添加，结果如图 5-77 所示。

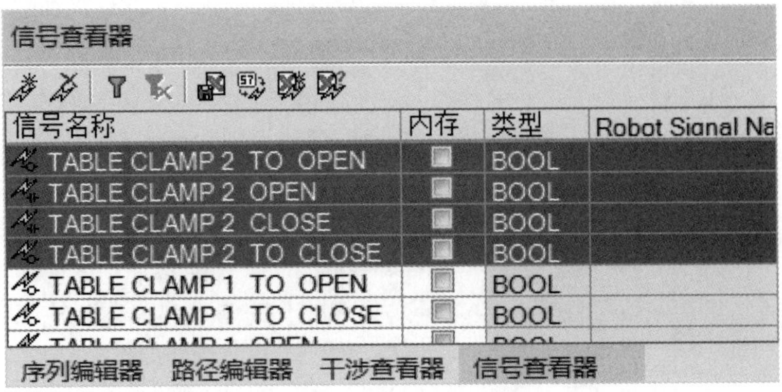

图 5-76

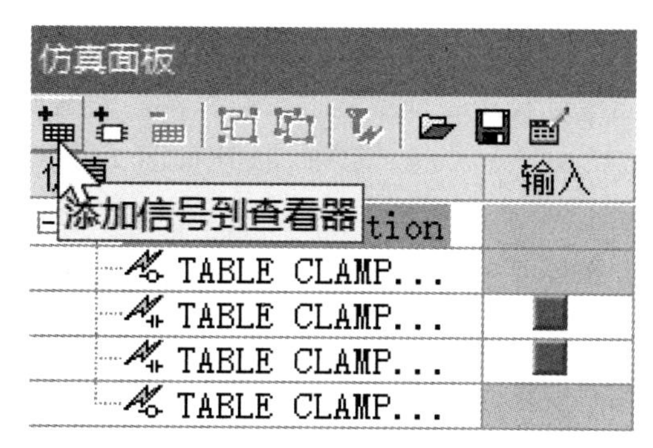

图 5-77

注意

为了更容易地添加信号到“仿真面板”中，在“信号查看器”面板中单击“过滤器”命令按钮 ，如图 5-78 所示，然后通过不同的方式进行信号过滤，例如，根据“资源”对象进行过滤，并将与所选资源对象相关的信号添加到仿真面板，如图 5-79 所示。

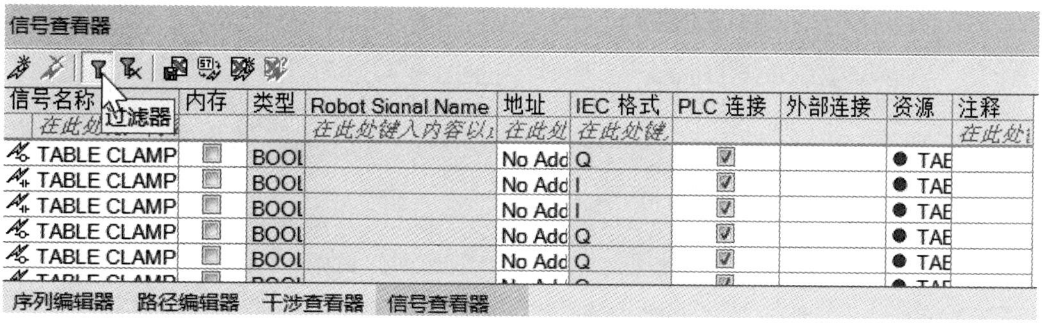

信号查看器

过滤器

信号名称	内存	类型	Robot Signal Name	地址	IEC 格式	PLC 连接	外部连接	资源	注释
在此处			在此处键入内容以	在此处	在此处键				在此处
TABLE CLAMP	☐	BOOL		No Add	Q	☑		● TAE	
TABLE CLAMP	☐	BOOL		No Add	I	☑		● TAE	
TABLE CLAMP	☐	BOOL		No Add	I	☑		● TAE	
TABLE CLAMP	☐	BOOL		No Add	Q	☑		● TAE	
TABLE CLAMP	☐	BOOL		No Add	Q	☑		● TAE	

序列编辑器 路径编辑器 干涉查看器 信号查看器

图 5-78

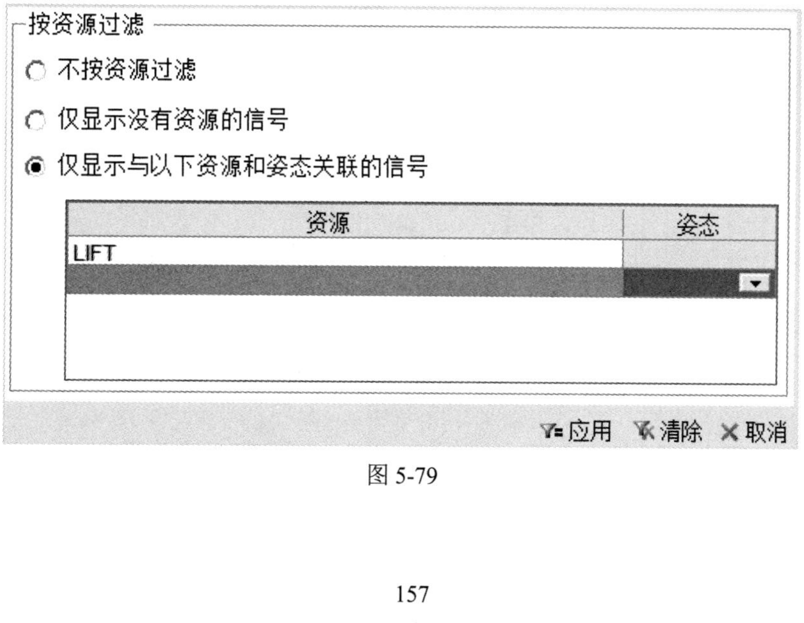

按资源过滤

○ 不按资源过滤

○ 仅显示没有资源的信号

◉ 仅显示与以下资源和姿态关联的信号

资源	姿态
LIFT	

应用 清除 取消

图 5-79

04 如果需要添加逻辑块或者“智能组件”内部逻辑块到“仿真面板”中，我们需要先在“对象树”查看器中选择逻辑块或者“智能组件”（图 5-80），然后单击“添加逻辑块到查看器”命令按钮（图 5-81 中①），弹出如图 5-82 所示的“添加逻辑块元素”对话框，所选对象的所有节点，包括入口、出口、参数、常量都会显示出来。默认情况下，逻辑块是折叠的。单击逻辑块左侧的 + 按钮，可以展开并查看其子节点（图 5-82）。然后，将需要观察的逻辑块元素添加到“要添加的元”列表框中（图 5-82）。单击“确定”按钮，即可完成添加。结果如图 5-81 中②所示。

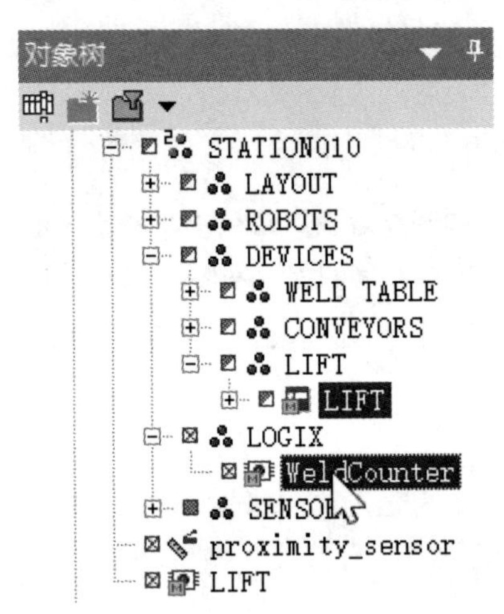

图 5-80

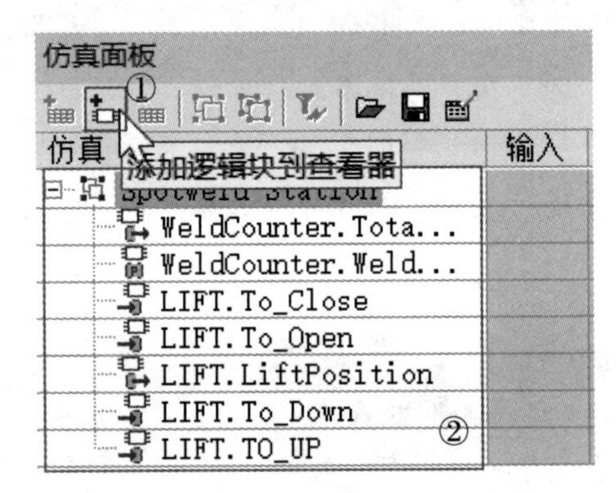

图 5-81

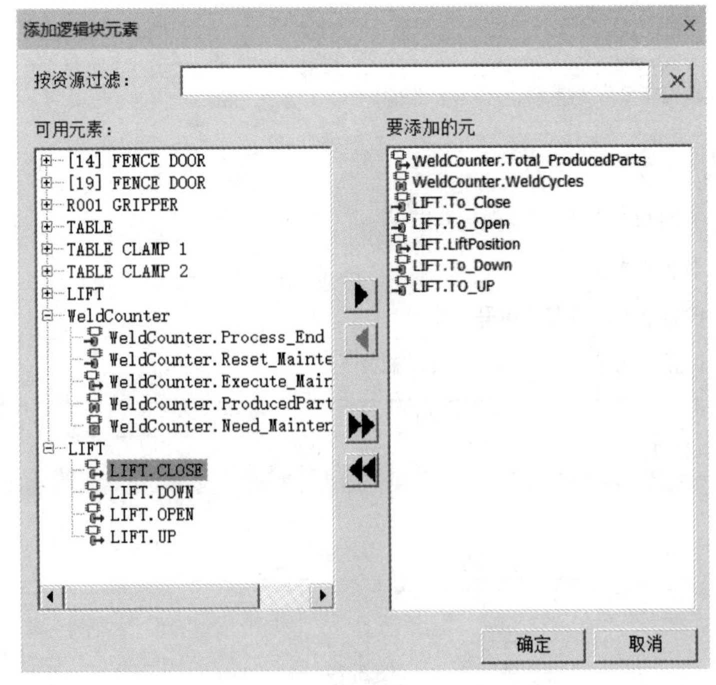

图 5-82

05 如图 5-83 所示，单击“仿真面板”中的“存储信号设置”命令按钮 ，可以保存仿真面板的信号列表以便重用。该文件（文件扩展名 .spss）的存放路径，应先单击“仿真面板”中的“设置”命令按钮 （图 5-83），在弹出的“设置”对话框（图 5-84）中设置完成后，再进行存储。

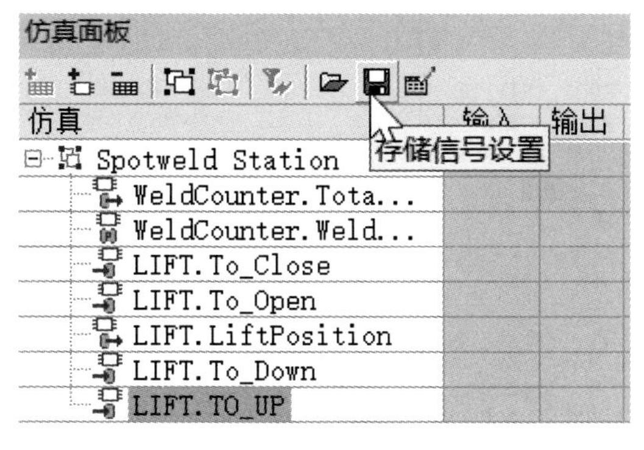

图 5-83

图 5-84

5.5 “设备过程控制”应用

下面我们通过一个应用案例来详细地了解如何通过模块实现机器人与外部设备（转台、夹头、升降机）之间的信号交换。

01 单击“以生产线仿真模式打开研究”按钮 ，在弹出的“打开”对话框中，选择“Session 5 - Process Logic”文件夹中的“S05-E02.psz”研究文件，然后单击对话框中的“打开”按钮。系统将以生产线仿真模式打开该研究文件。

02 为所有机器人创建必需的机器人信号。在现在的工作场景中，机器人 R002 和 R003 只控制其安装的焊枪，机器人对其上的焊枪直接控制，不需要添加额外的信号。但是机器人 R001 则需要与 5 个设备进行通信：TABLE CLAMP 1 & TABLE CLAMP 2（转台夹头 1 和 转台夹头 2）、GRIPPER（抓手）、TABLE（转台）、LIFT（升降机）。

每个设备有两个信号，其中更复杂的升降机上还有夹头，则有四个信号，这样机器人 R001 总共需要 12 个输入信号和 12 个输出信号与这 5 个设备进行通信。为了方便调用，已将机器人 R001 所需的 24 个信号创建在：Session 5 - Process Logic\S05 SysRoot\PLC\Session 5\ R001 Signal List - Full.xls 文件中。

03 将创建好的 24 个信号导入机器人 R001 中。在“对象树”查看器的“资源”类别中，单击“R001”机器人，如图 5-85 所示。然后单击“控件”菜单栏中的“机器人信号”命令按钮 （图 5-86），弹出“机器人信号”对话框，如图 5-87 所示。

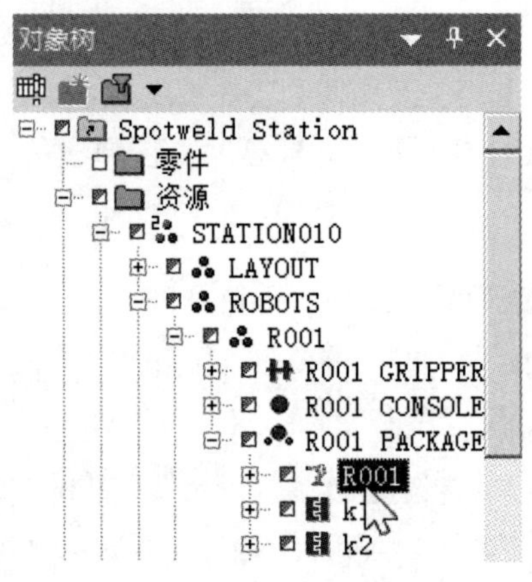

图 5-85

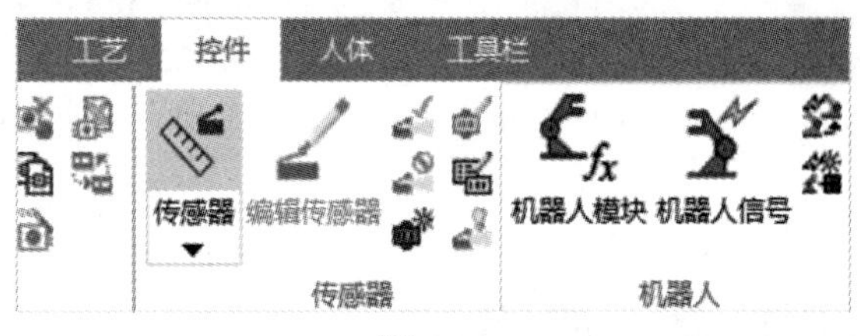

图 5-86

04 如图 5-87 所示，在“机器人信号”对话框中，单击“导入信号”命令按钮，在打开的对话框中，浏览到 Session 5 - Process Logic\S05 SysRoot\PLC\Session 5\ R001 Signal List - Full.xls 文件，单击“打开”按钮（图 5-88），单击“应用”按钮。单击“确定”按钮，退出“机器人信号”对话框。完成机器人 R001 所需信号的导入，结果如图 5-87 所示。

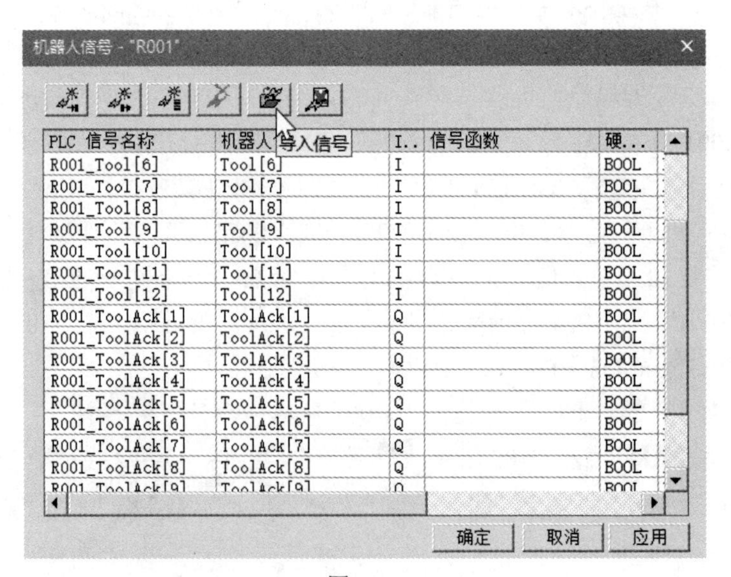

图 5-87

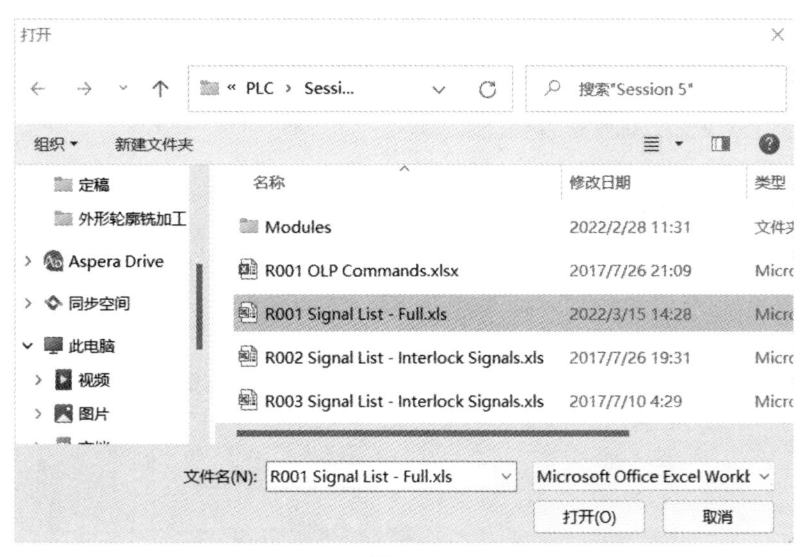

图 5-88

以上导入的机器人 R001 信号中，“Tool[n]”信号是机器人反馈（输出）（PLC 输入）的信号，用于请求设备动作，“ToolAck[n]”信号是机器人输入（PLC 输出）的信号，用于接收来自 PLC 的指令。

05 单击“主页”（或者“视图”）菜单栏中的“查看器”命令按钮，在下拉菜单中选择“模块查看器”选项，弹出“模块查看器”面板，如图 5-89 所示。

06 如图 5-89 所示，单击“模块查看器”中的“新建模块对象”命令按钮，将新创建的“模块”名称改为 GRIPPER，如图 5-89 所示。从导入的机器人 R001 信号表中可以看到，GRIPPER（抓手）信号是与机器人的 Tool[7] 和 Tool[8] 信号以及 ToolAck[7] 和 ToolAck[8] 信号对应。

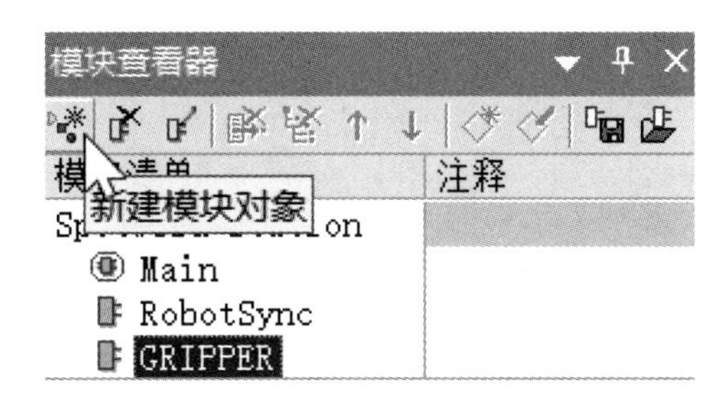

图 5-89

07 双击“模块查看器”中新创建的模块“GRIPPER”；弹出“GRIPPER”的“模块编辑器”对话框，单击“新建入口”命令按钮（图 5-90），在弹出的新建入口对话框中（图 5-91），“结果信号”栏通过单击“信号查看器”面板中的“R001_ToolAck[7]”信号输入，“表达式区域”则输入 R001 GRIPPER_OPEN，单击“确定”按钮，完成新结果信号的创建。同理，完成另外三个结果信号的创建（图 5-92）。

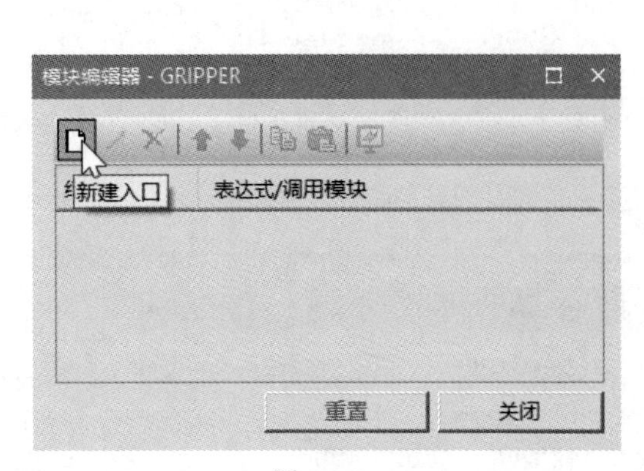

图 5-90

图 5-91

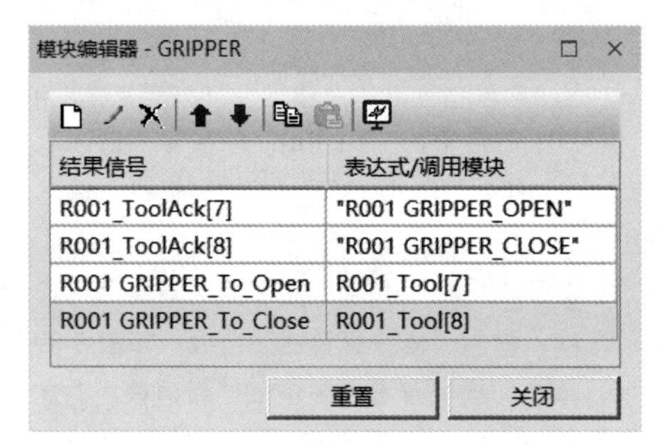

图 5-92

08 单击“模块查看器”中的“新建模块对象”命令按钮，再创建 4 个新“模块”，名称分别为 TABLE_CLAMP1、TABLE_CLAMP2、TABLE 和 LIFT，如图 5-93 所示。

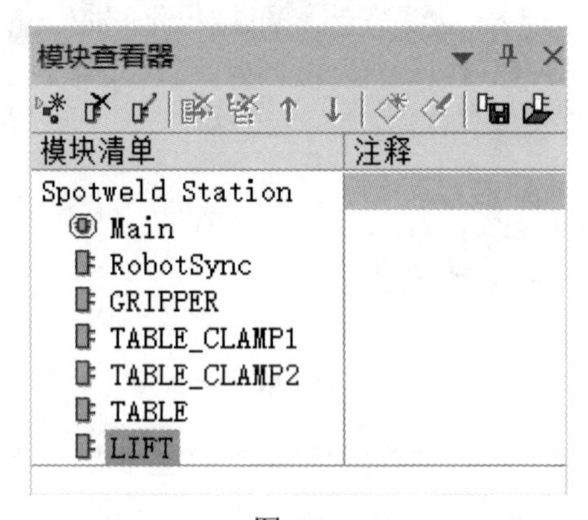

图 5-93

09 双击“模块查看器”中新创建的模块“TABLE_CLAMP1”，弹出“TABLE_CLAMP1”的“模块编辑器”对话框，按照前面讲述的方法，完成“TABLE_CLAMP1”结果信号的创建，如图 5-94 所示。

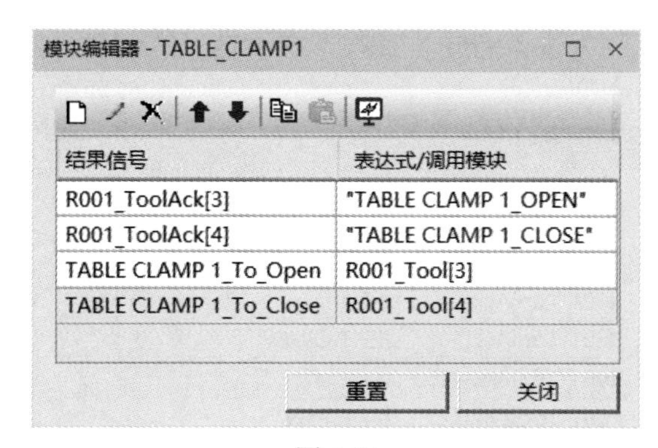

图 5-94

10 双击“模块查看器”中新创建的模块“TABLE_CLAMP2”，弹出“TABLE_CLAMP2”的“模块编辑器”对话框，按照前面讲述的方法，完成“TABLE_CLAMP2”结果信号的创建，如图 5-95 所示。

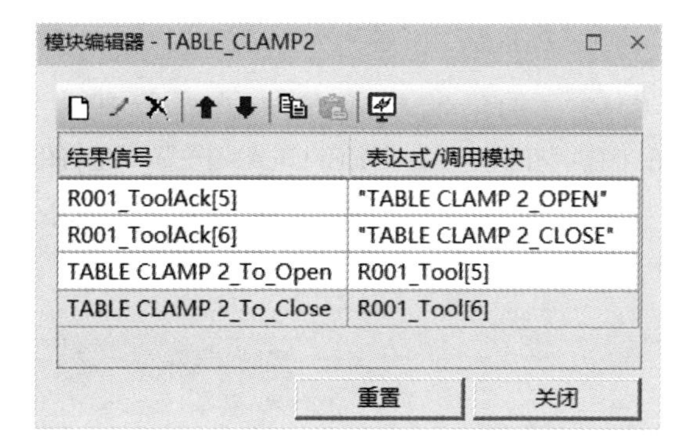

图 5-95

11 双击“模块查看器”中新创建的模块“TABLE”，弹出“TABLE”的“模块编辑器”对话框，按照前面讲述的方法，完成“TABLE”结果信号的创建，如图 5-96 所示。

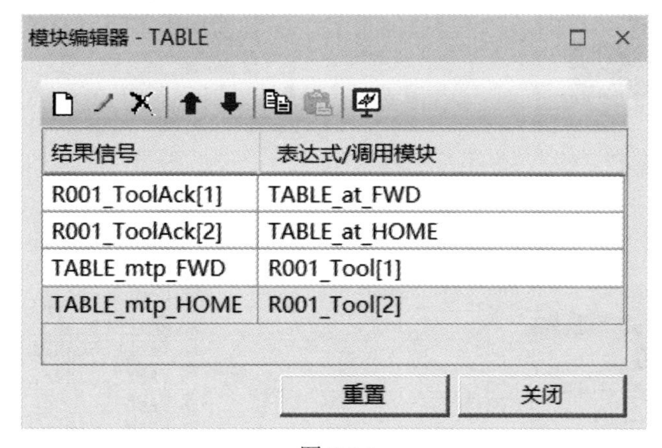

图 5-96

12 双击“模块查看器”中新创建的模块“LIFT”，弹出“LIFT”的“模块编辑器”

对话框，按照前面讲述的方法，完成“LIFT”结果信号的创建，如图 5-97 所示。

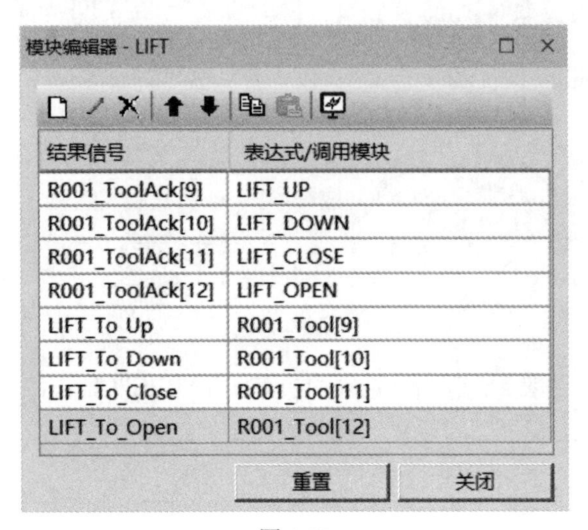

模块编辑器 - LIFT

结果信号	表达式/调用模块
R001_ToolAck[9]	LIFT_UP
R001_ToolAck[10]	LIFT_DOWN
R001_ToolAck[11]	LIFT_CLOSE
R001_ToolAck[12]	LIFT_OPEN
LIFT_To_Up	R001_Tool[9]
LIFT_To_Down	R001_Tool[10]
LIFT_To_Close	R001_Tool[11]
LIFT_To_Open	R001_Tool[12]

重置 关闭

图 5-97

13 在“模块查看器”的“模块清单”列表框中，选择新创建的模块“GRIPPER”“TABLE_CLAMP1”“TABLE_CLAMP2”“TABLE”和“LIFT”。然后按住鼠标左键，将其拖曳到“模块层次结构”列表框中的“Main”上方如图 5-98 所示，松开鼠标左键，结果如图 5-99 所示。

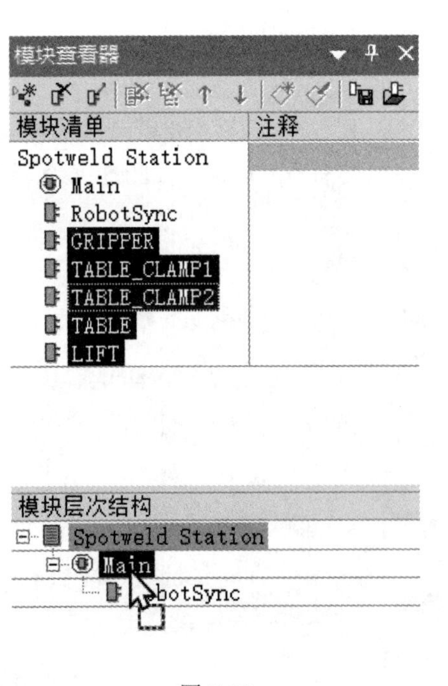

图 5-98

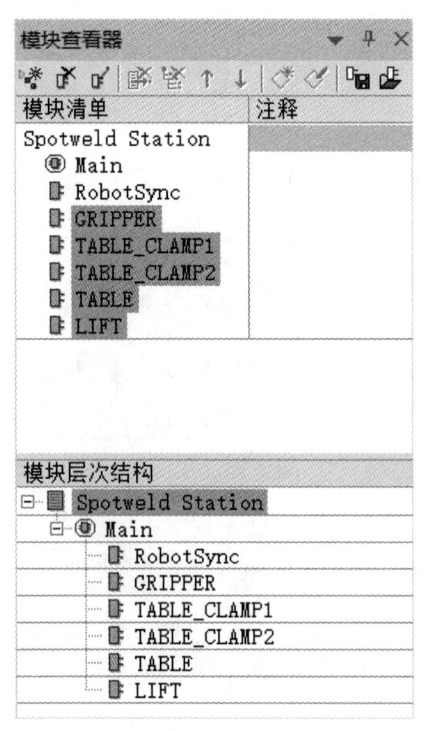

图 5-99

14 在“序列编辑器”查看器中，单击“正向播放仿真”按钮 ▸，运行仿真。将如图 5-100 所示的信号添加到“仿真面板”查看器中，手动触发强制信号并观察结果。可以看到，LIFT_UP 信号等于 R001_ToolAck[9] 信号，LIFT_DOWN 信号等于 R001_ToolAck[10] 信号等。

仿真面板

仿真	输入	输出	逻辑块	强制	强制值	地址
Spotweld Station						
LIFT_UP						I
LIFT_DOWN						I
LIFT_OPEN						I
LIFT_CLOSE						I
R001_ToolAck[9]						Q
R001_ToolAck[10]						Q
R001_ToolAck[11]						Q
R001_ToolAck[12]						Q

图 5-100

15 虽然仿真在循环运行，但并没有使用创建的模块信号进行驱动。接下来通过一个“软 PLC”将仿真命令替换为实际的交换信号，这将会使先前定义的智能组件起作用。

选择“操作树”查看器中的“R1 LOAD PART”和“R1 REMOVE PART”操作，（图 5-101），单击“路径编辑器”中的“向编辑器添加操作”命令按钮，将所选操作添加到“路径编辑器”中（图 5-102）。

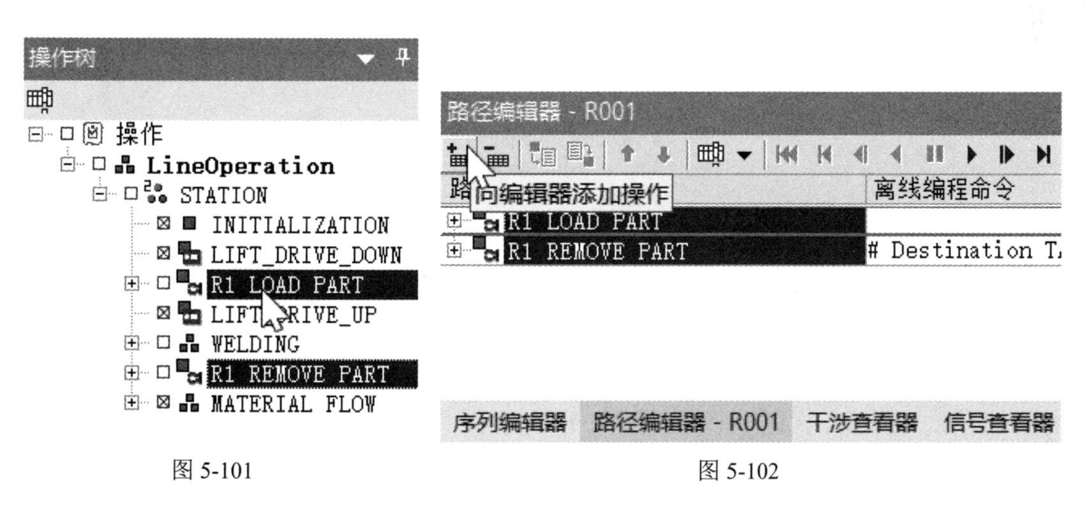

图 5-101　　图 5-102

16 在“路径编辑器”中，单击“R1 LOAD PART”中“Home1”位置对应的“离线编程命令”列所在的行（图 5-103），在弹出的对话框中，将“离线编程命令”列表框中 OLP 命令全部删除，然后单击“添加”命令按钮，完成如图 5-104 所示的更改。

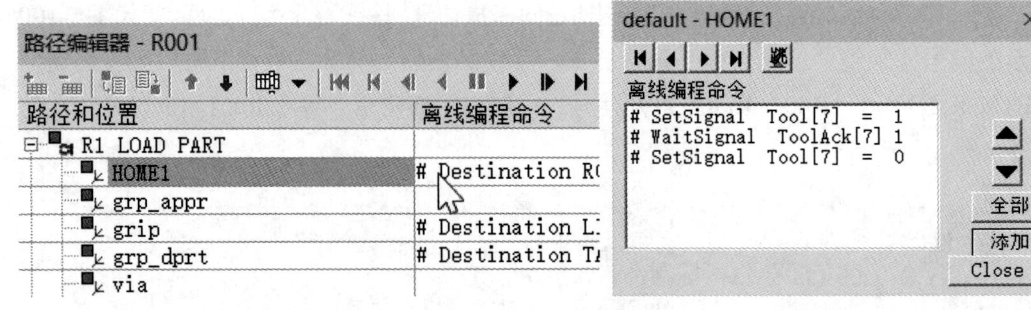

图 5-103　　图 5-104

重新指定的离线编程命令意思是，R001 机器人会发出一个 Tool[7]（抓手打开）的值为 true 的信号，等待 ToolAck[7]（抓手打开）的信号，然后将 Tool[7] 的值重置为 false 的信号。

17 参照上面的操作，完成“R1 LOAD PART”操作各位置“离线编程命令”的编辑修改，如图 5-105 所示。

操作	位置	离线编程命令	描述
R1 LOAD PART	Home1	# SetSignal Tool[7] = 1	Drive Gripper Open (Wait)
		# WaitSignal ToolAck[7] 1	
		# SetSignal Tool[7] = 0	
		# SetSignal Tool[11] = 1	Drive Lift Close (Wait)
		# WaitSignal ToolAck[11] 1	
		# SetSignal Tool[11] = 0	
		# SetSignal Tool[10] = 1	Drive Lift Down (Wait)
		# WaitSignal ToolAck[10] 1	
		# SetSignal Tool[10] = 0	
	grip	# SetSignal Tool[12] = 1	Drive Lift Open (Wait)
		# WaitSignal ToolAck[12] 1	
		# SetSignal Tool[12] = 0	
		# SetSignal Tool[8] = 1	Drive Gripper Close (Wait)
		# WaitSignal ToolAck[8] 1	
		# SetSignal Tool[8] = 0	
	grp_dprt	# SetSignal Tool[3] = 1	Drive Clamp 1 Open (no wait)
		# SetSignal Tool[9] = 1	Drive Lift Up (no wait)
	drop_appr	# WaitSignal ToolAck[3] 1	Wait Clamp 1 Open
		# SetSignal Tool[3] = 0	
	drop	# SetSignal Tool[7] = 1	Drive Gripper Open (Wait)
		# WaitSignal ToolAck[7] 1	
		# SetSignal Tool[7] = 0	
		# SetSignal Tool[4] = 1	Drive Clamp 1 Close (Wait)
		# WaitSignal ToolAck[4] 1	
		# SetSignal Tool[4] = 0	
	HOME1	# SetSignal Tool[1] = 1	Drive Table FWD (Wait)
		# WaitSignal ToolAck[1] 1	
		# SetSignal Tool[1] = 0	
		# WaitSignal ToolAck[9] 1	Wait Lift Up
		# SetSignal Tool[9] = 0	

图 5-105

18 参照上面的操作，完成“R1 REMOVE PART”操作各位置“离线编程命令”的编辑修改，如图 5-106 所示。

操作	位置	离线编程命令	描述
R1 REMOVE PART	R1 REMOVE PART	# SetSignal Tool[2] = 1 # WaitSignal ToolAck[2] 1 # SetSignal Tool[2] = 0	Drive Table HOME (Wait)
	grip	# SetSignal Tool[3] = 1 # WaitSignal ToolAck[3] 1 # SetSignal Tool[3] = 0 # SetSignal Tool[8] = 1 # WaitSignal ToolAck[8] 1 # SetSignal Tool[8] = 0	Drive Clamp 1 Open (Wait) Drive Gripper Close (Wait)
	drop	# SetSignal Tool[7] = 1 # WaitSignal ToolAck[7] 1 # SetSignal Tool[7] = 0	Drive Gripper Open (Wait)

图 5-106

19 最后，把升降机作为被机器人和 PLC 触发的智能组件来使用。需要对操作序列进行一些修改，步骤如下。

（1）在“序列编辑器”查看器中，单击附加在“LIFT_DRIVE_DOWN”操作上的信号事件 FIRST（图 5-107），使用 Ctrl + X（剪切）组合键将该信号事件粘贴到“INITIALIZATION”操作上，结果如图 5-108 所示。

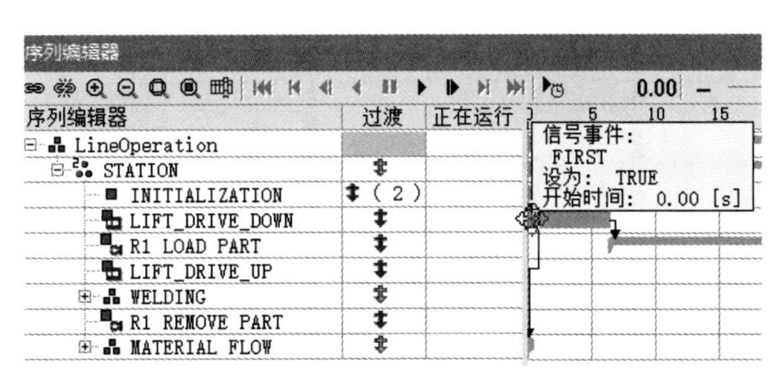

图 5-107

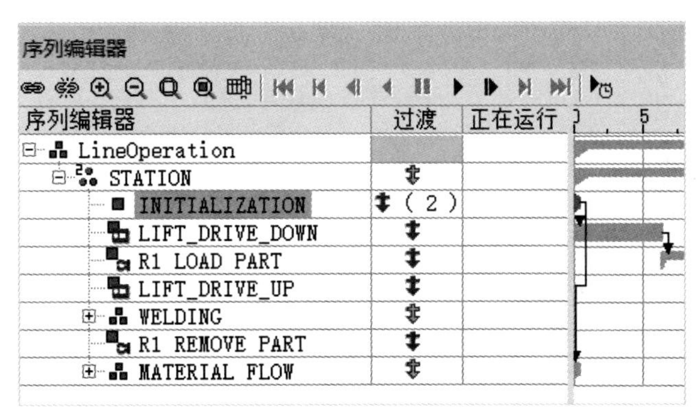

图 5-108

（2）选择“操作树”查看器上的“LIFT_DRIVE_DOWN”和“LIFT_DRIVE_UP”操作（图 5-109），然后按 Delete 键删除这两个操作，结果如图 5-110 所示。

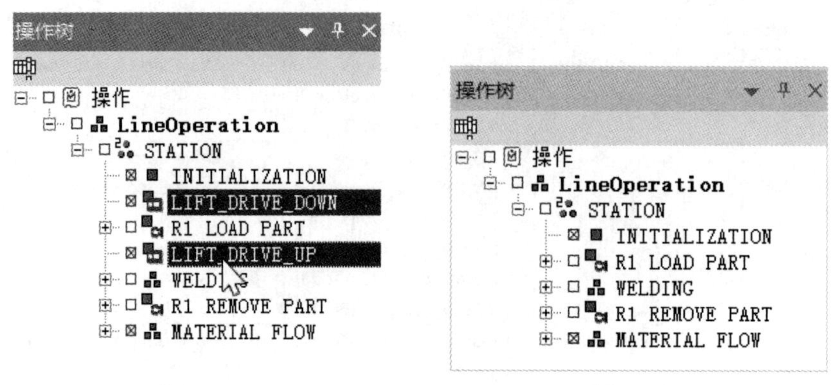

图 5-109　　图 5-110

（3）在“序列编辑器”查看器中，将“INITIALIZATION”和“R1 LOAD PART”操作重新连接（图 5-111），然后将“R1 LOAD PART”操作和“WELDING”复合操作连接，结果如图 5-112 所示。

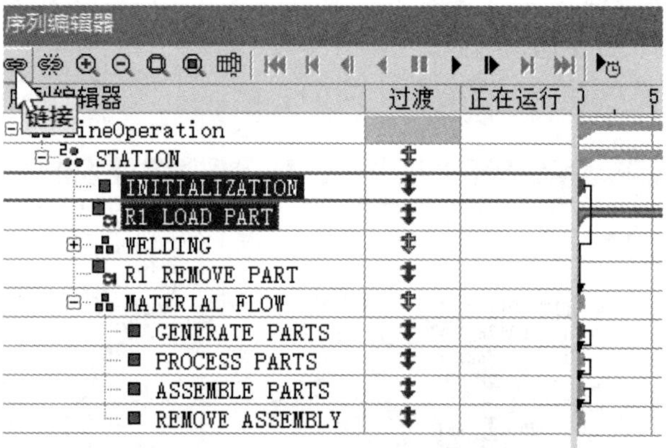

图 5-111

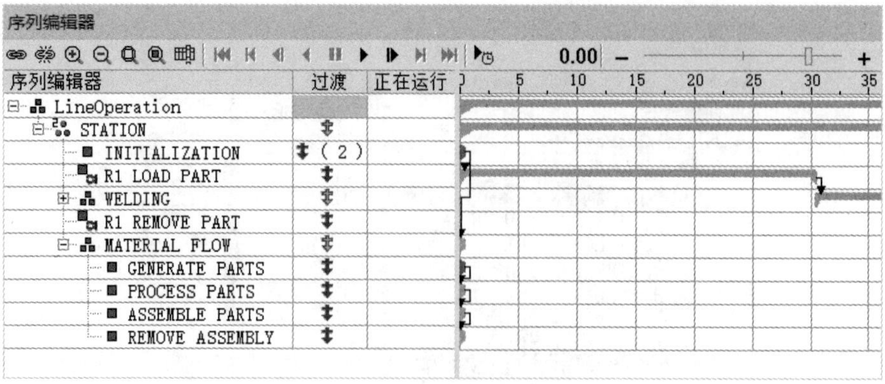

图 5-112

（4）在“序列编辑器”查看器中，将“INITIALIZATION”操作的过渡条件更改为 NOT FIRST OR "R1 REMOVE PART_end"（具体操作方法在前面已做过详细描述，此处不再赘述），结果如图 5-113 所示。单击“确定”按钮，退出对话框。

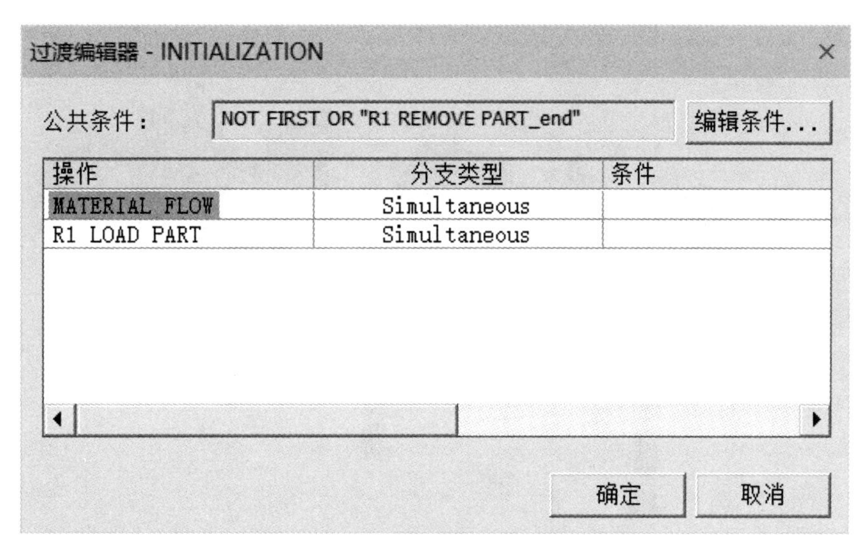

图 5-113

20 在“序列编辑器”查看器中，单击“正向播放仿真”按钮 ▸，运行仿真（注意，在仿真开始前，在仿真面板中将强制开关去掉），如图 5-114 所示。现在机器人“R001”和其他设备之间的信息交换是基于信号交换，并且机器人“R001”的程序可以下载到机器人。

仿真面板

仿真	输入	输出	逻辑块	强制	强制值	地址
Spotweld Station						
LIFT_To_Up						Q
LIFT_To_Down						Q
LIFT_To_Open						Q
LIFT_To_Close						Q
LIFT_Up						I
LIFT_Down						I
LIFT_Open						I
LIFT_Close						I
LIFT_LiftPosition	0.00				0.00	I

图 5-114

21 将完成的研究文件另外保存。

第6章 Process Simulate 输送机

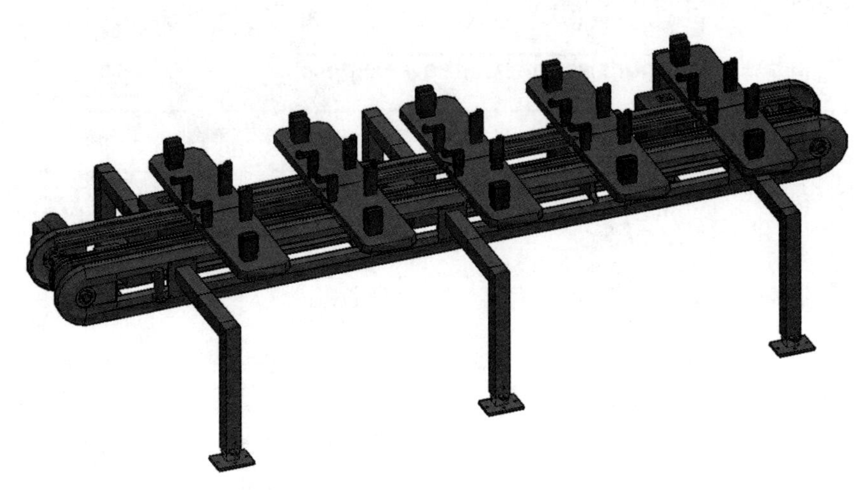

在工件（物料）自动配送和仓储过程中，输送机（机运线）是常用的一种设备，与计算机控制的托盘搬运设备相结合，可以更有效地进行零售、批发和制造配送。它还是一种节省劳动力的系统，可以使大量的货物在生产过程中快速流动，可以用更小的存储空间和更少的劳动成本运送或接收更多的货物。任何一种输送机（机运线）都涉及物料的流动。

在 Process Simulate 软件系统中，输送机（机运线）作为一种可重用的智能组件，在整个生产过程中，既可以作为独立的组件（单个大型输送机）使用，也可以作为分布式系统（多个输送机一起工作）使用。

6.1 输送机（机运线）类型介绍

在 Process Simulate 软件系统中，提供以下几种类型的输送机（机运线）。

1. 线性机运线。

通过起点坐标位置和终点坐标位置进行定义的直线输送机，如图 6-1 所示。当输送机（机运线）启动时，工件 / 滑橇在输送机（机运线）上以线性路径传输，工件 / 滑橇也会和机运线的输送表面发生摩擦碰撞。

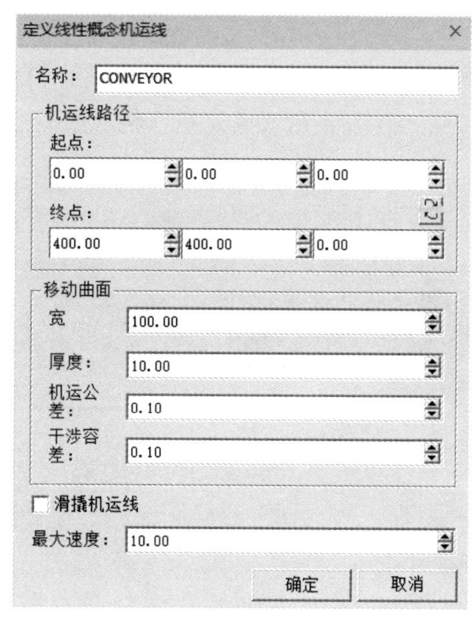

图 6-1

2. 角度机运线。

通过中点坐标位置、半径和起始角度、结束角度进行定义的圆弧形输送机，如图 6-2 所示。当输送机（机运线）启动时，工件 / 滑橇在输送机（机运线）上以圆弧形路径传输，工件 / 滑橇也会和机运线的输送表面发生摩擦碰撞。

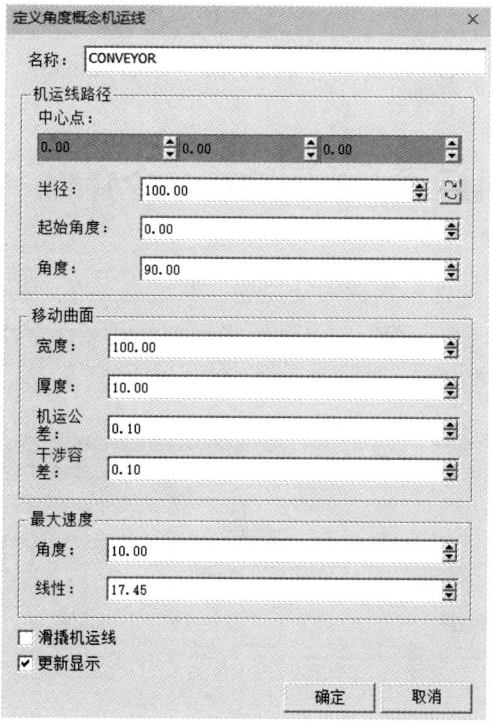

图 6-2

3. 概念机运线。

通过已有的3D曲线和起点位置与终点位置进行定义的3D曲线输送机（图6-3）。当输送机（机运线）启动时，工件/滑橇在输送机（机运线）上以曲线路径输送。

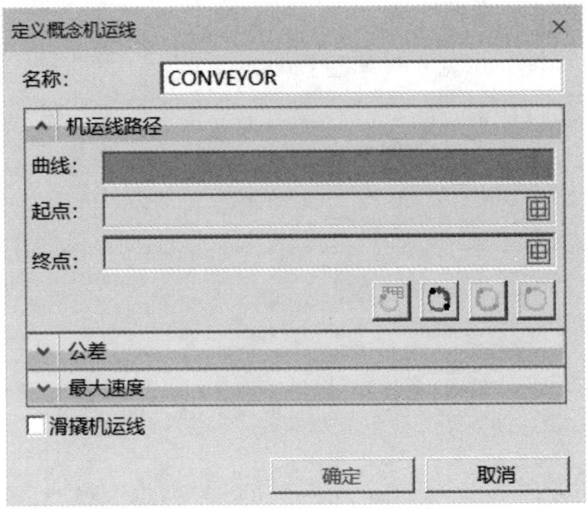

图 6-3

所有类型的输送机（机运线）都可以定义为直接传输工件（物料）或者传输附加了工件（物料）的滑橇，即定义为滑橇机运线。

在Process Simulate软件系统中，“概念机运线”是最新型的机运线，与以往类型的输送机（机运线）如线性和角度机运线相比，更快捷也更精确，还可以实现更复杂的输送轨迹，因此被普遍使用。接下来重点讲解“概念机运线”的定义及运用方法。

6.2 输送机（机运线）主要功能命令介绍

在Process Simulate软件系统应用环境中，我们通过在“控件”菜单栏“机运线”类型框中找到与输送机（机运线）定义、编辑相关的功能命令，如图6-4所示，通过这些功能命令，可以完成机运线、滑橇设备的定义与编辑。

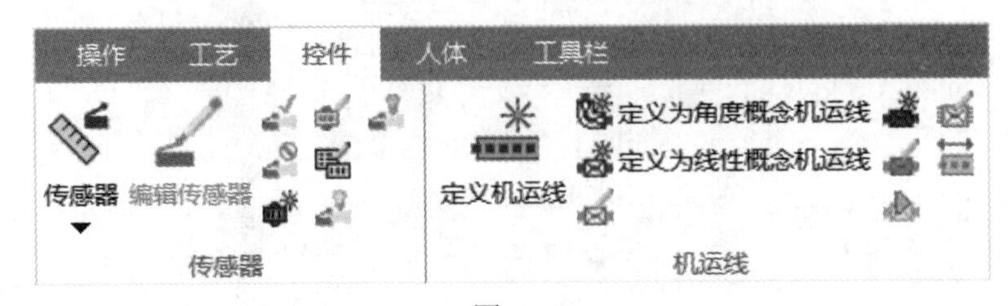

图 6-4

这些功能命令的主要用途如下。

1.“定义机运线”：用于创建一个沿着所选曲线路径进行物料传输的通用机运线。

2.“编辑概念机运线”：用于编辑修改现有机运线的相关设置参数。

3.“定义为角度概念机运线”：用于创建一个沿着圆弧路径进行物料传输的机运线。

4.“定义为线性概念机运线”：用于创建一个沿着直线路径进行物料传输的机运线。

5.“编辑机运线逻辑块”：用于编辑或添加相应的逻辑行为（例如开始和停止）到机运线中。

6.“定义可机运零件”：用于定义被常规机运线（非滑橇机运线）传输的工件（物料）。

7.“定义为概念滑橇”：用于将一个已有设备资源定义为滑橇，滑橇用于在（线性或者角度）滑橇机运线上传输工件。

8.“编辑概念滑橇”：用于编辑修改现有滑橇的设置。

6.3 “概念机运线”创建流程及对话框功能介绍

创建一条“概念机运线”的工作流程如下。

01 创建或者导入一条曲线作为输送曲线。

02 创建或者插入一个带或者不带几何体的机运线资源组件。

03 单击“定义机运线”命令按钮，弹出“定义概念机运线”对话框，如图 6-5 所示，进行机运线具体参数的定义。

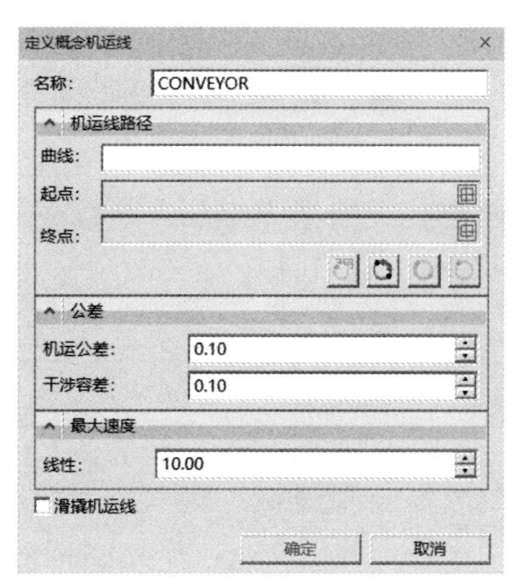

图 6-5

“定义概念机运线”对话框中各选项功能说明如下。

（1）名称：输送机（机运线）的名称。

（2）曲线：可以选择使用任何已有曲线，无论是封闭曲线还是开放曲线，是 2D 曲线或 3D 曲线。也可以通过创建一条新的曲线或者使用从外部 CAD 系统导入的曲线进行机运线（输送机）的定义。

如果在曲线上选择了起点和终点，则代表机运线的那部分曲线用黄颜色强调显示，其余部分则用浅蓝色表示。同时，黄色箭头方向表示机运线运行方向，如图 6-6 所示。

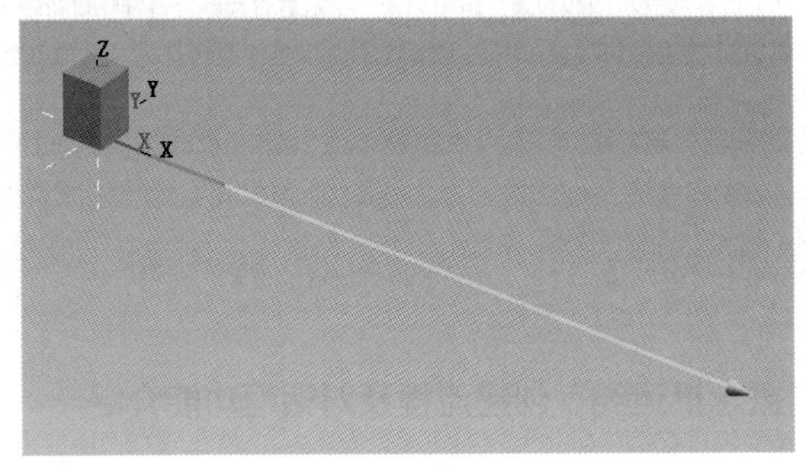

图 6-6 （有彩图）

（3）起点和终点。

- 起点：机运线的起点。
- 终点：机运线的终点。

（4）如果希望改变机运线运行方向，可以单击对话框中的反转方向命令按钮实现反向，如图 6-7 所示。

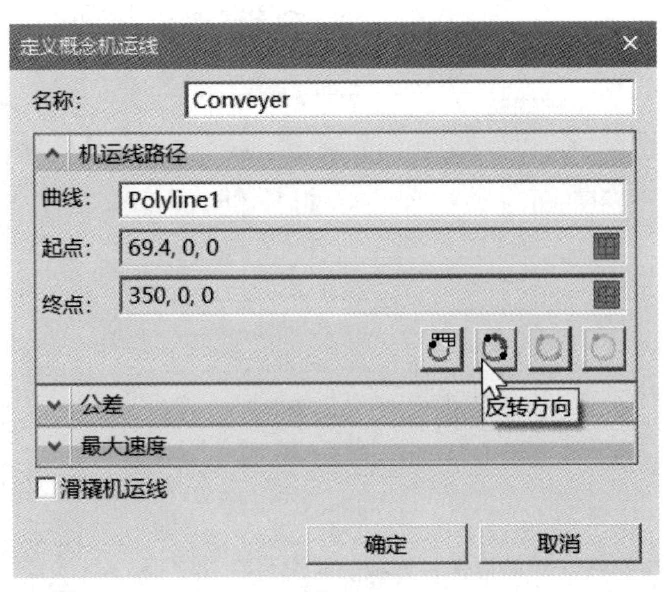

图 6-7

（5）公差。

- 机运公差：定义可输送工件与机运线之间的距离，用于确定输送工件。只有在“机运公差”范围内的物体才能被机运线输送，被选中的输送工件像放在机运线上一样移动。

- 干涉容差：定义可输送工件与机运线之间的距离，用于在干涉检查时是否考虑该工件。如果工件或滑橇在“干涉容差”范围内，但在“机运公差”范围外，则处于静止状态，应用程序在计算对象之间的干涉碰撞时将其考虑在内。如果工件超出了“干涉容差”范围，应用程序在计算对象之间的干涉碰撞时将其忽略。

（6）最大速度：设置机运线的最大输送速度，速度单位为 mm/s。

（7）滑橇机运线：勾选该复选框，将创建一条“滑橇机运线”，否则将创建一条普通机运线。如果定义为“滑橇机运线”，则需要定义机运线上的滑橇（用于装载工件）。如果定义为普通机运线，则需要定义输送的工件（物料）。

（8）如图 6-8 和图 6-9 所示，在“定义角度概念机运线”和“定义线性概念机运线”对话框中，还需设置“移动曲面”的“宽度”和“厚度”参数。通过该参数可以创建一个可视化的移动面，但不用于任何干涉碰撞检测或工件运输。

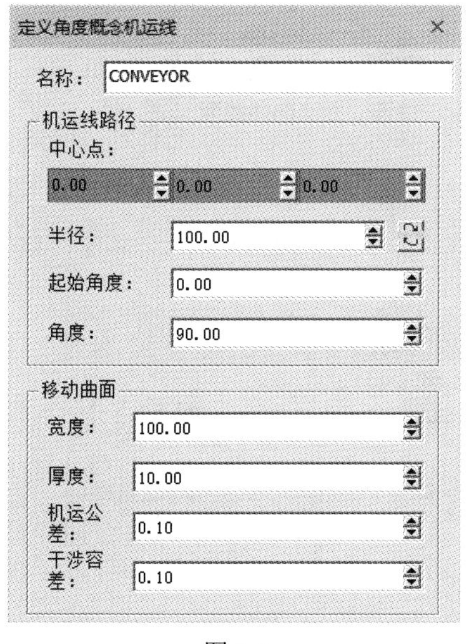

图 6-8

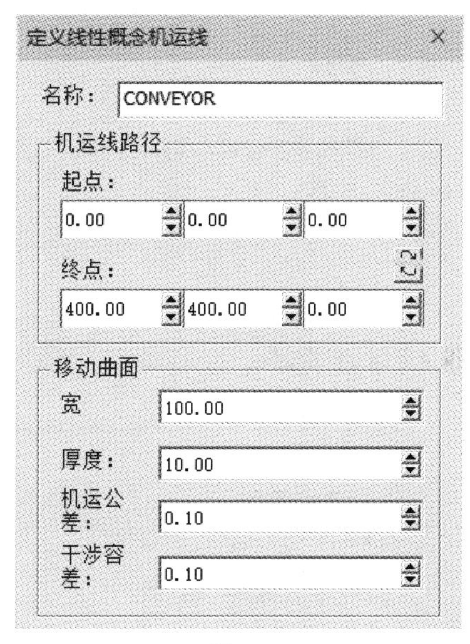

图 6-9

6.4 创建“概念机运线”过程简介

创建“概念机运线”需要三要素：机运线资源类型对象、曲线和工件。本节讲解“概念机运线”的创建过程。

01 选择“文件”菜单栏下的“断开研究”选项（图 6-10），在下拉菜单中选择“新建研究”选项（图 6-11），在弹出的“新建研究”对话框中单击“创建”按钮（图 6-12），完成新研究文件的创建。

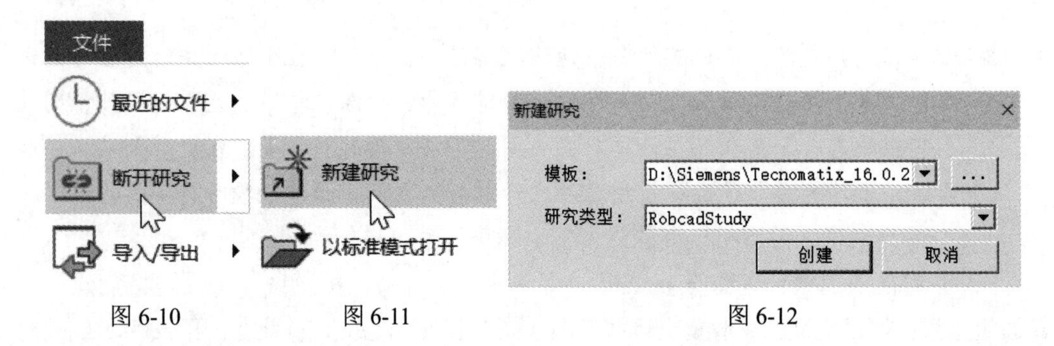

图 6-10　　图 6-11　　图 6-12

02 单击“建模”菜单栏中的“新建资源”命令按钮（图 6-13），弹出如图 6-14 所示的“新建资源”对话框，在“节点类型”列表框中选择“Conveyer”选项，然后单击“确定”按钮，退出“新建资源”对话框。

图 6-13

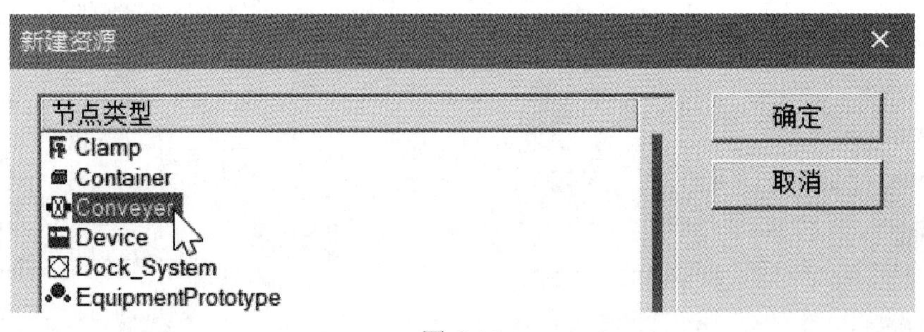

图 6-14

03 单击“建模”菜单栏中的“曲线”命令按钮（图 6-15），在下拉菜单中，选择“创建曲线”选项（图 6-16），弹出如图 6-17 所示的“创建曲线”对话框。

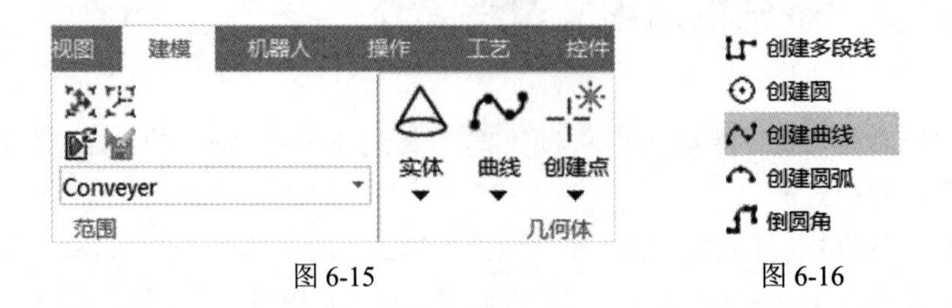

图 6-15　　图 6-16

04 在图形窗口中，依次单击四个位置，创建曲线上的四个点，如图 6-17 所示，完成如图 6-18 所示的曲线创建。

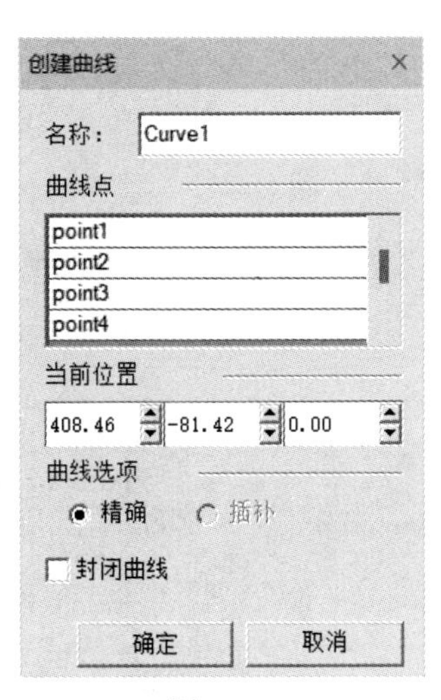

图 6-17

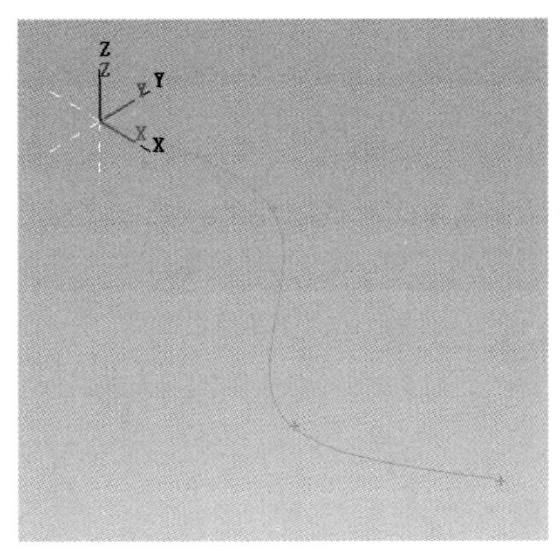

图 6-18

05 单击“建模”菜单栏中的“新建零件”命令按钮（图 6-19），弹出如图 6-20 所示的“新建零件”对话框，在“节点类型”列表框中选择“PartPrototype”选项，然后单击“确定”按钮，退出“新建零件”对话框。

图 6-19

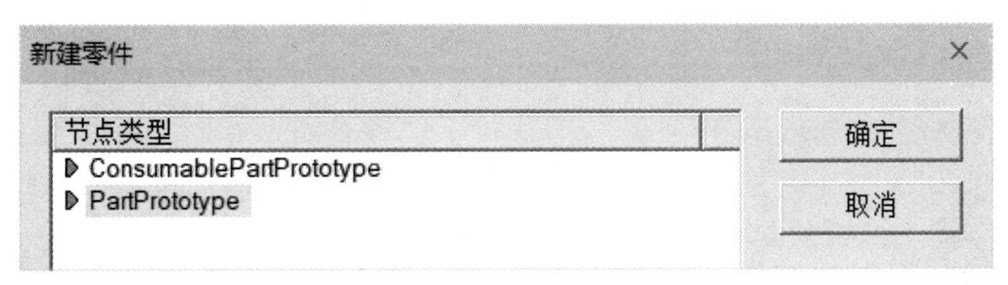

图 6-20

06 单击“建模”菜单栏中的“实体”命令按钮（图 6-21），在下拉菜单中选择“创建方体”选项（图 6-22），弹出如图 6-23 所示的“创建方体”对话框。

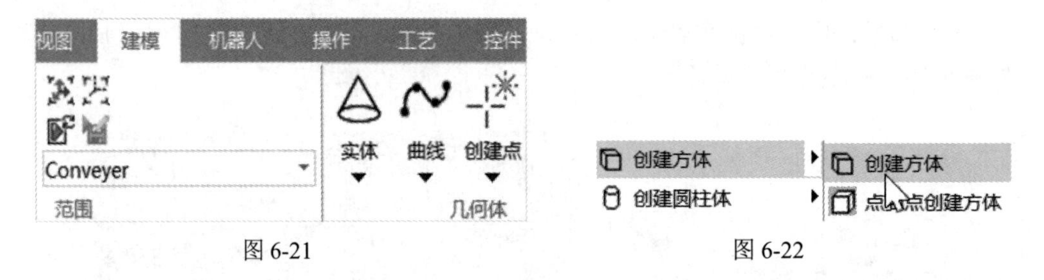

图 6-21　　图 6-22

07 在如图 6-23 所示的“创建方体”对话框中输入方体的各参数，单击“确定”按钮，退出“创建方体”对话框，结果如图 6-24 所示。

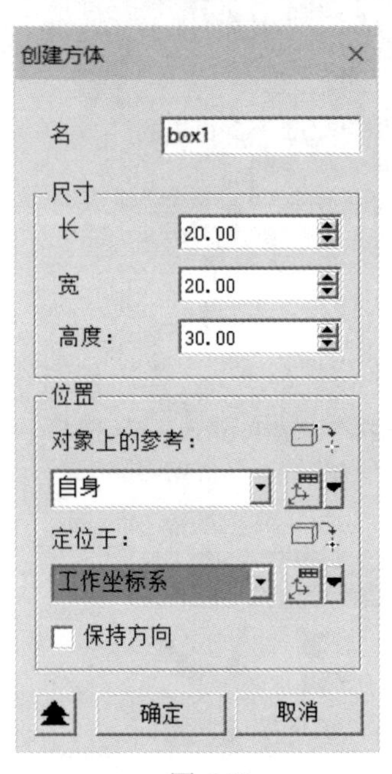

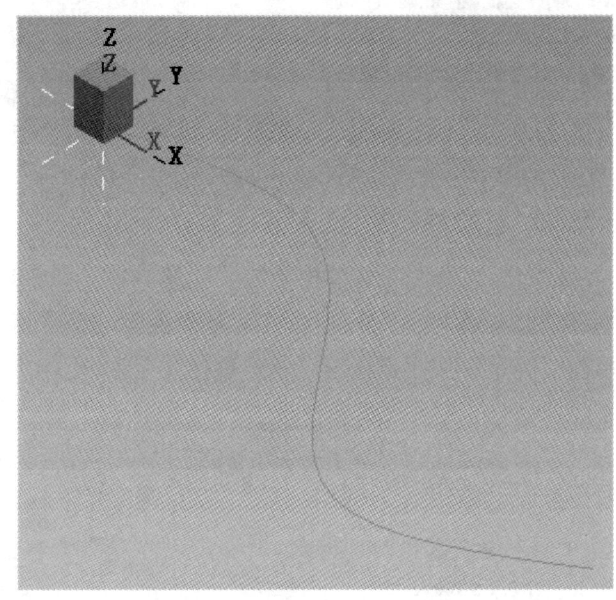

图 6-23　　图 6-24

08 单击“对象树”查看器中新创建的“机运线”资源对象“Conveyer”（图 6-25），然后单击“控件”菜单栏中的“定义机运线”命令按钮（图 6-26），弹出如图 6-27 所示的“定义概念机运线”对话框。

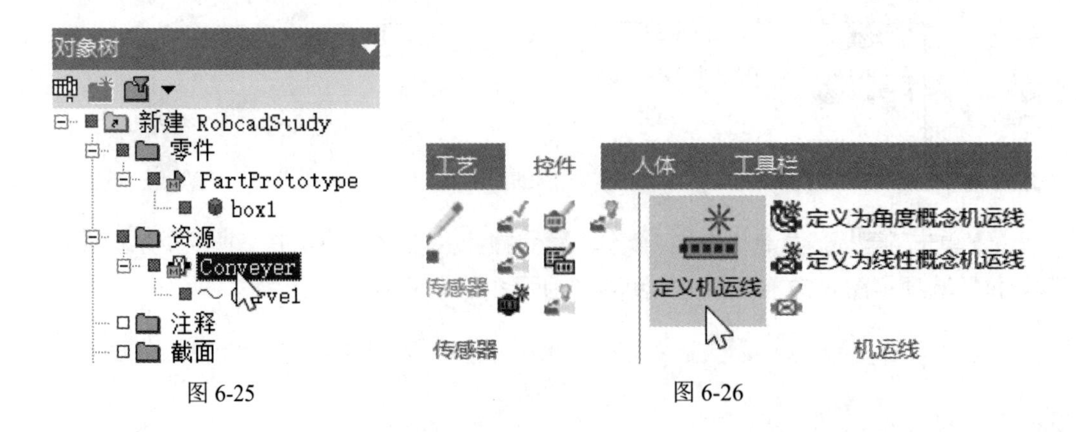

图 6-25　　图 6-26

09 单击“定义概念机运线”对话框中的“曲线”框（图 6-27），然后在图形窗口单击绘制的曲线（图 6-28），可以看到曲线颜色为黄色，同时显示出一个黄色箭头（箭头所指方向就是机运线传输方向）。单击“定义概念机运线”对话框中的“确定”按钮，退出对话框。

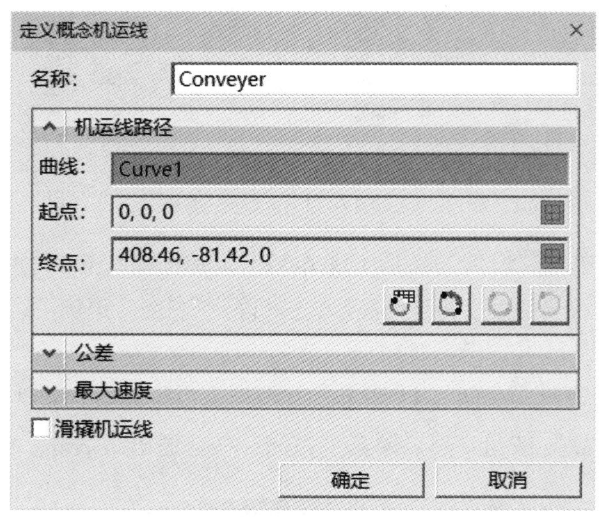

图 6-27

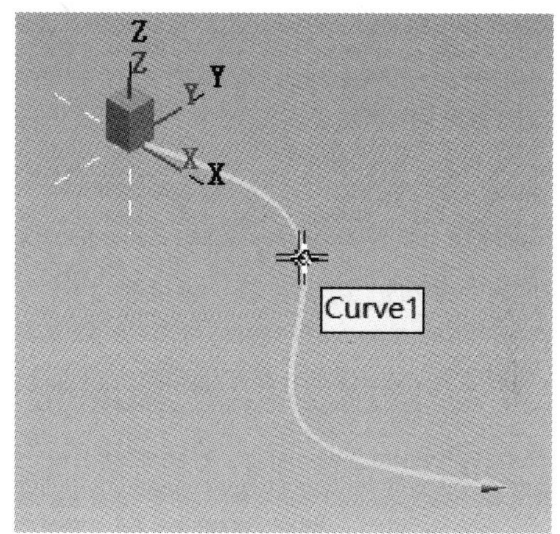

图 6-28 （有彩图）

10 单击“对象树”查看器中新创建的“零件”资源对象“PartPrototype”（图 6-29），然后单击“控件”菜单栏中的“定义可机运零件”命令按钮（图 6-30），在弹出的“定义可机运零件”对话框中按照默认值定义“机运坐标系”。单击“确定”按钮，退出对话框。

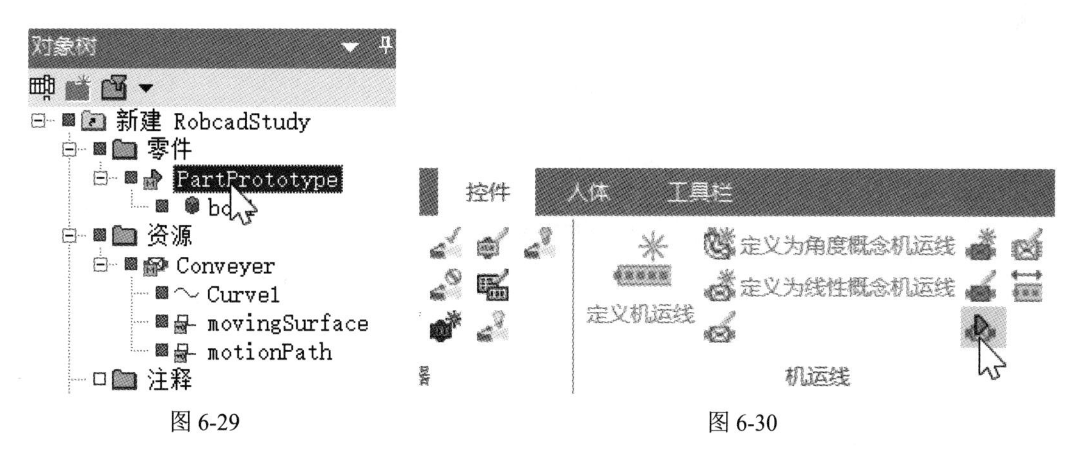

图 6-29　　图 6-30

11 到目前为止，一个简单的机运线已经创建完成。我们让定义的可机运零件沿着机运曲线运动起来。

单击“对象树”查看器中的“机运线”资源对象“Conveyer”（图 6-31），然后单击“控件”菜单栏中的“驱动机运线”命令按钮（图 6-32），弹出如图 6-33 所示的“驱动机运线”对话框。

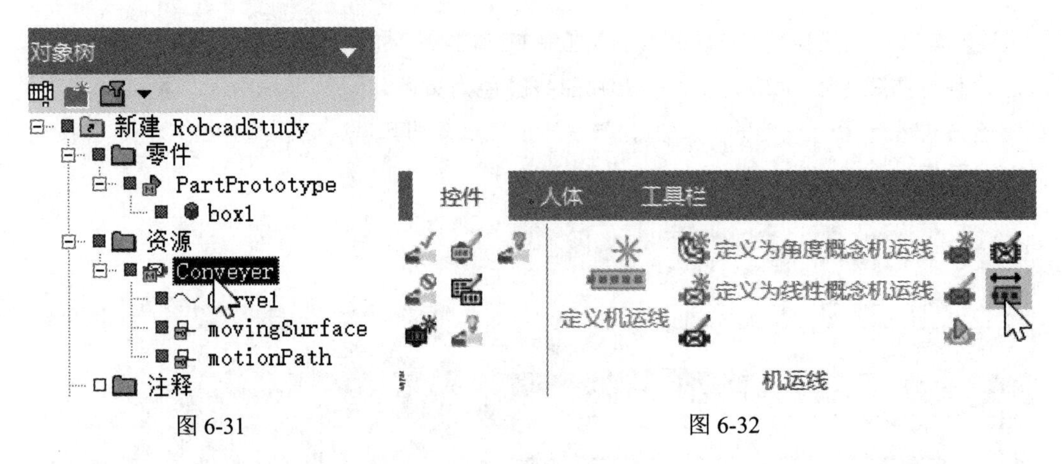

图 6-31　　图 6-32

12 在“驱动机运线”对话框中，单击“设置”按钮（图 6-33），弹出如图 6-34 所示的“驱动机运线设置”对话框，将“滑块灵敏度”调整为高。单击“确定”按钮，退出“驱动机运线设置”对话框。

在“驱动机运线”对话框中，拉动滑尺，如图 6-33 所示，在图形窗口可以看到工件在机运线上运动。单击对话框中的“重置”按钮，然后单击“关闭”按钮退出对话框。

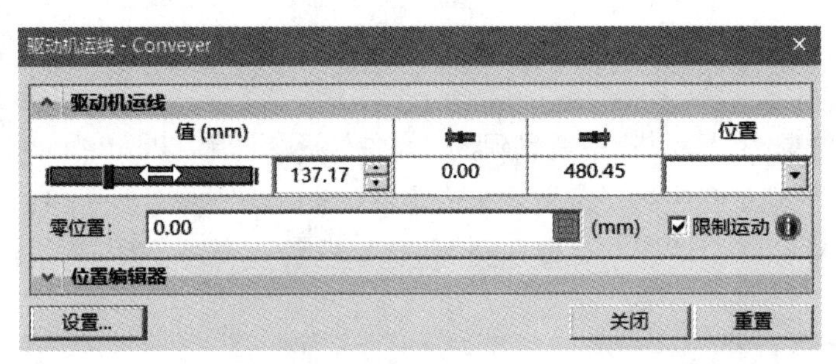

图 6-33

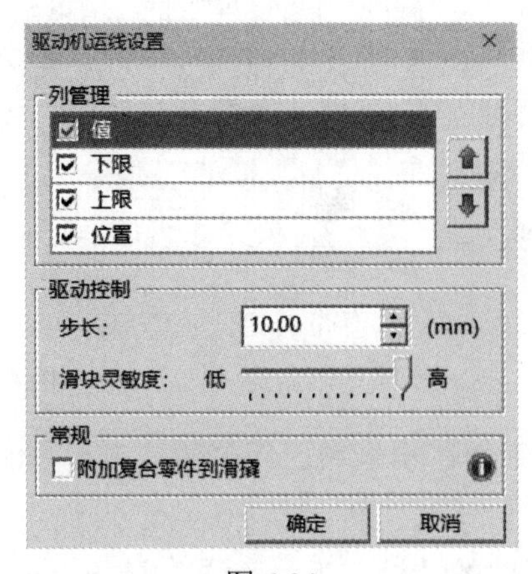

图 6-34

一个简单机运线的创建过程就完成了，通过这个简单的例子，也讲解了创建机运线所需的基本要素。但实际上机运线是一种“智能组件”，如何定义，将在后面进行讲解。

6.5 创建“可输送工件”和“滑橇”过程介绍

在 Process Simulate 软件系统中，可以创建多种类型的输送机（机运线），既可以创建普通机运线，也可以创建滑橇机运线；既可以是线性机运线，也可以是角度机运线。对于普通机运线而言，需要指定“可输送工件”（物料）；如果是滑橇机运线，则需要指定承载工件（物料）的滑橇。

01 定义“可输送工件”。

（1）单击“以生产线仿真模式打开研究”按钮，在弹出的“打开”对话框中选择“Session 6-Conveyors”文件夹中的“S06-E02.psz”研究文件。然后单击对话框中的“打开”按钮，系统将以生产仿真模式打开该研究文件。

（2）在“对象树”查看器的“零件”类别或者“外观”类别中，单击需要被输送机输送的工件，如图 6-35 和图 6-36 所示。

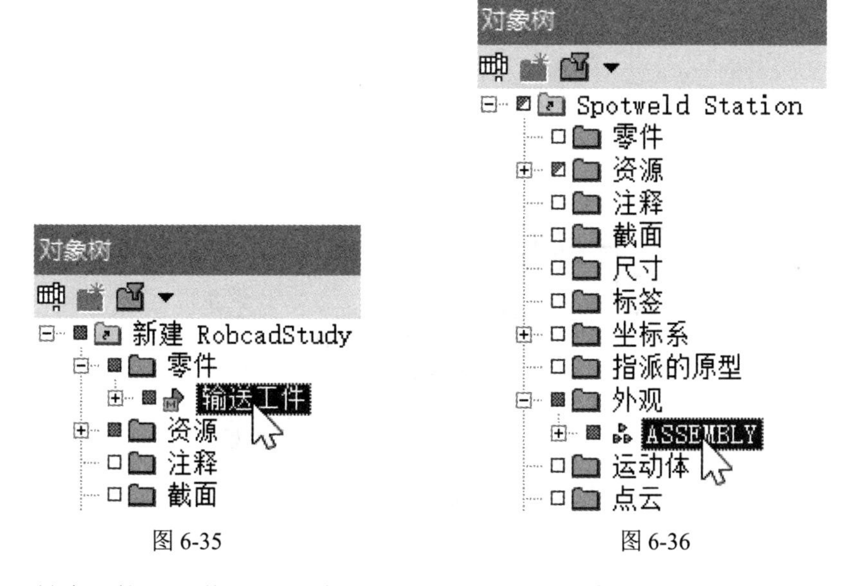

图 6-35　　图 6-36

（3）单击“控件”菜单栏中的“定义可机运零件”命令按钮（图 6-37），弹出如图 6-38 所示的“定义可机运零件”对话框。

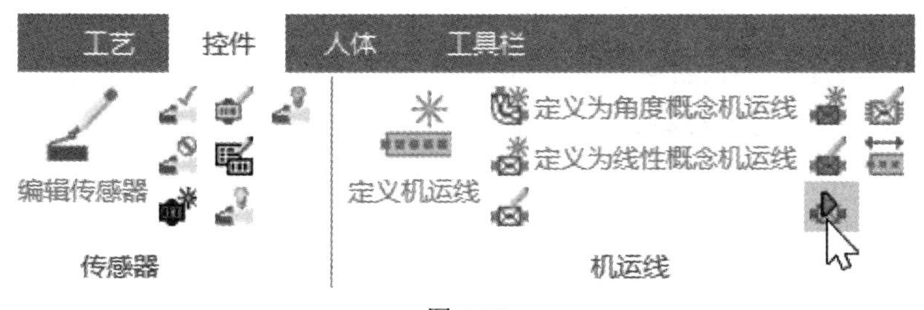

图 6-37

（4）在“定义可机运零件”对话框中的“机运坐标系”栏中，输入“可输送工件”坐标系的 X、Y、Z 坐标值。默认设置是坐标系原点位置位于“可输送工件”的底部中心。“可输送工件”的“机运坐标系”必须和机运线曲线接触。

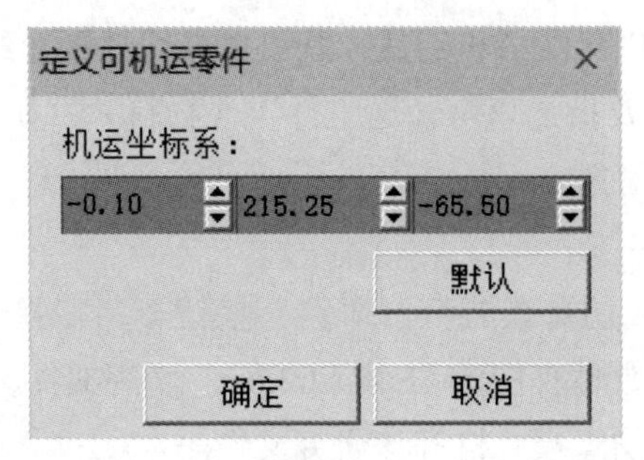

图 6-38

（5）单击“定义可机运零件”对话框中的“确定”按钮。选中的零件就被定义为“可输送工件”了。在仿真过程中，当该零件被放置在机运线上时，普通机运线就可以传输该零件了。

02 定义“滑橇”。

如果定义的机运线是“滑橇机运线”，则需要定义“滑橇”。工件（物料）被放置在“滑橇”上，如图 6-39 所示，随“滑橇”一起在机运线上传输。

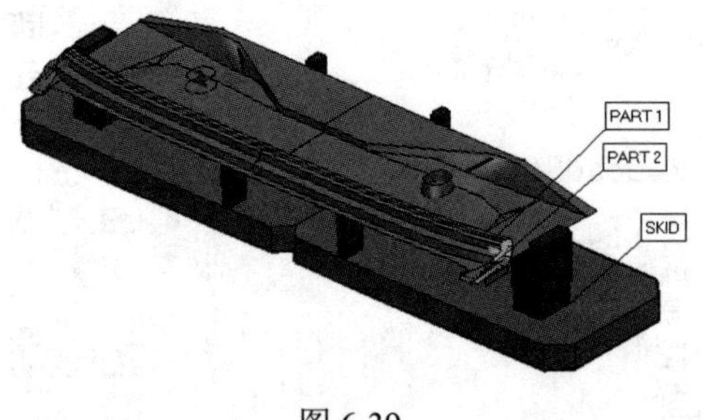

图 6-39

（1）单击“以生产线仿真模式打开研究”按钮，在弹出的“打开”对话框中选择“Session 6-Conveyors”文件夹中的“S06-E02.psz”研究文件。然后单击对话框中的“打开”按钮，系统将以生产线仿真模型打开该研究文件。

（2）在“对象树”查看器的“资源”类别中，单击需要被定义为滑橇的资源对象，如图 6-40 所示。注意，如果选中的资源对象不是“工作部件”，还需要通过“设置建模范围”命令，将该资源对象变为“工作部件”，如图 6-41 所示。

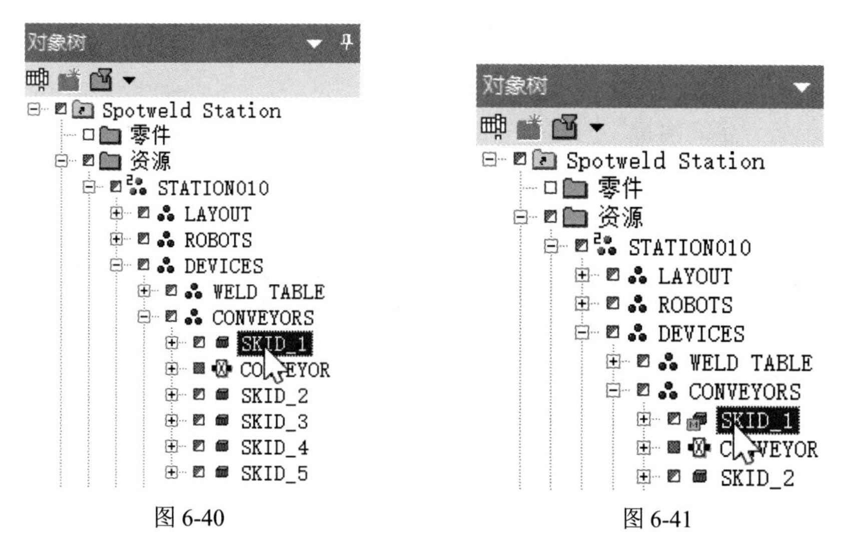

图 6-40　　　　图 6-41

（3）单击“控件”菜单栏中的“定义为概念滑橇”命令按钮（图 6-42），弹出如图 6-43 所示的“定义滑橇”对话框。

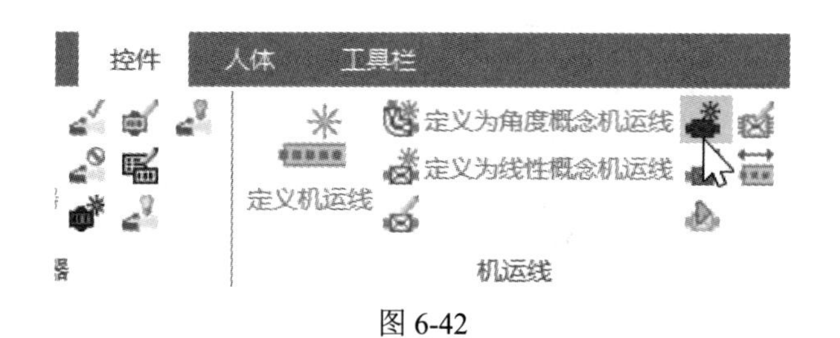

图 6-42

（4）在“定义滑橇”对话框的“机运坐标系”栏中，输入“滑橇”坐标系的 X、Y、Z 坐标值。默认设置是坐标系原点位置设置在滑橇底部中心。滑橇的“机运坐标系”必须和机运线曲线相接触。

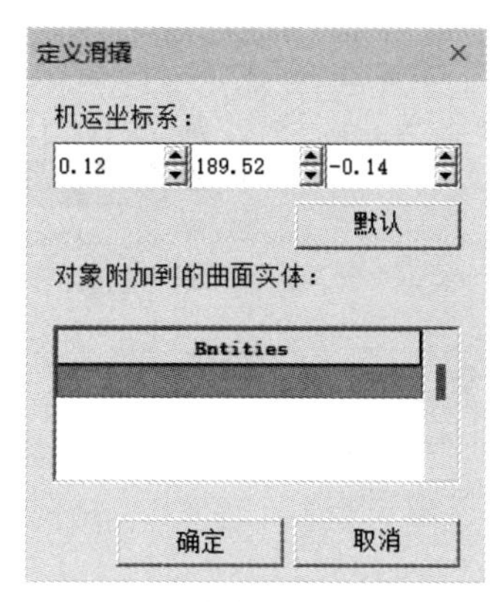

图 6-43

（5）单击“定义滑橇”对话框中的“对象附加到的曲面实体”栏的“Entities（实体）”列表框（图 6-43），然后在“对象树”查看器或者图形窗口中单击滑橇上的实体，将该实体添加到“Entities（实体）”列表框中，该实体作为附着在滑橇表面上的工件，将随着滑橇一起被机运线传输。

（6）单击“定义滑橇”对话框中的“确定”按钮，如图 6-43 所示，选中的资源对象就被定义为“滑橇”了。在仿真过程中，滑橇传输任何放置在其表面上的工件。

6.6 编辑“机运线逻辑行为”功能介绍

通过“编辑机运线逻辑块”命令可以添加选择的逻辑行为（如启动和停止）到机运线中。一旦逻辑被添加到机运线中，就可以使用“编辑逻辑资源”命令进行编辑修改。

01 单击“以生产线仿真模式打开研究”按钮，在弹出的“打开”对话框中选择“Session 6-Conveyors”文件夹中的“S06-E02.psz”研究文件。然后单击对话框中的“打开”按钮，系统将以生产线仿真模式打开该研究文件。

02 在“对象树”查看器的“资源”类别中，单击“CONVEYOR”资源对象，如图 6-44 所示。注意，如果选中的资源对象不是“工作部件”，则还需要通过“设置建模范围”命令，将该资源对象变为“工作部件”。

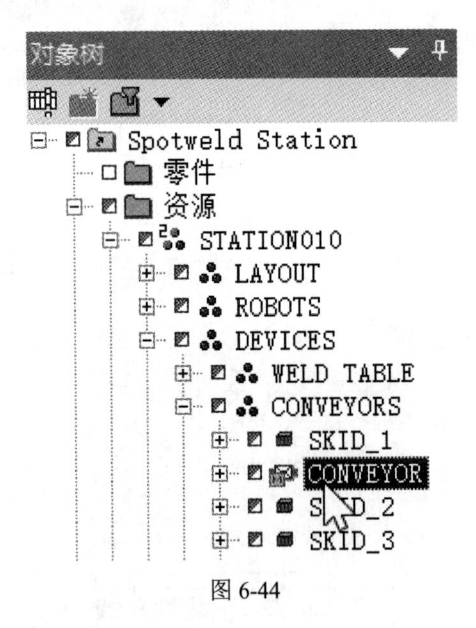

图 6-44

03 单击“控件”菜单栏中的“编辑机运线逻辑块”命令按钮（图 6-45），弹出如图 6-46 所示的“机运线操作”对话框。

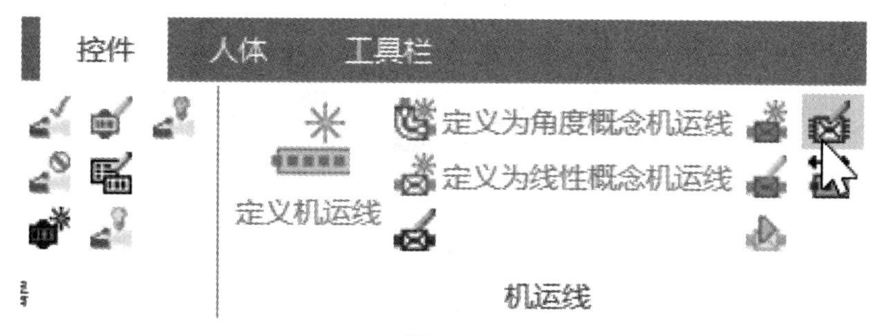

图 6-45

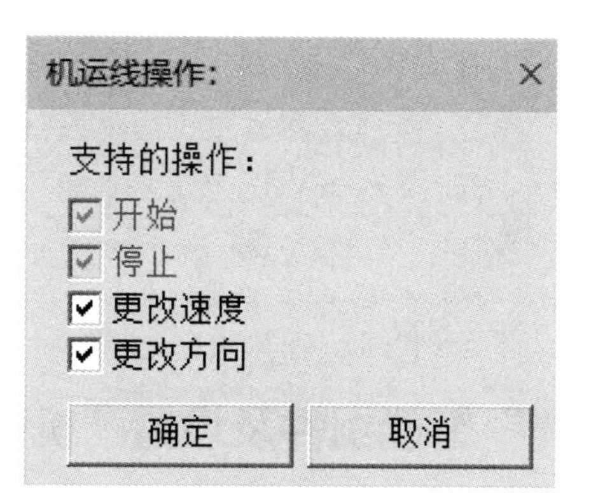

图 6-46

04 “机运线操作”对话框中各机运线操作的作用如图 6-47 所示。在“机运线操作”对话框中，勾选所需的机运线操作项，单击“确定”按钮，弹出如图 6-48 所示的“资源逻辑行为编辑器”对话框，完成机运线逻辑行为编辑后，单击“应用”按钮，再单击“确定”按钮，退出“资源逻辑行为编辑器”对话框。

操作动作	信号类型	描述
开始	Boolean	启动机运线。当启动信号的条件从 FALSE 变为 TRUE 时，机运线才启动，直到停止
停止	Boolean	停止机运线。当停止信号的条件从 FALSE 变为 TRUE 时，机运线才停止，直到启动
更改速度	Boolean	可以控制机运线运行速度。实际运行速度根据以下公式进行计算： **cur_speed + SPEED_STEP * (ChangeSpeed AND NOT prev_changeSpeed)** 其中 SPEED_STEP 在逻辑块中被定义为常数； 速度的变化是由以下表达式中的外部布尔值决定： **cur_speed * (ChangeSpeed AND NOT prev_changeSpeed)** 可以编辑这些表达式，并引入不同的公式来更改速度
更改方向	Boolean	支持双向输送机（机运线）。当改变方向信号的条件从 FALSE 变为 TRUE 时，机运线将改变方向。即使输送机处于运动状态，变化方向信号依然起作用

图 6-47

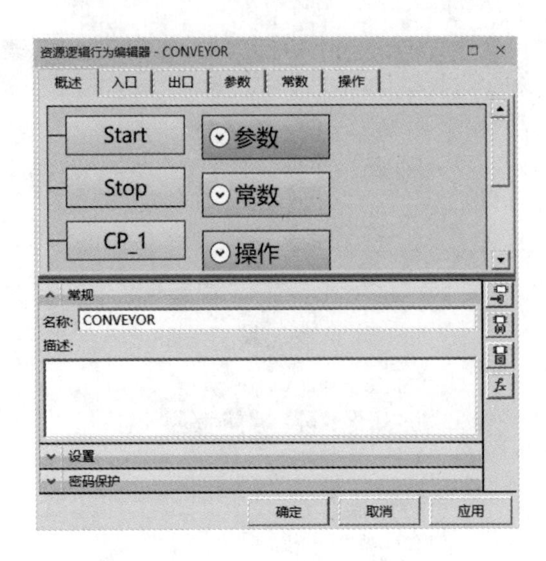

图 6-48

6.7 创建“机运线”智能组件及设置“机运线”控制点

下面通过一个应用案例来详细讲解“机运线”定义的完整过程。

01 单击“以生产线仿真模式打开研究”按钮，在弹出的“打开”对话框中选择“Session 6-Conveyors”文件夹中的“S06-E01.psz”研究文件，然后单击对话框中的“打开”按钮，系统将以生产线仿真模式打开该研究文件。

02 在“对象树”查看器的“资源”类别中，单击“CONVEYOR”资源对象，如图 6-49 所示。注意，如果选中的资源对象不是“工作部件”，则还需要通过“设置建模范围”命令，将该资源对象变为“工作部件”。

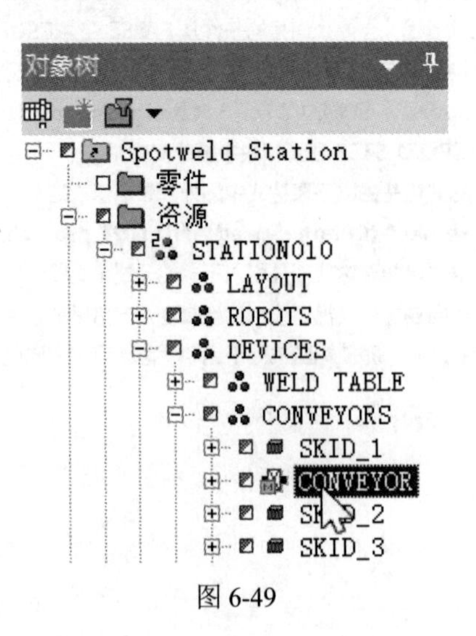

图 6-49

03 单击“控件”菜单栏中的“定义机运线”命令按钮（图 6-50），弹出如图 6-51 所示的“定义概念机运线”对话框，单击对话框“曲线”栏，然后单击“对象树”查看器中的“ConveyingCurve”曲线，将该曲线设为机运线曲线。

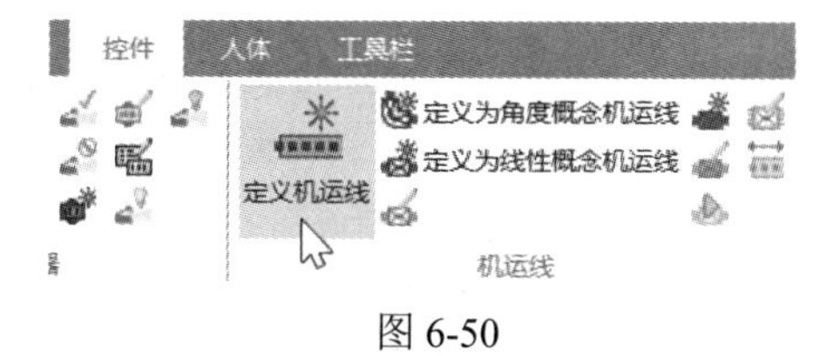

图 6-50

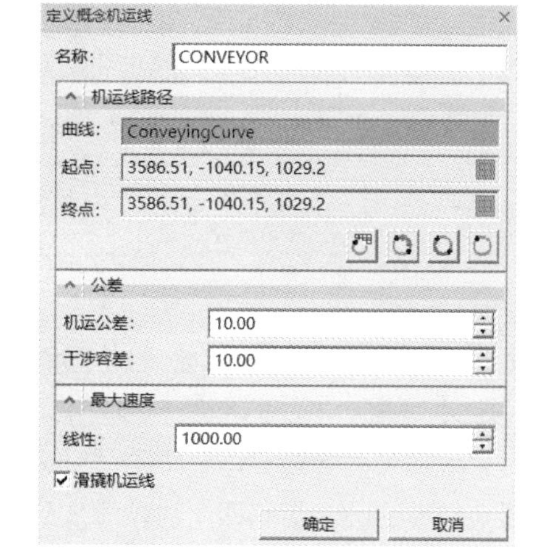

图 6-51

04 在如图 6-52 所示的“定义概念机运线”对话框中，单击“反转方向”命令按钮，结果如图 6-53 所示。在图 6-52 中，设置“最大速度”为 1000 mm/s，勾选“滑橇机运线”复选框，将此机运线定义为带着滑橇的机运线。

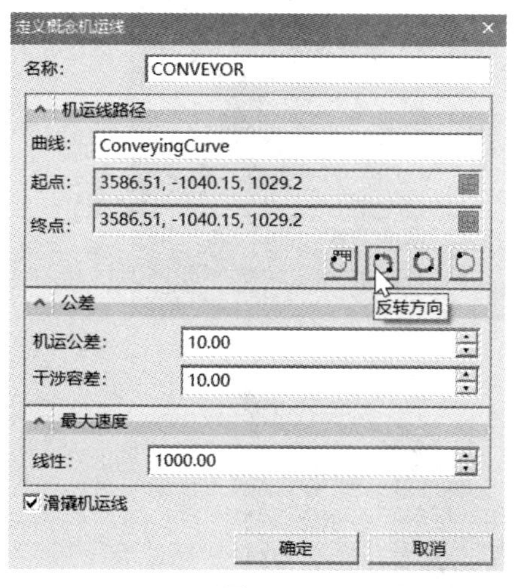

图 6-52

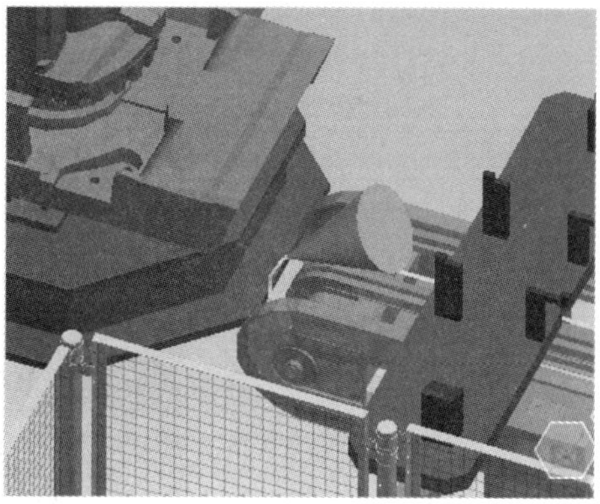

图 6-53

05 定义“滑橇”。

（1）在“对象树”查看器的“资源”类别中，单击“SKID_1”资源对象，如图 6-54 所示。注意，如果选中的资源对象不是“工作部件”，则还需要通过“设置建模范围”命令，将该资源对象变为“工作部件”。

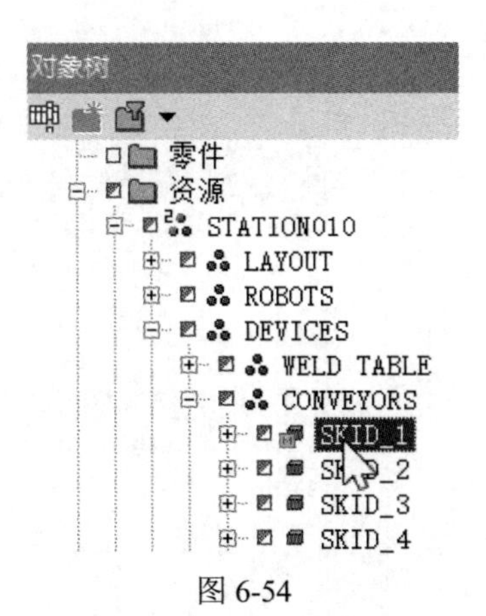

图 6-54

（2）单击“控件”菜单栏中的“定义为概念滑橇”命令按钮，弹出如图 6-55 所示的“定义滑橇”对话框，将“机运坐标系”设置为（0,0,0），如果如图 6-56 所示。单击“对象附加到的曲面实体”栏的“Entities（实体）”列表框，然后在图形窗口中依次单击图 6-57 中的对象，将四个对象添加到“Entities（实体）”列表框中，如图 6-55 所示，完成滑橇的定义。单击“确定”按钮，退出“定义滑橇”对话框。

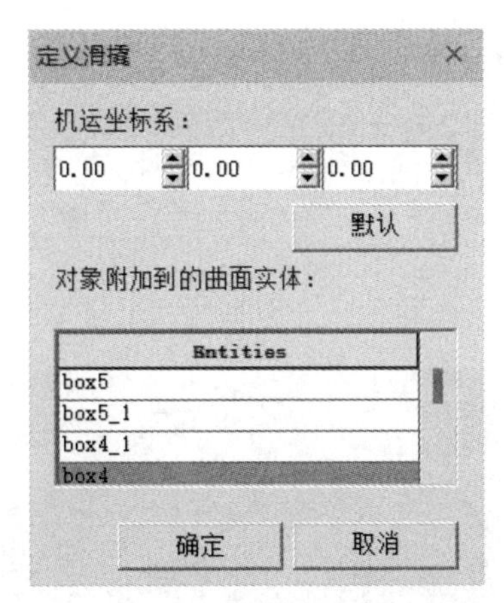

图 6-55

图 6-56

图 6-57

06 将逻辑添加到滑橇机运线，使其成为智能组件。

（1）在“对象树”查看器的“资源”类别中，单击“CONVEYOR”资源对象。

（2）单击“控件”菜单栏中的“编辑机运线逻辑块”命令按钮，弹出如图 6-58 所示的“机运线操作”对话框，勾选“开始”和“停止”复选框，单击“确定”按钮，弹出如图 6-59 所示的“资源逻辑行为编辑器”对话框。

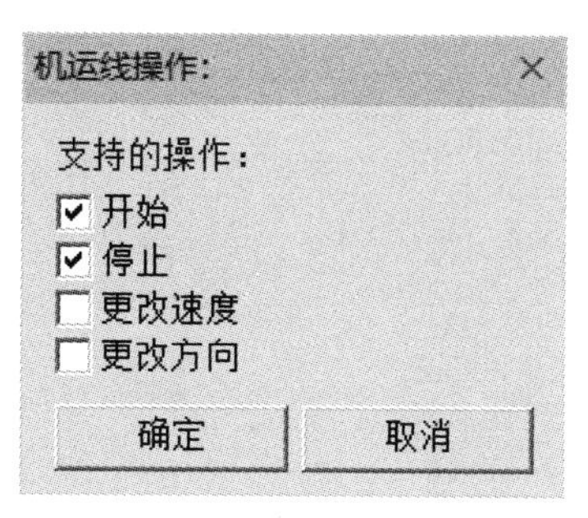

图 6-58

（3）在“资源逻辑行为编辑器”对话框中，查看添加到滑橇机运线上的逻辑，如图 6-59 所示，单击“应用”按钮。然后单击“确定”按钮，退出对话框。

图 6-59

07 在“对象树”查看器的“资源”类别中，单击“SKID_1”资源对象，如图 6-60 所示，然后单击“建模”菜单栏中的“结束建模”命令按钮，结束“SKID_1”的编辑工作。可以看到其余几个“滑橇”自动完成了滑橇定义，如图 6-61 所示。

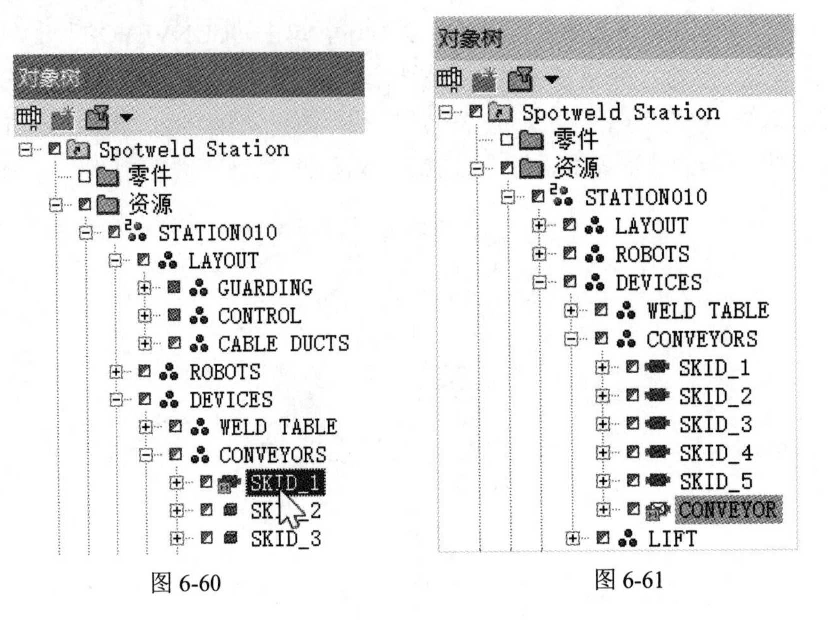

图 6-60　　　　图 6-61

08 同理，在“对象树”查看器的“资源”类别中，单击“CONVEYOR”资源对象，如图 6-61 所示。然后单击“建模”菜单栏中的“结束建模”命令按钮，结束“CONVEYOR”的编辑工作。结果如图 6-62 所示。

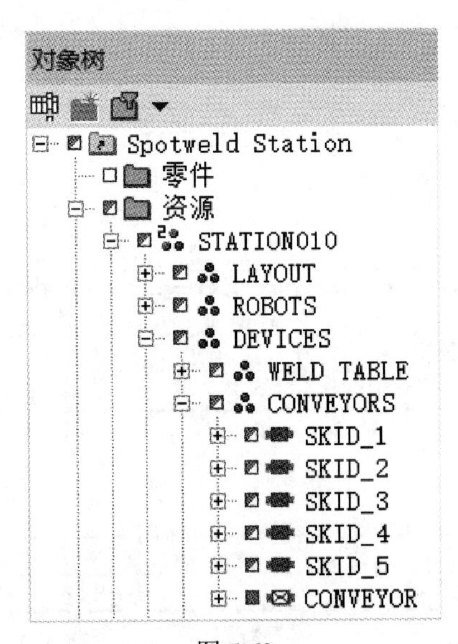

图 6-62

09 单击“仿真面板”查看器中的“添加逻辑块到查看器”命令按钮（图 6-63），在弹出的“添加逻辑块元素”对话框中，将机运线“CONVEYOR”的“CONVEYOR.Start”和“CONVEYOR.Stop”逻辑元素添加到“要添加的元”列表框，如图 6-64 所示。单击“确定”按钮，退出对话框。

图 6-63

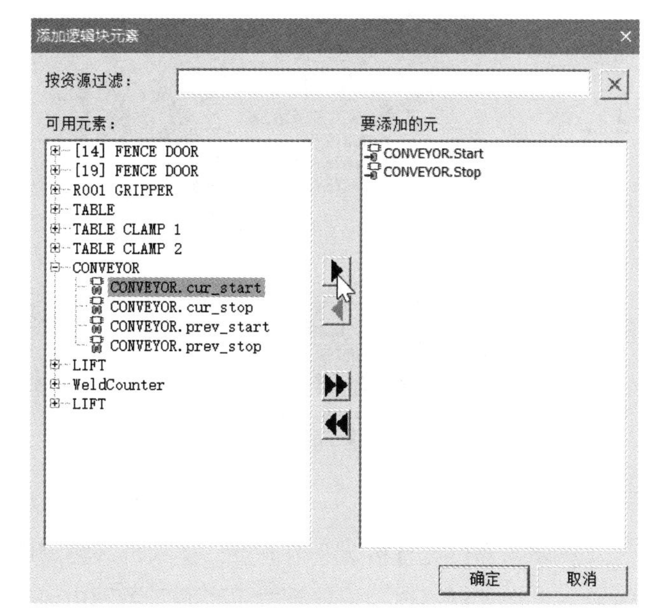

图 6-64

10 在“信号查看器”面板中，单击“CONVEYOR_Position”信号，然后单击“仿真面板”查看器中的“添加信号到查看器”命令按钮（图 6-65），将该信号也添加进“仿真面板”查看器，结果如图 6-66 所示。当机运线启动时，“CONVEYOR_Position”信号会显示当前机运线所在的位置，通常用于机器人跟踪，也用于调试目的。

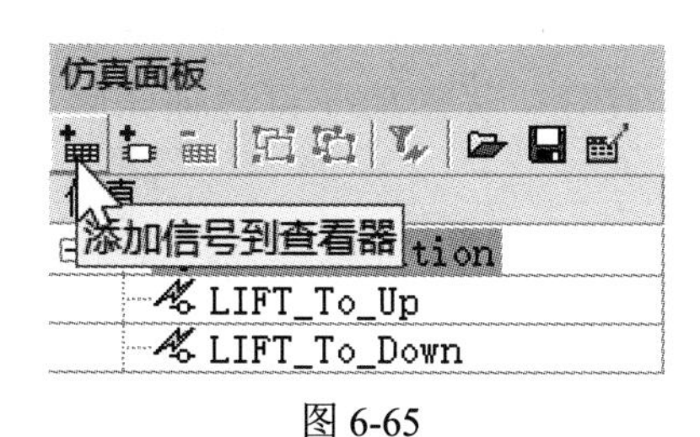

图 6-65

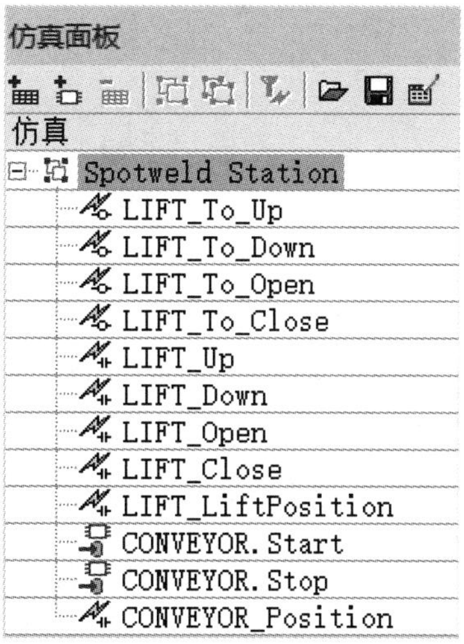

图 6-66

11 在“仿真面板”查看器中，将“CONVEYOR.start”的“强制”选项设为 true，如图 6-67 所示。然后单击“序列编辑器”查看器中的“正向播放仿真”按钮▶（图 6-68），可以看到滑橇机运线开始连续运转，但滑橇并没有停在正确的位置等待装载工件。

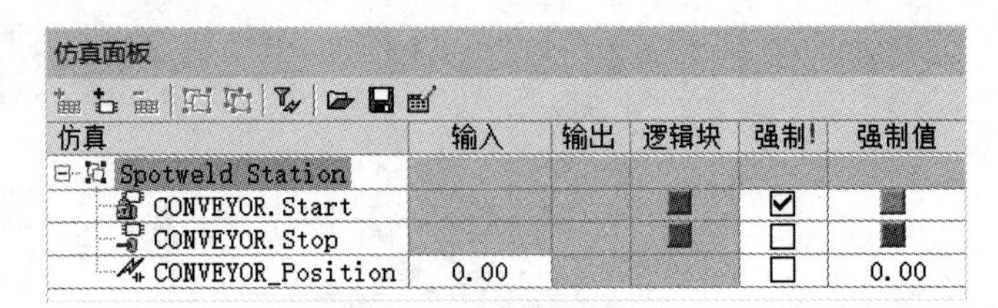

图 6-67

图 6-68

12 下面通过设置机运线控制点，实现机运线滑橇按照要求进行运动。

（1）在“对象树”查看器的“资源”类别中，单击“CONVEYOR”资源对象，然后单击“建模”菜单中的“设置建模范围”命令按钮（图 6-69），将“CONVEYOR”资源对象变为“工作部件”，如图 6-70 所示。

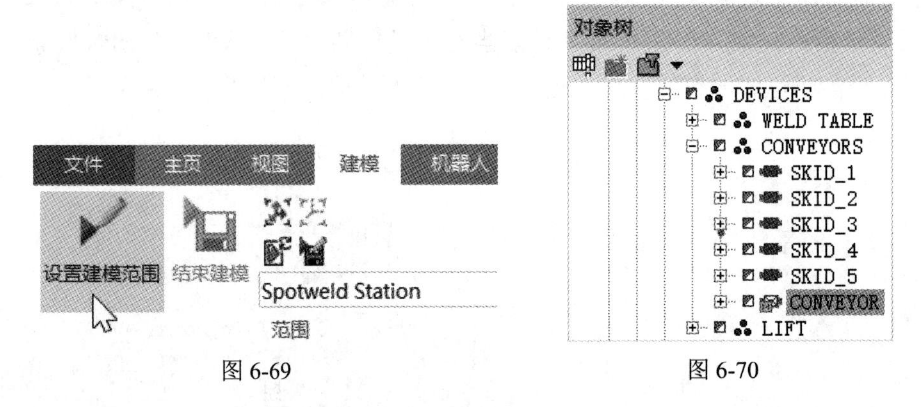

图 6-69　　图 6-70

（2）单击“控件”菜单中的“编辑机运线逻辑块” 命令按钮，弹出如图 6-71 所示的“机运线操作：”对话框，单击“确定”按钮，弹出如图 6-72 所示的“资源逻辑行为编辑器”对话框。

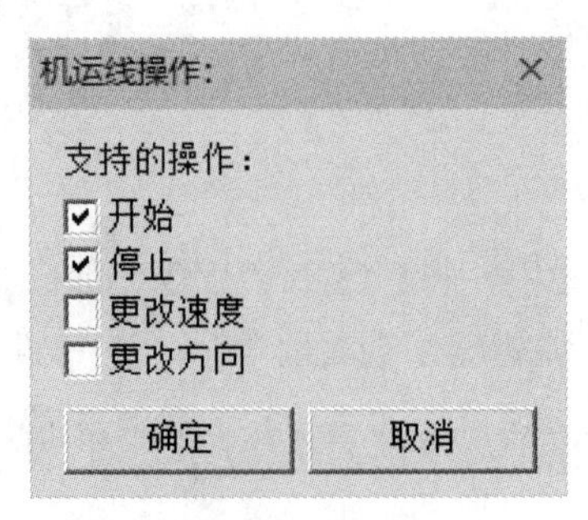

图 6-71

（3）在“资源逻辑行为编辑器”对话框中，单击“入口”折页项，再新添加“CP_1”和“CP_2”两个 BOOL 信号，对四个入口信号添加连接信号为“输出信号”。结果如图 6-72 所示。

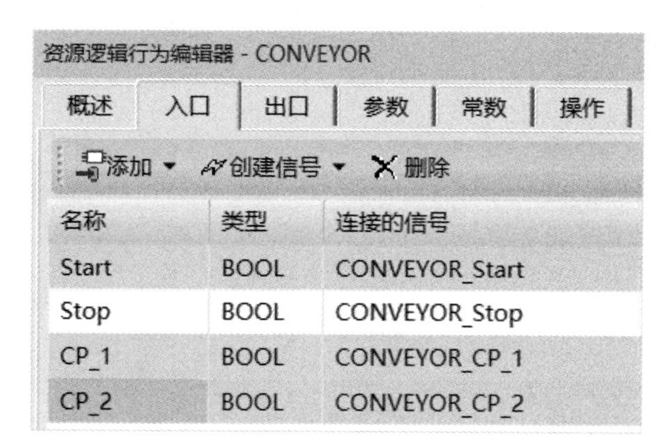

图 6-72

（4）单击“控件”菜单栏中的“编辑概念机运线”命令按钮（图 6-73），在弹出的“定义概念机运线”对话框中单击“控制点”命令按钮（图 6-74），弹出如图 6-75 所示的“控制点”对话框。

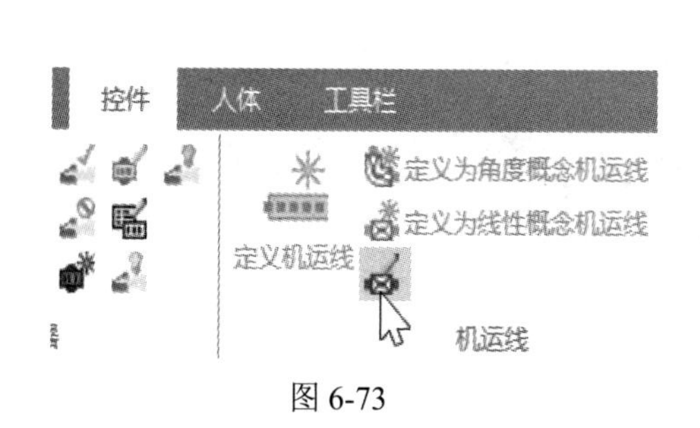

图 6-73

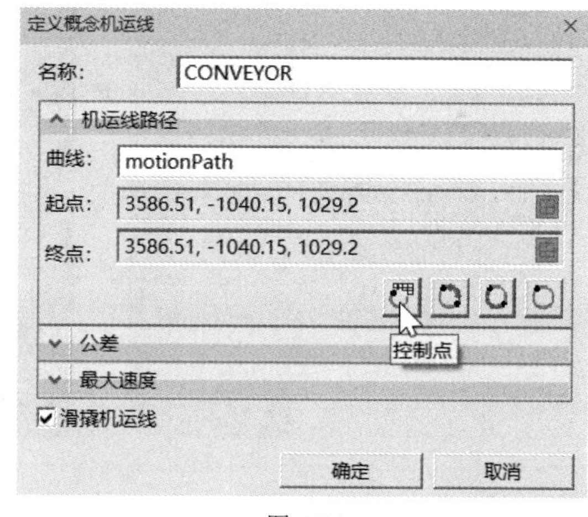

图 6-74

（5）在“控制点”对话框中，单击“创建控制点”命令按钮，控制点名称为 CP_1，选择滑橇“SKID_1”上的点（图 6-76）作为滑橇停止点，勾选“止动”复选框；“条件表达式”输入 NOT CONVEYOR_CP_1。

再次单击“创建控制点”命令按钮，控制点名称为 CP_2，选择机运线曲线上的点（图 6-77）作为其他滑橇的停止点，勾选“止动”复选框，“条件表达式”输入 NOT CONVEYOR_CP_2，结果如图 6-75 中①所示。单击两次“确定”按钮退出对话框。

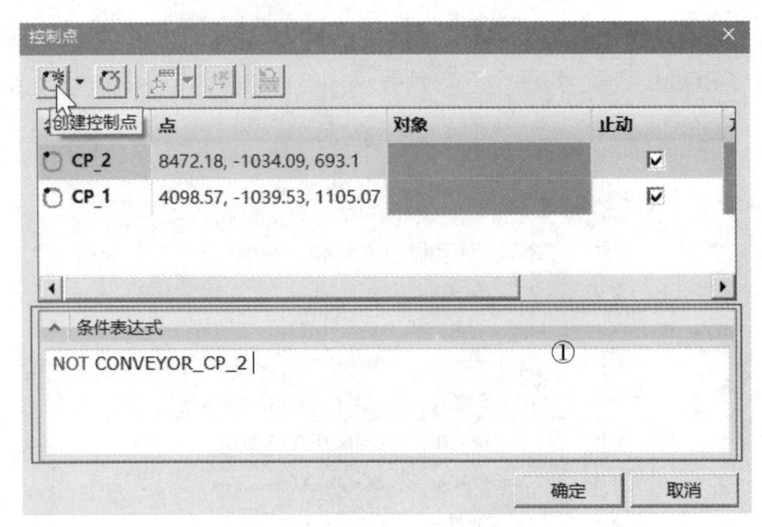

图 6-75

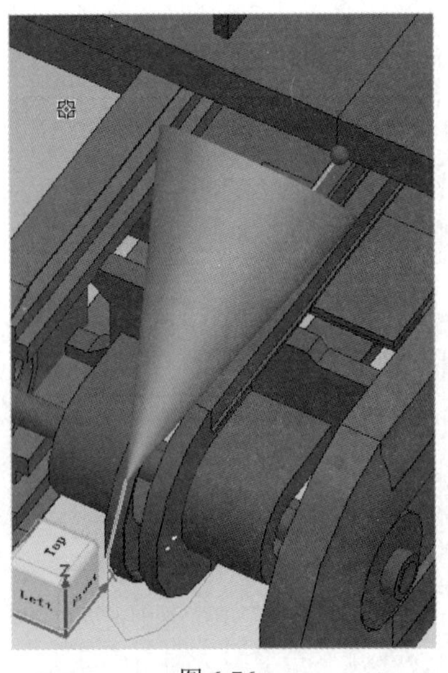

图 6-76

图 6-77

至此，滑橇线控制点设置完成。

13 在“信号查看器”面板中，选择“CONVEYOR_CP_1”和“CONVEYOR_CP_2”信号，然后单击“仿真面板”查看器中的“添加信号到查看器”命令按钮，将这两个信号也添加进“仿真面板”查看器，结果如图 6-78 所示。将“CONVEYOR.start”的“强制”项设为 true，如图 6-78 所示，然后通过强制“CONVEYOR_CP_1”和“CONVEYOR_CP_2”信号为 true，可以看到滑橇立即从不同停止点位置被释放出来。

14 滑橇机运线的滑橇停止点位置的触发，应该是由机器人 R001 和 PLC 程序控制的。另外，还需要创建一个新的模块（模组）“CONVEYOR”，用于处理滑橇机运线的逻辑。步骤如下。

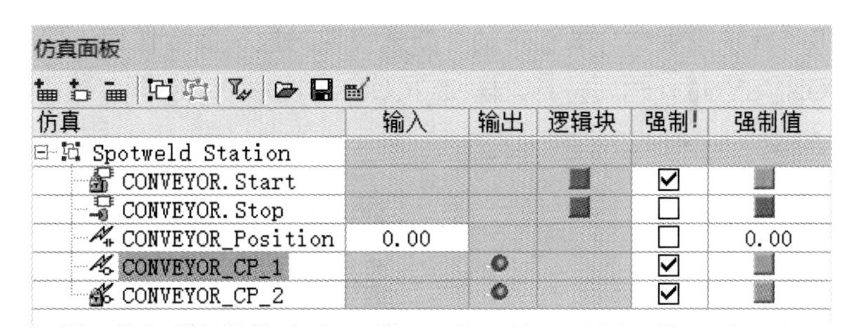

仿真面板

仿真	输入	输出	逻辑块	强制!	强制值
Spotweld Station					
CONVEYOR.Start			■	☑	
CONVEYOR.Stop			■	☐	
CONVEYOR_Position	0.00			☐	0.00
CONVEYOR_CP_1		●		☑	
CONVEYOR_CP_2		●		☑	

图 6-78

（1）将机器人 R001 与滑橇机运线进行通信的相关信号添加到机器人中。在“对象树”查看器的“资源”类别中，单击“R001”机器人，然后，单击“控件”菜单栏中的“机器人信号”命令按钮，弹出如图 6-79 所示的“机器人信号”对话框。

（2）在“机器人信号”对话框中，单击“导入信号”命令按钮，在打开的对话框中，浏览到 Session 6-Conveyors\S06E02-SysRoot\PLC\Session 6\ R001 Signal List - Full.xls 文件，单击“打开”按钮，单击“应用”按钮。单击“确定”按钮。要退出“机器人信号”对话框。完成机器人 R001 所需信号的导入。结果如图 6-79 所示。

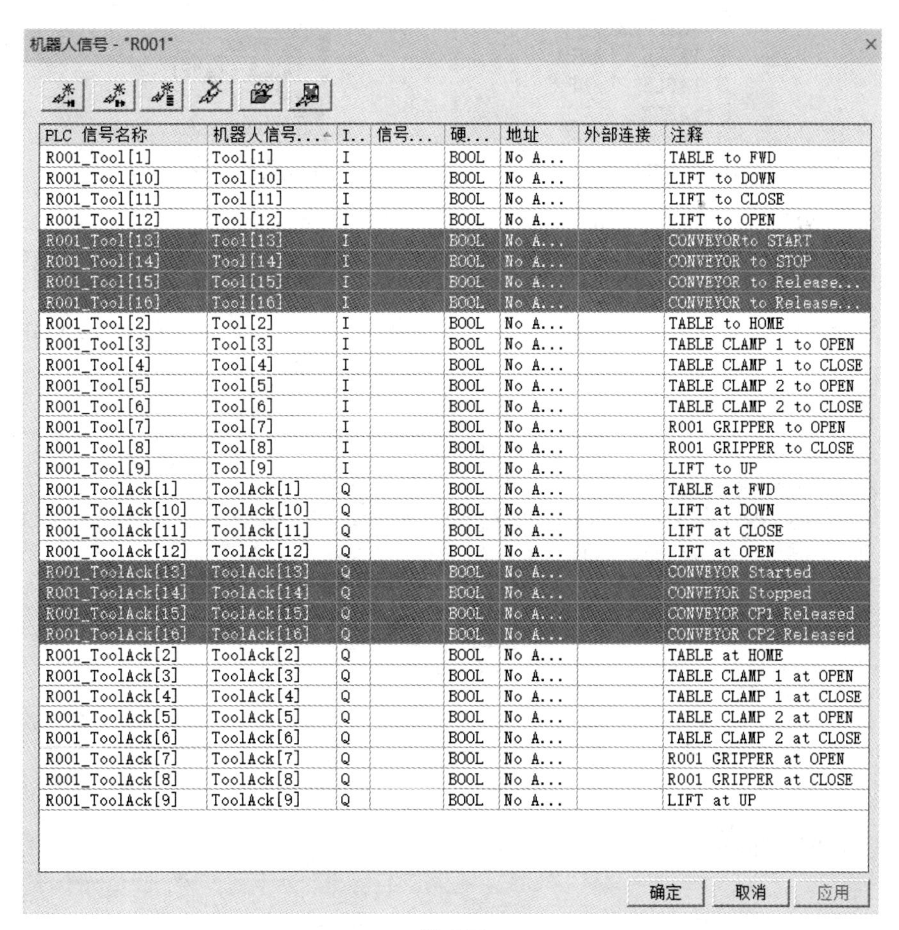

机器人信号 - "R001"

PLC 信号名称	机器人信号...	I..	信号...	硬...	地址	外部连接	注释
R001_Tool[1]	Tool[1]	I		BOOL	No A...		TABLE to FWD
R001_Tool[10]	Tool[10]	I		BOOL	No A...		LIFT to DOWN
R001_Tool[11]	Tool[11]	I		BOOL	No A...		LIFT to CLOSE
R001_Tool[12]	Tool[12]	I		BOOL	No A...		LIFT to OPEN
R001_Tool[13]	Tool[13]	I		BOOL	No A...		CONVEYORto START
R001_Tool[14]	Tool[14]	I		BOOL	No A...		CONVEYOR to STOP
R001_Tool[15]	Tool[15]	I		BOOL	No A...		CONVEYOR to Release...
R001_Tool[16]	Tool[16]	I		BOOL	No A...		CONVEYOR to Release...
R001_Tool[2]	Tool[2]	I		BOOL	No A...		TABLE to HOME
R001_Tool[3]	Tool[3]	I		BOOL	No A...		TABLE CLAMP 1 to OPEN
R001_Tool[4]	Tool[4]	I		BOOL	No A...		TABLE CLAMP 1 to CLOSE
R001_Tool[5]	Tool[5]	I		BOOL	No A...		TABLE CLAMP 2 to OPEN
R001_Tool[6]	Tool[6]	I		BOOL	No A...		TABLE CLAMP 2 to CLOSE
R001_Tool[7]	Tool[7]	I		BOOL	No A...		R001 GRIPPER to OPEN
R001_Tool[8]	Tool[8]	I		BOOL	No A...		R001 GRIPPER to CLOSE
R001_Tool[9]	Tool[9]	I		BOOL	No A...		LIFT to UP
R001_ToolAck[1]	ToolAck[1]	Q		BOOL	No A...		TABLE at FWD
R001_ToolAck[10]	ToolAck[10]	Q		BOOL	No A...		LIFT at DOWN
R001_ToolAck[11]	ToolAck[11]	Q		BOOL	No A...		LIFT at CLOSE
R001_ToolAck[12]	ToolAck[12]	Q		BOOL	No A...		LIFT at OPEN
R001_ToolAck[13]	ToolAck[13]	Q		BOOL	No A...		CONVEYOR Started
R001_ToolAck[14]	ToolAck[14]	Q		BOOL	No A...		CONVEYOR Stopped
R001_ToolAck[15]	ToolAck[15]	Q		BOOL	No A...		CONVEYOR CP1 Released
R001_ToolAck[16]	ToolAck[16]	Q		BOOL	No A...		CONVEYOR CP2 Released
R001_ToolAck[2]	ToolAck[2]	Q		BOOL	No A...		TABLE at HOME
R001_ToolAck[3]	ToolAck[3]	Q		BOOL	No A...		TABLE CLAMP 1 at OPEN
R001_ToolAck[4]	ToolAck[4]	Q		BOOL	No A...		TABLE CLAMP 1 at CLOSE
R001_ToolAck[5]	ToolAck[5]	Q		BOOL	No A...		TABLE CLAMP 2 at OPEN
R001_ToolAck[6]	ToolAck[6]	Q		BOOL	No A...		TABLE CLAMP 2 at CLOSE
R001_ToolAck[7]	ToolAck[7]	Q		BOOL	No A...		R001 GRIPPER at OPEN
R001_ToolAck[8]	ToolAck[8]	Q		BOOL	No A...		R001 GRIPPER at CLOSE
R001_ToolAck[9]	ToolAck[9]	Q		BOOL	No A...		LIFT at UP

确定 取消 应用

图 6-79

（3）单击“模块查看器”面板中的“新建模块对象”命令按钮（图 6-80），重命名模块名为 CONVEYOR，然后将新建模块“CONVEYOR”拖曳到“模块层次结构”的“Main”中，如图 6-81 所示。

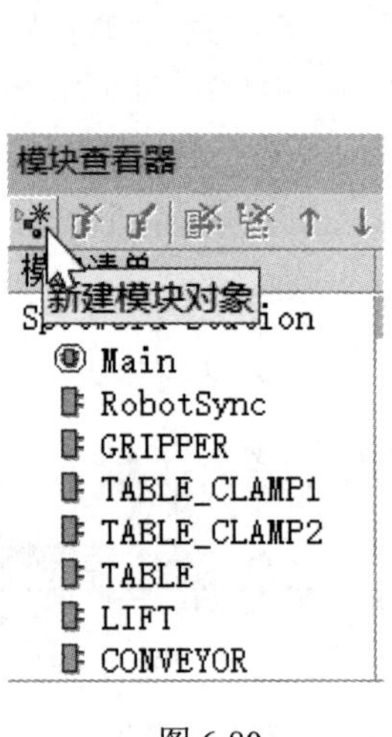

图 6-80

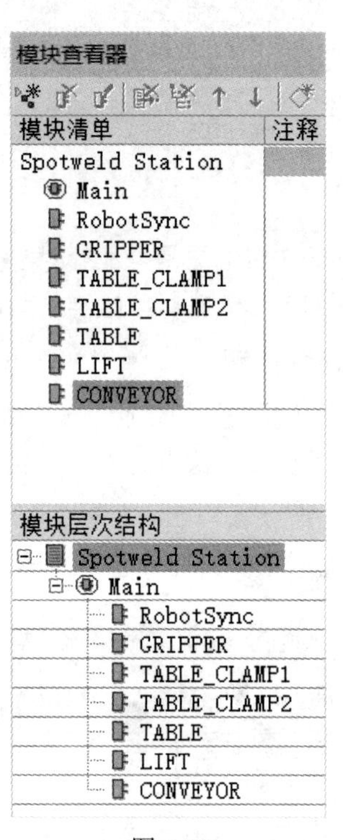

图 6-81

（4）双击“模块查看器”面板中“模块清单”列表中的“CONVEYOR”模块，如图 6-82 所示，弹出如图 6-83 所示的“模块编辑器”对话框，添加“CONVEYOR”模块相关结果信号。

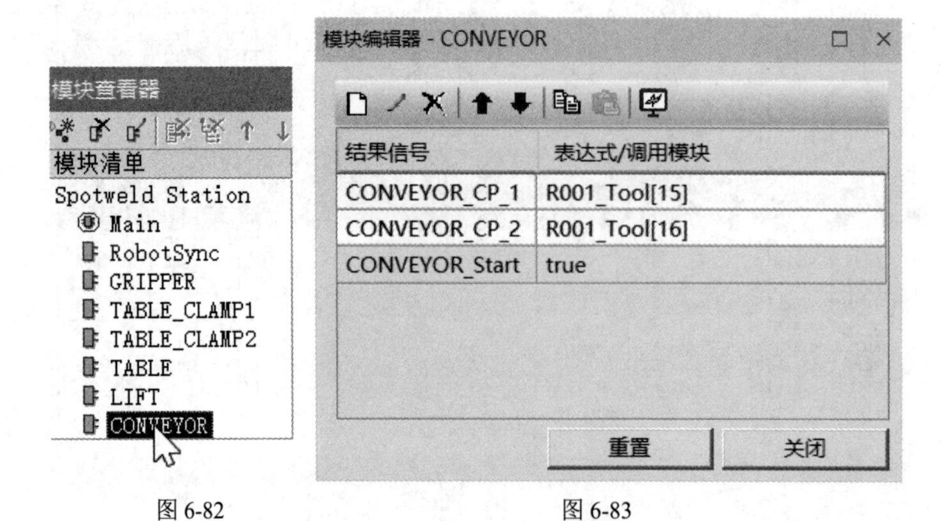

图 6-82　　图 6-83

（5）选择“操作树”查看器中的“R1 REMOVE PART”操作，单击“路径编辑器”中的“向编辑器添加操作”命令按钮，将所选操作添加到“路径编辑器”中。结果如图 6-84 所示。

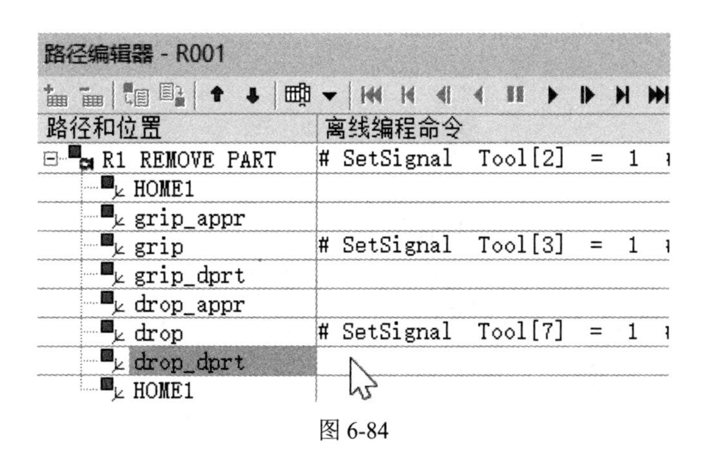

图 6-84

（6）在“路径编辑器”查看器中，单击“drop_dprt”位置对应的“离线编程命令”列所在行，如图 6-84 所示，在弹出的对话框中单击“添加”按钮，完成如图 6-85 所示的 OLP 命令编制。

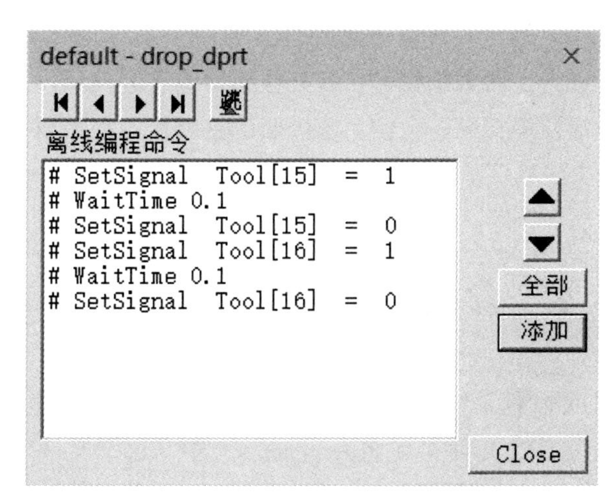

图 6-85

15 将“仿真面板”查看器中的所有信号、逻辑块去除。单击“序列编辑器”查看器的“正向播放仿真”按钮 ▸，可以看到整个操作序列均安装正确的工艺过程循环仿真。

16 将完成的研究文件另外保存。

第7章
Process Simulate 基于事件的机器人技术

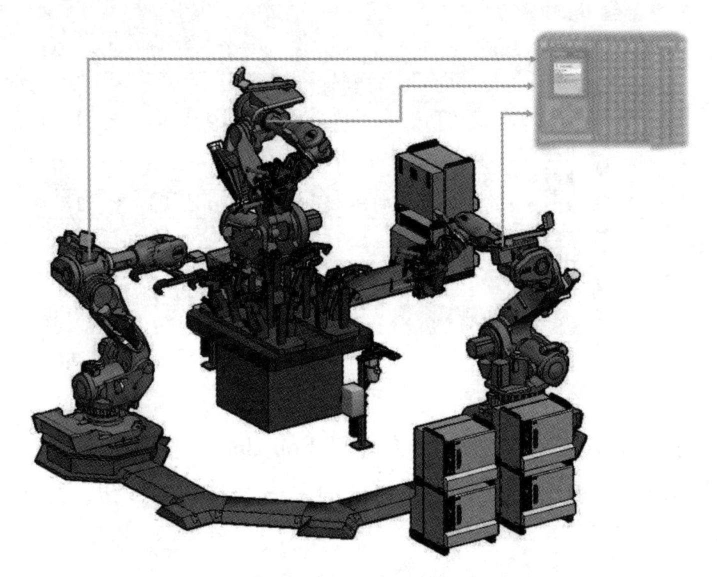

Process Simulate 软件系统关于基于事件的机器人技术，主要包括机器人宏、机器人信号和机器人程序。进行机器人编程时，在处理相似或者经常使用的程序段时，为了减少重复输入量以及缩短程序长度，会使用宏。宏的主要优点是可以在其他程序中重用代码部分，并使用宏来构建程序。

7.1 “机器人宏”介绍

在 Process Simulate 软件系统中，机器人宏是一个预定义的机器人离线编程（OLP）命令列表，存储在宏文件（文件扩展名为 .macros）中，这个文件可以被不同的应用程序引用。我们可以自定义宏文件的存放路径及文件夹。不同控制器的机器人可以使用特定的文件名命名宏文件，命名规则为 <controllerName>.macros。例如，Default.macros、ABB.macros。

1. 机器人宏文件保存设置。

单击“文件”菜单栏中的“选项”命令按钮（图 7-1），或者按键盘上的 F6 键，弹出如图 7-2 所示的“选项”对话框。在“选项”对话框的“运动”项中，选择“机器人宏文件文件夹”栏，然后，将保存了机器人宏文件的完整文件夹路径复制粘贴到此栏中，完成宏文件的保存路径和文件夹设置。

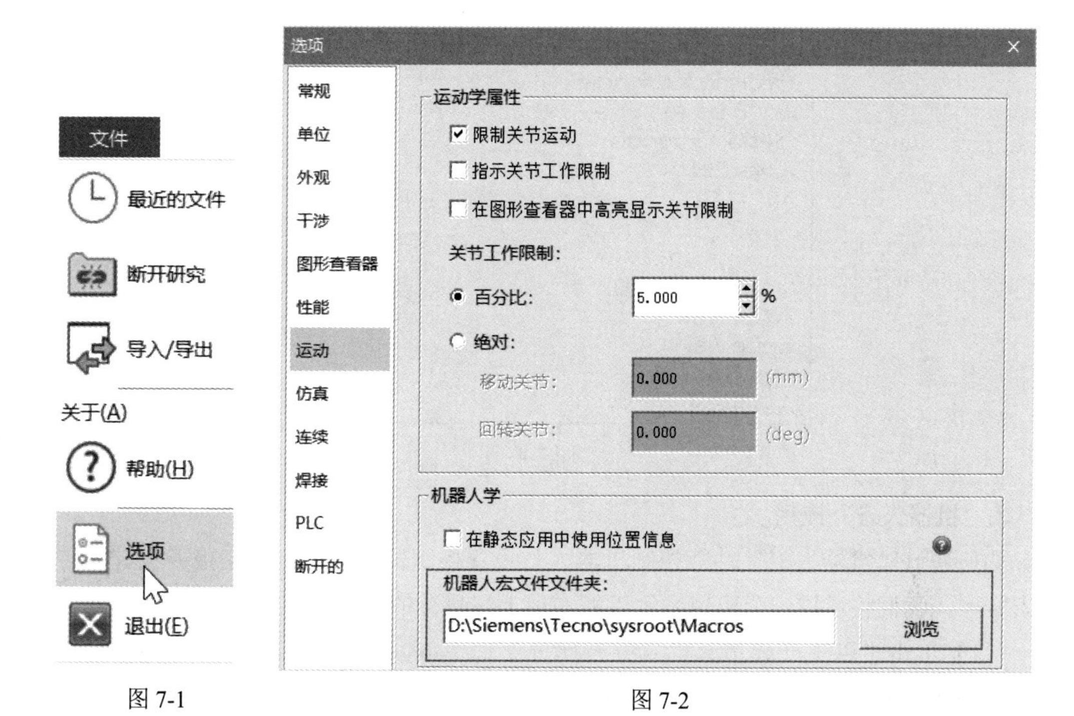

图 7-1　　图 7-2

2. 宏文件格式。

宏文件是 ASCII 文件（纯文本）。每个宏文件包含了机器人控制器使用的宏定义，其格式如图 7-3 所示。

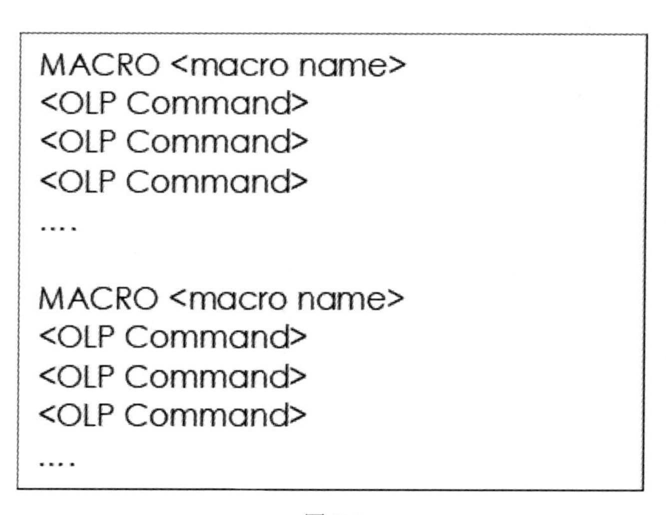

```
MACRO <macro name>
<OLP Command>
<OLP Command>
<OLP Command>
....

MACRO <macro name>
<OLP Command>
<OLP Command>
<OLP Command>
....
```

图 7-3

在不同的机器人控制器语法中，< macro name >（宏名称）是特定的宏名称，而且其中的每个<OLP Command>（离线编程命令）也是特定机器人控制器语法中的OLP命令。例如，VKRC 控制器（大众定制的库卡机器人系统控制器）的宏文件格式如图 7-4 所示。

```
MACRO makro31
; Waiting for signals
warte bis A11
; Sending signals
A44 = EIN
A55 = AUS


MACRO makro22
; Wait time
warte Zeit 10
; Send signal
A66 = EIN
```

图 7-4

3. “机器人宏”应用。

如何通过“机器人宏”功能控制机器人与设备控制器之间的信息交换并创建可重用的宏程序，我们将通过一个应用案例讲解实现上述目标的操作过程。

（1）单击“以生产线仿真模式打开研究”命令，在弹出的“打开”对话框中选择“Session 7-Robotics”文件夹中的“S07-E01.psz”研究文件。然后单击对话框中的“打开”按钮，系统将以生产线仿真模式打开该研究文件。

（2）单击“操作树”查看器中的“R1 LOAD PART”操作（图 7-5），然后单击“路径编辑器”中的“向编辑器添加操作”命令按钮（图 7-6），添加所选操作到“路径查看器”面板中。

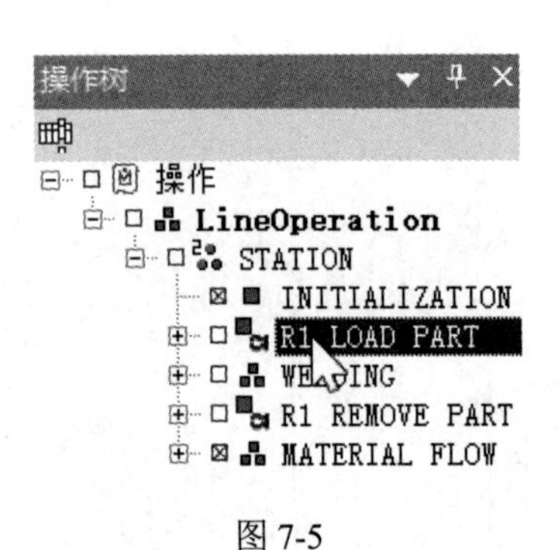

图 7-5

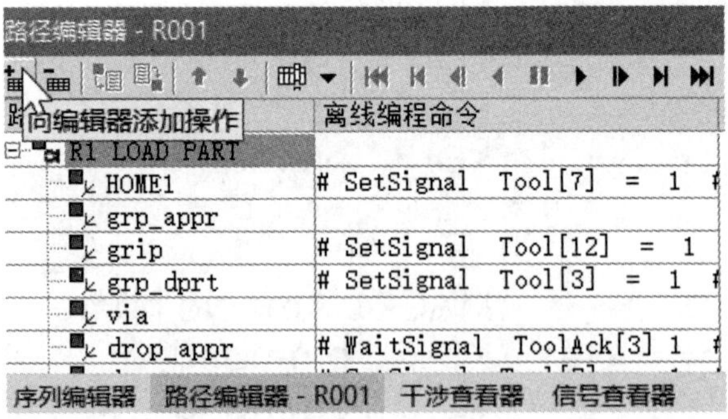

图 7-6

（3）接下来创建机器人宏程序来替换 OLP 程序。

打开 Session 7-Robotics\S07-SysRoot\Macros 文件夹，然后新建一个文本文件，将与机器人 R001 相关的 16 个离线编程命令输入到此文件中，如图 7-7 所示。保存该文件，将文件名更改为 default.macros，如图 7-8 所示。

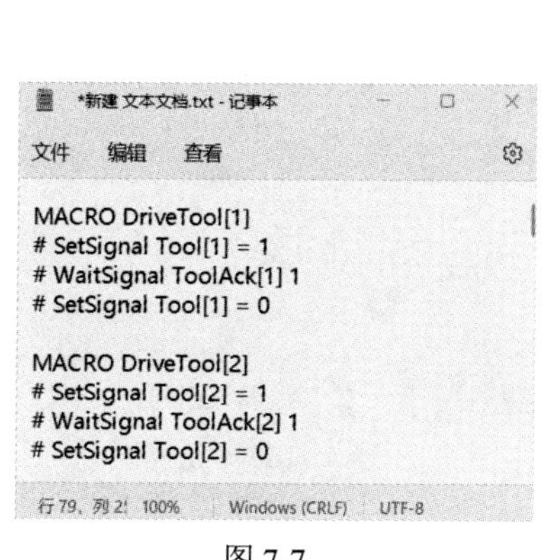

图 7-7

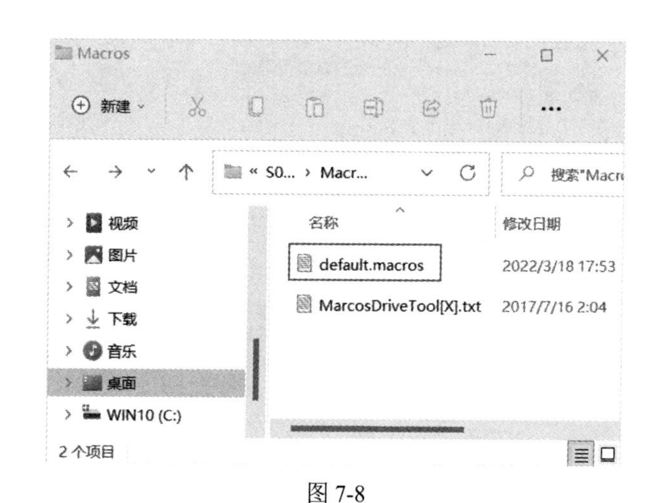

图 7-8

（4）单击“文件”菜单栏中的“选项”命令按钮，弹出“选项”对话框。在“选项”对话框的“运动”项中，选择“机器人宏文件文件夹”栏，然后，将保存了“default.macros”宏文件的完整文件夹路径复制粘贴到此栏中，完成宏文件的保存路径和文件夹设置，如图 7-9 所示。单击“确定”按钮，退出对话框。

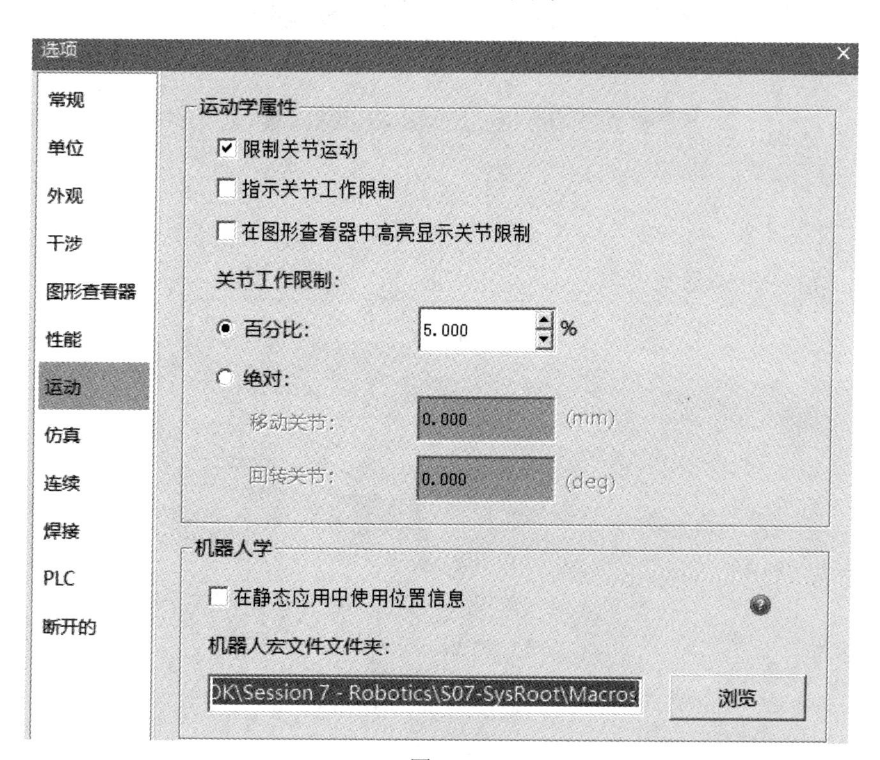

图 7-9

（5）如图 7-10 所示，右击“对象树”查看器中的“R001”机器人，在弹出的快捷菜单中选择“机器人模块”选项（图 7-11），弹出如图 7-12 所示的“机器人模块”对话框。

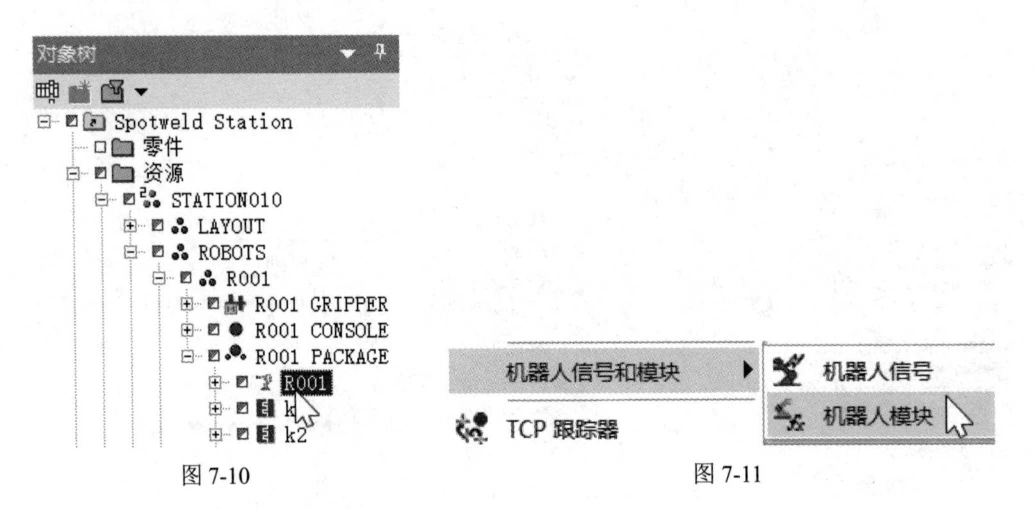

图 7-10　　　　图 7-11

（6）在“机器人模块”对话框中，单击“+”按钮，弹出如图 7-13 所示的“打开”对话框，选择“default.macros”宏文件，单击“打开”按钮，结果如图 7-12 中①所示。单击“关闭”按钮，退出“机器人模块”对话框。

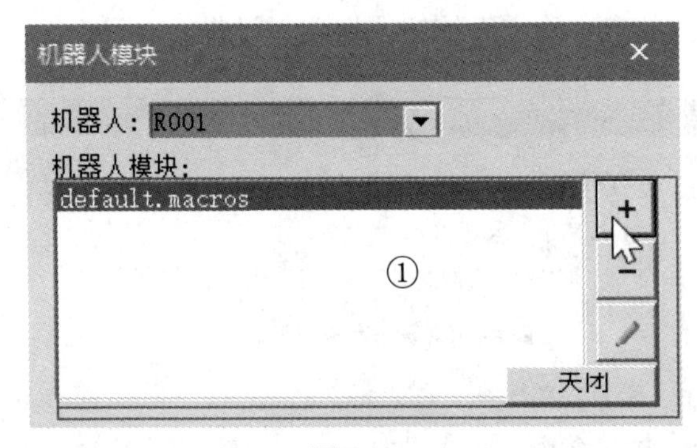

图 7-12

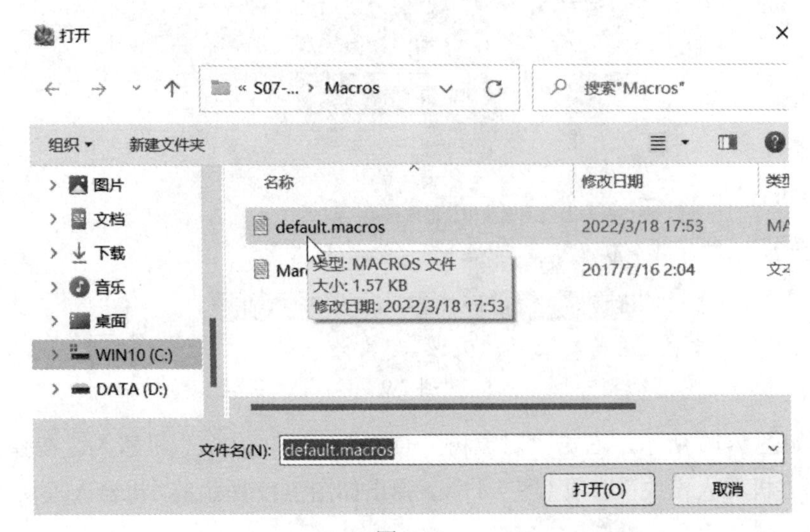

图 7-13

（7）单击“路径编辑器”中“HOME1”位置的“离线编程命令”行，如图 7-14 所示，在弹出的对话框中，先将所有“离线编程命令”删除，然后单击“添加”命令按钮，在下拉菜单中（图 7-15）选择“Macro”选项，弹出如图 7-16 所示的 Macro”对话框。

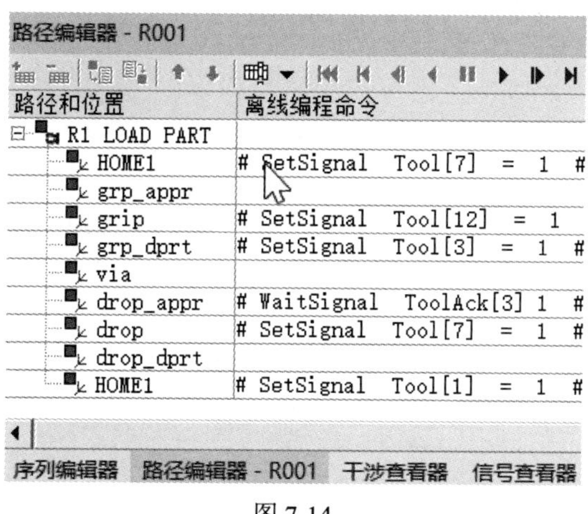

图 7-14

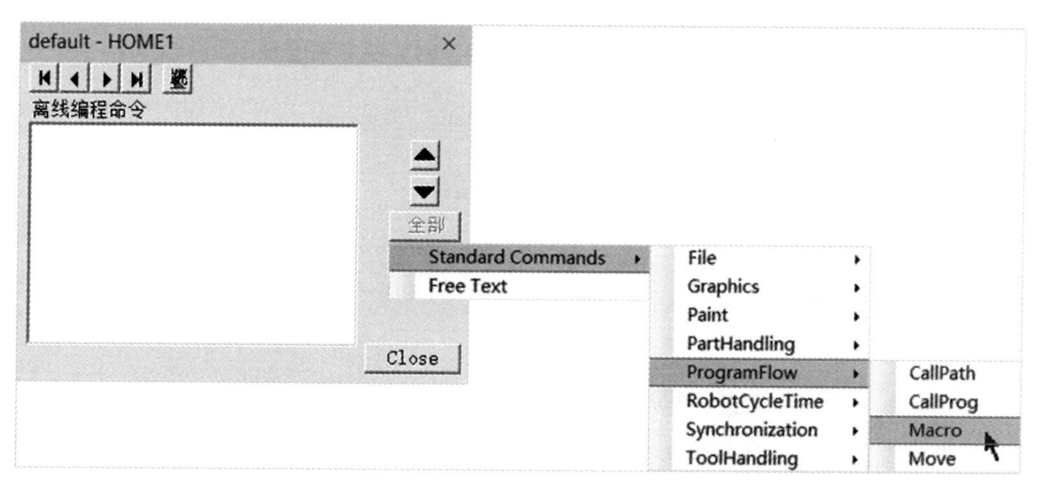

图 7-15

（8）在如图 7-16 所示的“Macro”对话框中，选择“DriveTool[7]”宏程序，单击“确定”按钮。同理，完成 DriveTool[11] 和 DriveTool[10] 宏程序的添加，结果如图 7-17 所示。单击“Close”按钮，退出对话框。

图 7-16

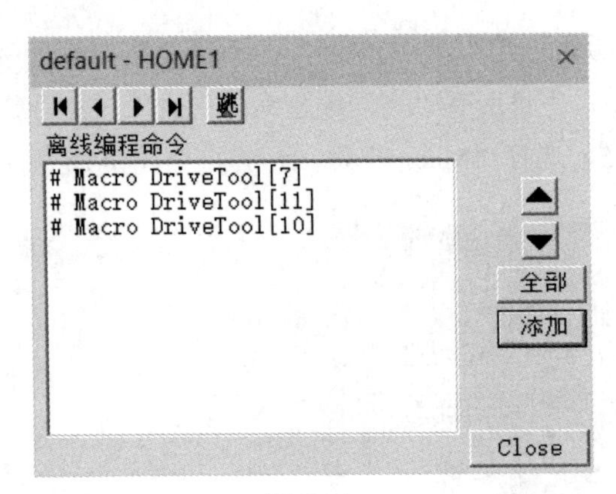

图 7-17

（9）同理，将其他位置的“离线编程命令”也用机器人宏程序替换，结果如图 7-18 所示。注意，某些位置的离线编程命令用宏程序替换并不正确，不能使用。

路径编辑器 - R001

路径和位置	离线编程命令
R1 LOAD PART	
HOME1	# Macro DriveTool[7] # Macro DriveTool[11] # Macro DriveTool[10]
grp_appr	
grip	# Macro DriveTool[12] # Macro DriveTool[8]
grp_dprt	# SetSignal Tool[3] = 1 # SetSignal Tool[9] = 1
via	
drop_appr	# WaitSignal ToolAck[3] 1 # SetSignal Tool[3] = 0
drop	# Macro DriveTool[7] # Macro DriveTool[4]
drop_dprt	
HOME1	# Macro DriveTool[1] # WaitSignal ToolAck[9] 1 # SetSignal Tool[9] = 0

序列编辑器　路径编辑器 - R001　干涉查看器　信号查看器

图 7-18

（10）单击“序列编辑器”查看器的“正向播放仿真”按钮 ▸，可以看到仿真运行情况与以前一样。但机器人路径看起来更简洁干净。当然，该方法并非最优。还可以通过其他方法，例如，创建机器人模块、定制 OLP 等来编写更聪明的程序到机器人程序中。

（11）将完成的研究文件另外保存。

7.2 “机器人程序”和“机器人信号”介绍

机器人任务包括运动任务和需要执行的逻辑指令。这些机器人任务通常组织在机器人程序中。几乎所有机器人程序都具有相同的架构，如图 7-19 所示。

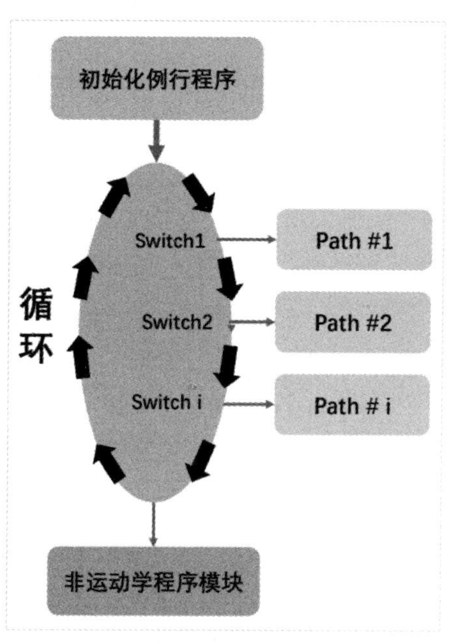

图 7-19

1. 机器人“初始化例行程序”。

为了确保机器人能够正确运行，所有的机器人供应商都会强制执行一系列预定义的信号交换，即初始化例行程序。这样既可以防止机器人以非受控的方式开始运动，又可以让机器人继续运动直到任务结束。图 7-20 所示是“库卡 KRC2”机器人的例子。

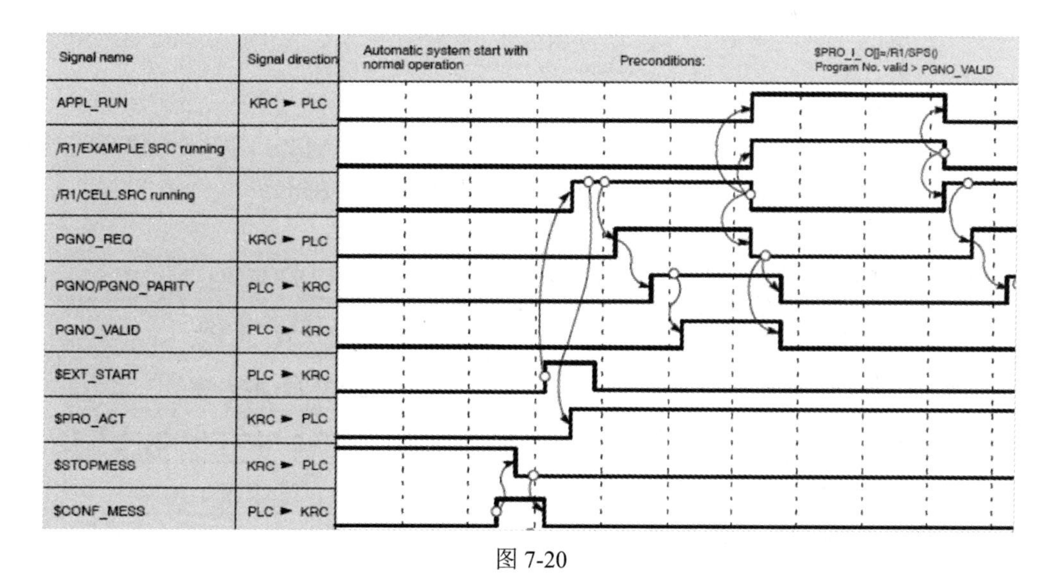

图 7-20

默认情况下，Process Simulate 软件系统不会模拟真实机器人使用的所有信号，但对于能确保正确工艺过程行为的有意义的信号则会进行模拟。如果对机器人仿真有更高的要求可以在 ESRC（仿真特定机器人控制器）中实现。ESRC 模块需要单独购买，其中包括机器人供应商特定的文档。

2. 机器人信号。

机器人程序与通常的计算机程序并没有区别，都是针对机器人任务的一系列指令。机器人程序代码如图 7-21 所示，可以看到信号在其中起到了非常重要的作用，通过“路径视图”中对各程序段的解释，很容易看到，只有机器人到达特定位置时才进行相应信号的评估。这种信号被称为“机器人信号”，可能是输入、输出等不同的信号类型。如图 7-21 所示的机器人程序段可以看到，当机器人到达 POINT2 点后，$OUT [17] 信号就被设置了一个值，根据条件的不同，可能是 true，也可能是 false。

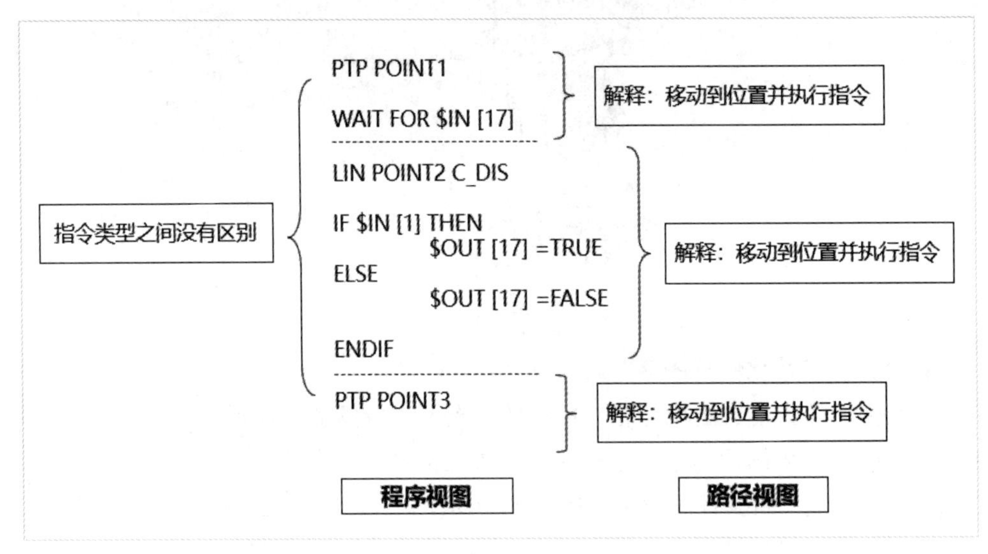

图 7-21

3. 机器人“状态信号”。

“状态信号”是指由机器人控制器连续评估的信号（输入信号，如紧急停止等，或者输出信号，如姿态信号等）。图 7-22 所示为机器人的状态信号。

Robot Signal Name	I/O	Signal Function
startProgram	Q	Starting Program
programNumber	Q	Program Number
emergencyStop	Q	Program Emergency Stop
programEnded	I	Ending Program
mirrorProgramNumber	I	Mirror Program Number
errorProgramNumber	I	Error Program Number
robotReady	I	Robot Ready
HOME	I	Pose Signal

图 7-22

4. 创建“机器人程序”。

机器人程序的执行过程如图 7-23 所示。机器人在执行任务过程中，每一个路径都会被分配一个“路径号”，在“状态信号”中这个路径号被称为“程序号”，是一个经常被 OLP 编程人员使用的表达式。“机器人程序”是通过使用状态信号和定义的路径号来调用特定的路径。路径名称也可以通过 OLP 命令使用。

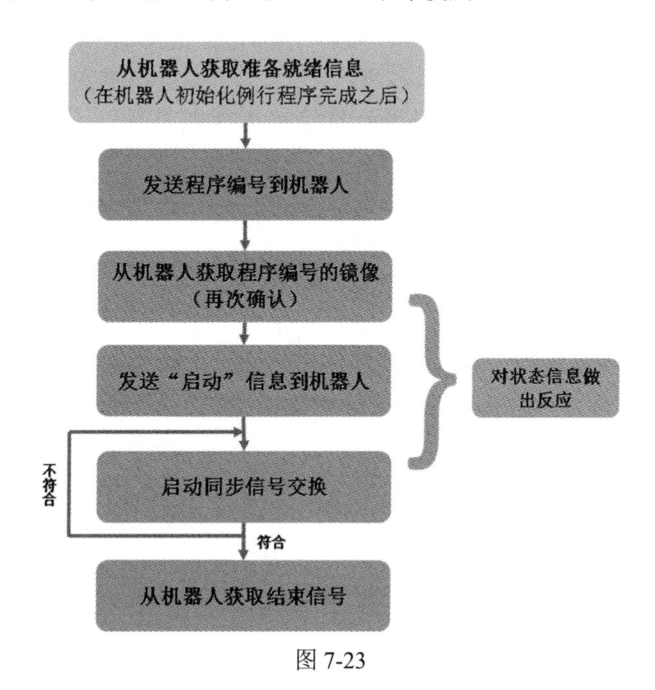

图 7-23

创建“机器人程序”的操作过程如下。

（1）在“机器人”菜单栏中，单击“机器人程序清单”命令按钮，弹出如图 7-24 所示的“机器人程序清单”对话框。

（2）在“机器人程序清单”对话框中，可以选择不同的命令按钮，完成机器人程序的创建、上传、下载等操作。

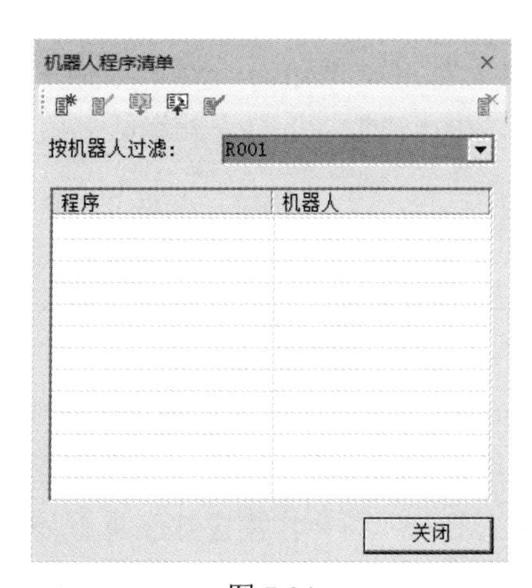

图 7-24

- 新建程序 ：创建新的机器人程序。
- 在程序编辑器中打开：在程序编辑器中打开机器人程序。
- 下载到机器人：将机器人程序转换成可以下载到机器人的文件。
- 上传程序：将机器人程序文件转换为机器人程序。
- 设为默认程序：设置为默认机器人程序。注意，如果不将“机器人程序”设置为“默认”，则模拟仿真的机器人将不运行。
- 删除程序：删除选中的机器人程序。

（3）“机器人程序”创建完成后的结果如图 7-25 所示。

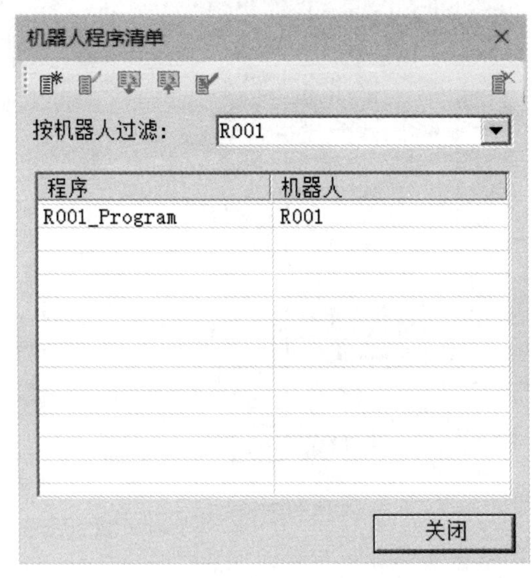

图 7-25

①机器人程序执行的“握手机制”。

为了防止机器人未经授权启动运动，应用了若干安全机制。其中一些机制会被仿真模拟，如机器人准备就绪、有效的路径号和机器人启动信号。

②机器人就绪状态信号。

当机器人在机械和电气上都准备就绪时，通常会向 PLC 发送“READY”信号。Process Simulate 软件系统可以仿真模拟“机器人就绪状态信号”的行为。

③有效路径号状态信号。

多种机制可以用于指示 CEE/PLC 已发送正确或者不存在的路径号。几乎所有的机器人都允许镜像已被接收的路径号，只要这个数字与“机器人程序”内部的一个数字对应，就没问题，并且这个写入“程序号（ProgramNumber）”状态信号的值被镜像到“镜像程序号（MirrorProgramNumber）”状态信号中（即程序号 = 镜像程序号）。

当发送到机器人的路径号无效时，将会延迟仿真模拟行为，这也就意味着其在“机器人程序”中不存在。一些机器人厂商会将镜像数字重置为零，而另一些机器人厂商则继续发出“镜像程序号”，但是会设置一个附加状态信号：“ErrorProgramNumber”=

true，提示出现了问题。

④机器人 GO 状态信号。

当所有的预先要求都满足时，机器人只需要开始程序（StartProgram）启动就可以开始工作了。图 7-26 显示了库卡机器人开始程序的上升沿检测。

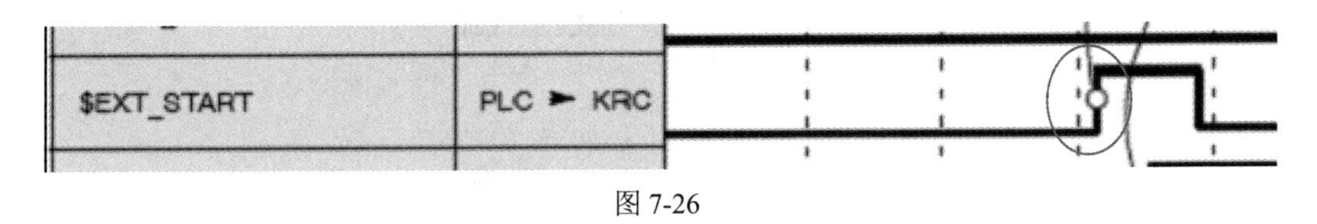

图 7-26

程序内的路径通过 GO 状态信号启动，只需要“开始程序（StartingProgram）”上升沿信号，机器人就可以启动，在路径的末尾，机器人设置“程序结束（ProgramEnded）”信号。

7.3 “机器人程序”应用

下面通过一个应用案例来详细地了解创建“机器人程序”及其使用过程。

01 单击“以生产线仿真模式打开研究”按钮，在弹出的“打开”对话框中，选择“Session 7 - Robotics”文件夹中的“S07-E02.psz”研究文件，然后单击对话框中的“打开”按钮。系统将以生产线仿真模式打开该研究文件。

由于希望所有的机器人路径都是由程序驱动的，因此我们将改变所有机器人的操作执行模式，也将修改“操作树”的结构。

02 单击“操作树”查看器中的“STATION”复合操作（图 7-27），然后在“操作”菜单栏中，执行“新建操作”→“新建复合操作”命令，弹出如图 7-28 所示的“新建复合操作”对话框，在名称栏输入 ROBOT OPERATIONS，单击“确定”按钮，退出对话框。

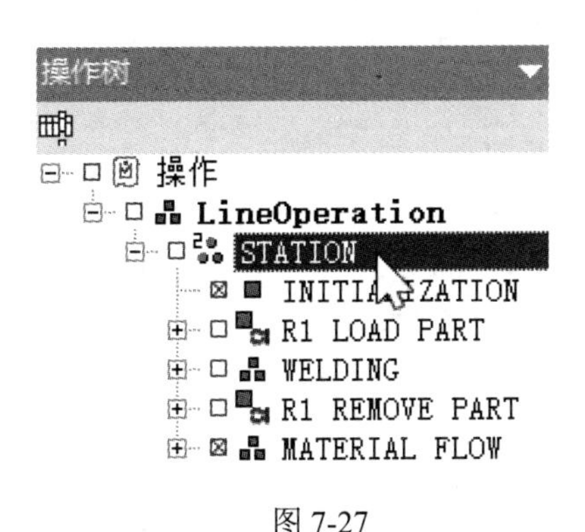

图 7-27

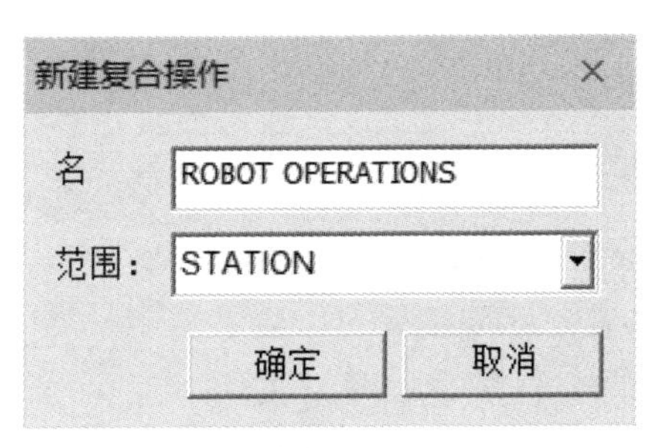

图 7-28

03 依照同样的操作，在“STATION”复合操作下，再创建 R1、R2 和 R3 三个复合操作，如图 7-29 所示。

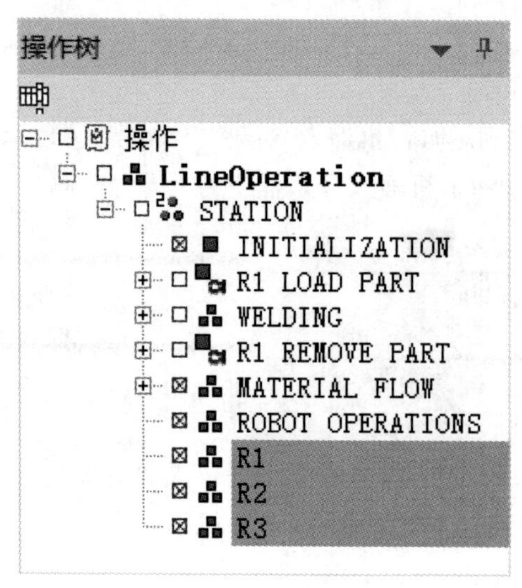

图 7-29

04 单击“操作树”查看器中的“STATION”复合操作，然后在“操作”菜单栏中，执行“新建操作”→“新建非仿真操作”命令，弹出如图 7-30 所示的“新建非仿真操作”对话框，在名称栏输入 BLOCK，单击“确定”按钮，退出对话框。

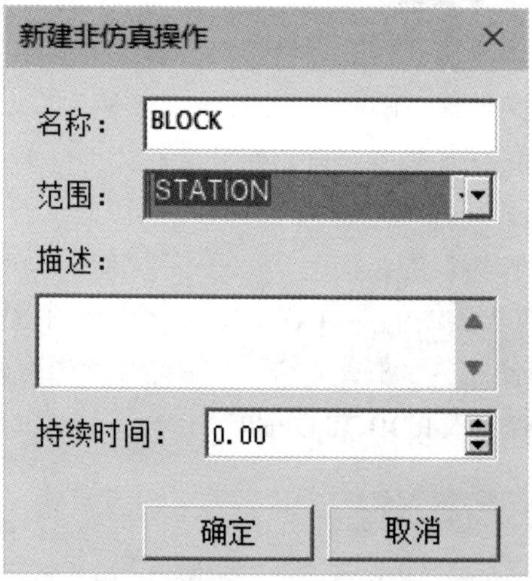

图 7-30

05 在“操作树”查看器中，依次将创建好的“BLOCK”“R1”“R2”和“R3”操作拖放到“ROBOT OPERATIONS”复合操作中，如图 7-31 所示。

06 在“序列编辑器”查看器中，将“BLOCK”操作分别与“R1”“R2”“R3”复合操作链接起来，如图 7-32 所示。

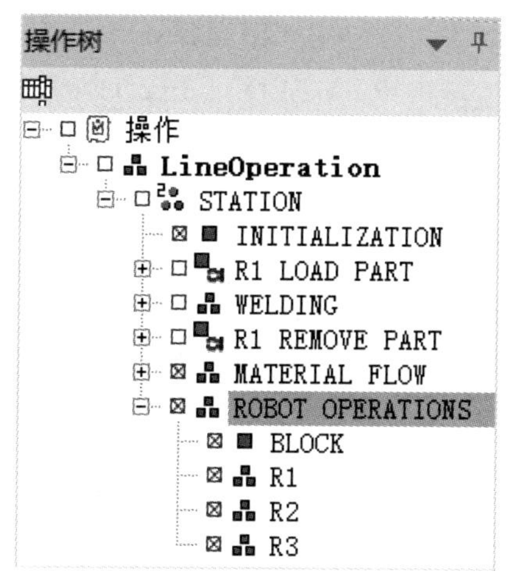

图 7-31

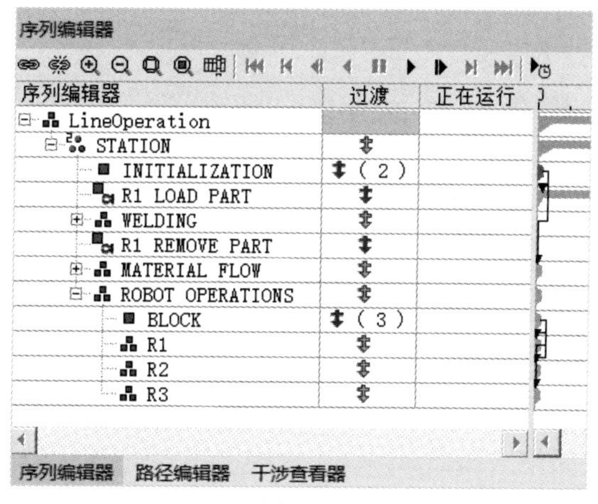

图 7-32

07 在“序列编辑器”查看器中，双击“BLOCK”操作的过渡条件，在弹出的“过渡编辑器”对话框中，将公共条件更改为 false，如图 7-33 所示，单击“确定”按钮，退出对话框。

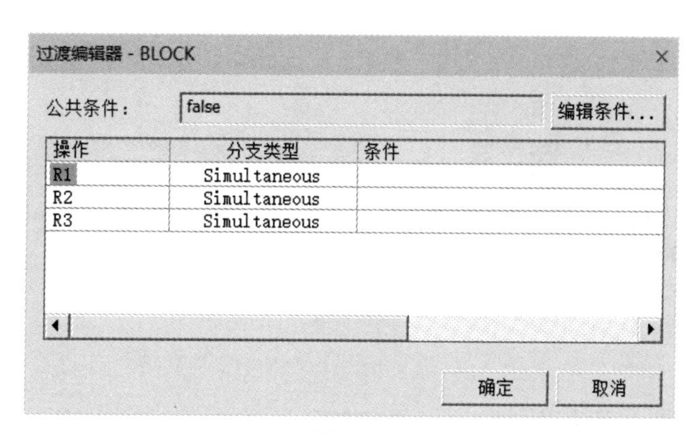

图 7-33

08 在“操作树”查看器中，分别将“R1 LOAD PART”“R1 REMOVE PART”操作拖曳到“R1”复合操作中，将“R2 WELD”“R2 TDR”操作拖曳到“R2”复合操作中，将“R3 WELD”“R3 TDR”操作拖曳到“R3”复合操作中。最后，将“WELDING”复合操作删除。结果如图 7-34 所示。

序列编辑器

序列编辑器	过渡	正...
LineOperation		
STATION		
INITIALIZATION		
MATERIAL FLOW		
ROBOT OPERATIONS		
BLOCK	(3)	
R1		
R1 LOAD PART		
R1 REMOVE PART		
R2		
R2 WELD		
R2 TDR		
R3		
R3 WELD		
R3 TDR		

图 7-34

09 单击“序列编辑器”查看器的“正向播放仿真”按钮，运行仿真。可以看到在整个操作的仿真运行过程中，所有机器人的操作运行都处于停止状态。接下来将创建机器人程序来执行这些机器人操作。

10 在“对象树”查看器中的“资源”类别中，单击机器人“R001”（图 7-35）。然后，单击“机器人”菜单中的“机器人程序清单”命令按钮（图 7-36），弹出如图 7-37 所示的“机器人程序清单”对话框。

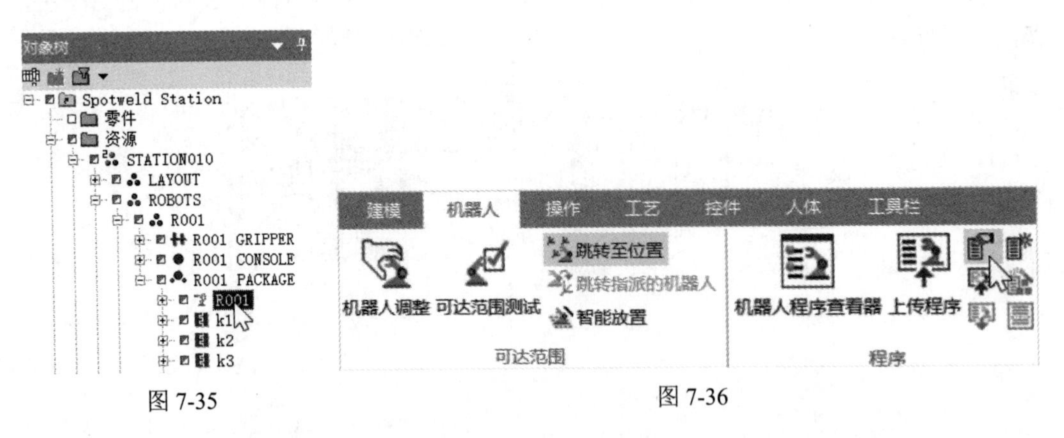

图 7-35　　图 7-36

11 单击“机器人程序清单”对话框中的“新建程序”命令按钮（图 7-37），弹出如图 7-38 所示的“新建机器人程序”对话框，在“名称”栏输入 R001_Program，单击“确定”按钮，退出“新建机器人程序”对话框。结果如图 7-37 所示。

图 7-37

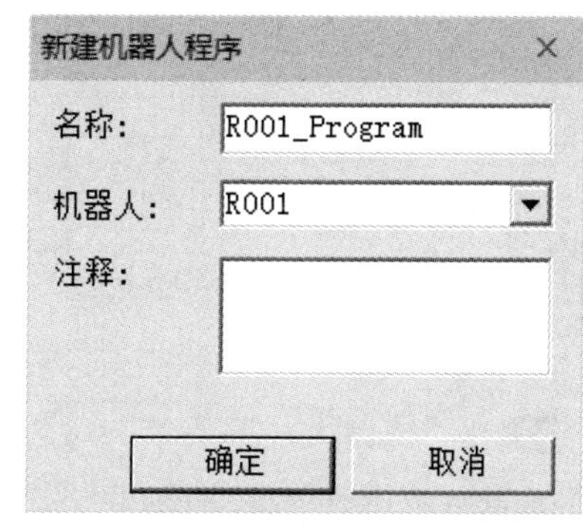

图 7-38

12 在“机器人程序清单”对话框中，单击新创建的“R001_Program”程序，然后，单击“设为默认程序”命令按钮（图 7-39），将其设置为默认程序（以粗体字突出显示）。结果如图 7-40 所示。

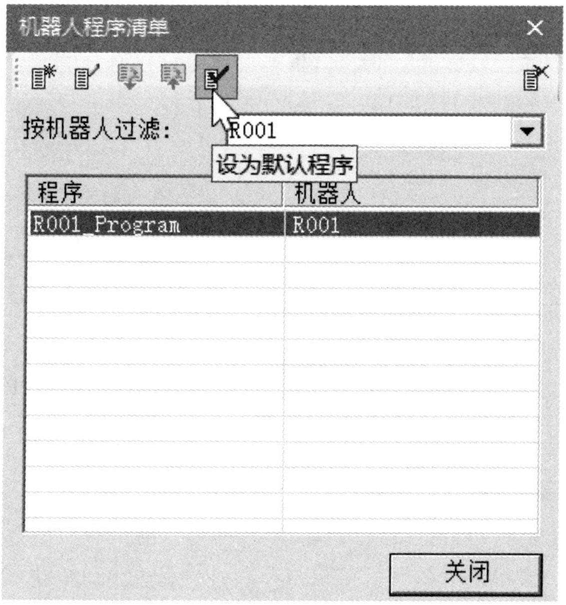

图 7-39

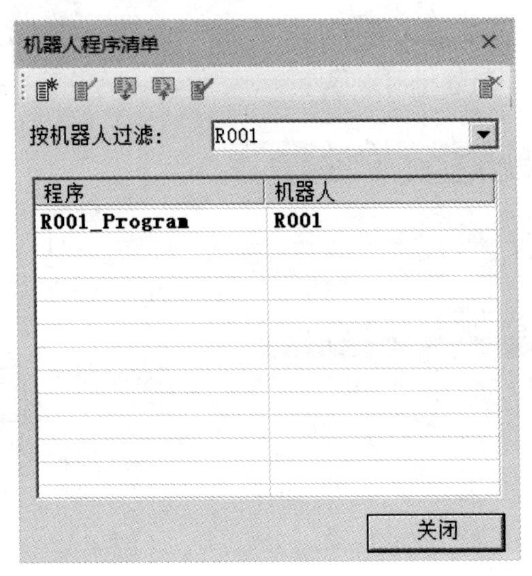

图 7-40

13 在“机器人程序清单”对话框中，单击“R001_Program”程序，然后，单击“在程序编辑器中打开”命令按钮（图 7-41），可以看到该机器人程序被添加到了“路径编辑器”查看器中（图 7-42）。单击“关闭”按钮，退出“机器人程序清单”对话框。

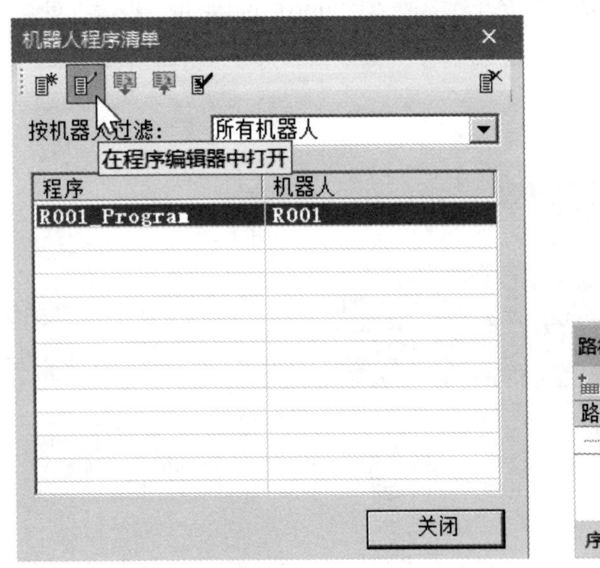

图 7-41

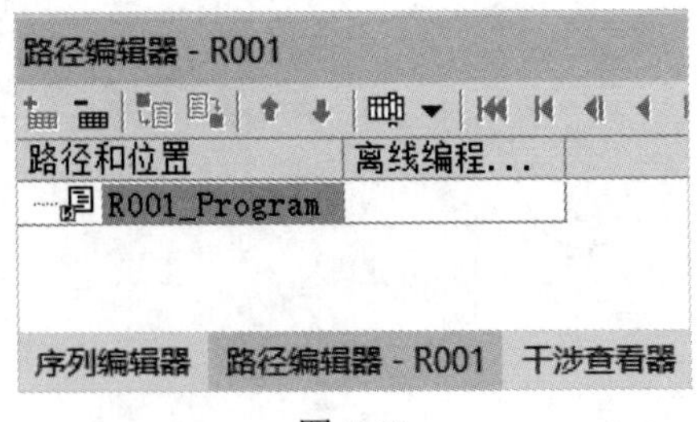

图 7-42

14 单击“路径编辑器”查看器中的“定制列”命令按钮（图 7-43），将“路径”列添加进来（图 7-43）。

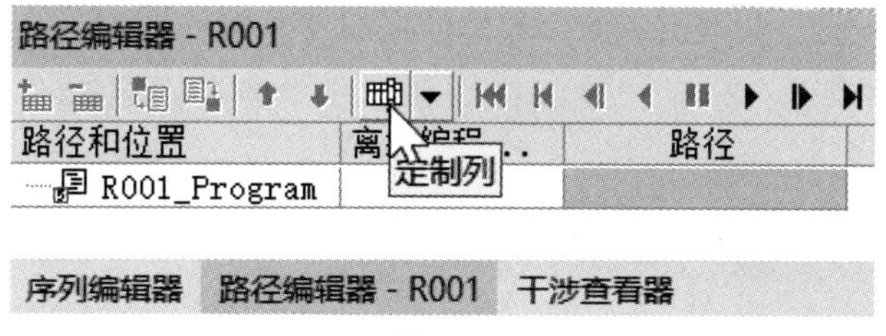

图 7-43

Process Simulate 软件系统中，可以将“机器人程序”理解为“将所有机器人路径收集在一起的容器”。为了执行机器人程序的主要循环逻辑，我们将为每个机器人创建一个新的操作。

15 单击“操作树”查看器中的“R1”复合操作（图 7-44），然后单击“操作”菜单栏中的“新建操作”命令按钮，在下拉菜单中，选择“新建通用机器人操作”选项（图 7-45），弹出如图 7-46 所示的“新建通用机器人操作”对话框，在“名称”栏输入 R1 MAIN，“机器人”栏选择 R001，其余为默认选择，单击“确定”按钮，退出对话框。结果如图 7-47 所示。

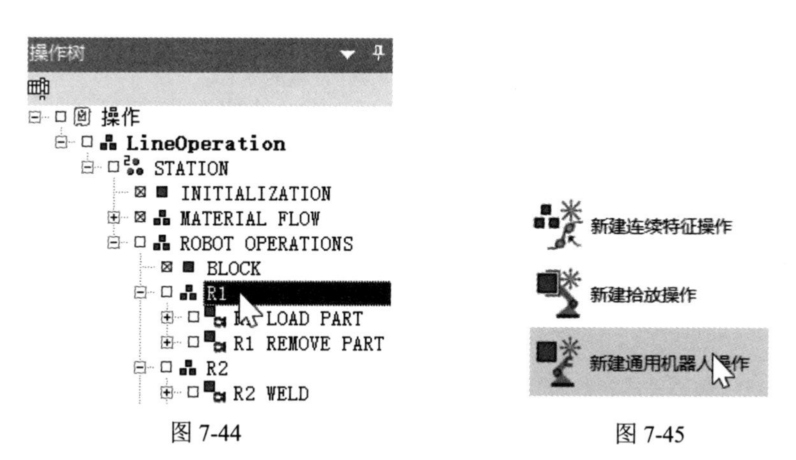

图 7-44　　图 7-45

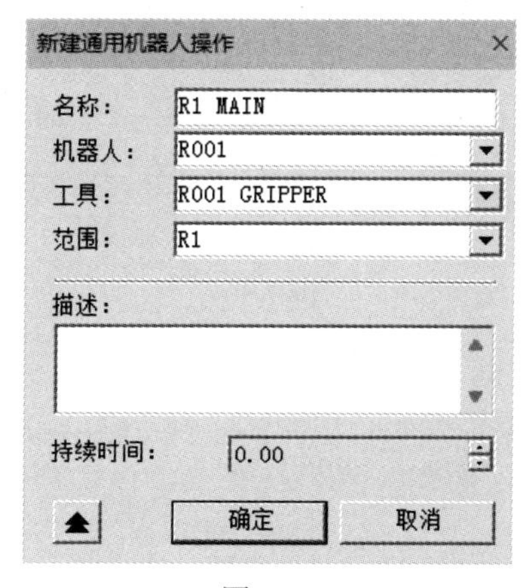

图 7-46

16 单击“操作树”查看器中新创建的通用机器人操作“R1 MAIN”（图 7-47），然后单击“路径编辑器”中的“添加操作至程序”命令按钮（图 7-48），将“R1 MAIN”操作添加到“路径编辑器”中（图 7-49）。

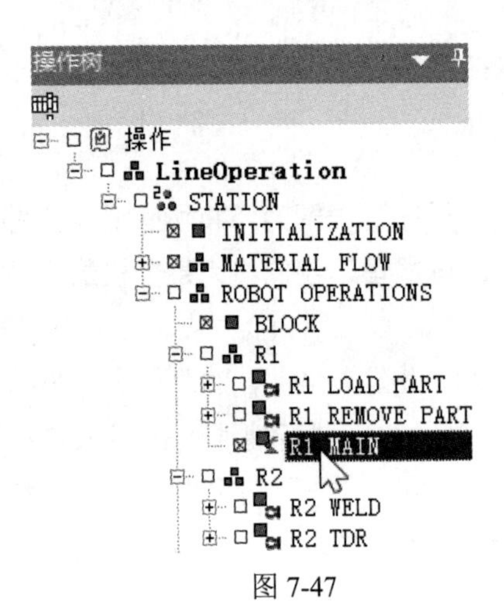

图 7-47

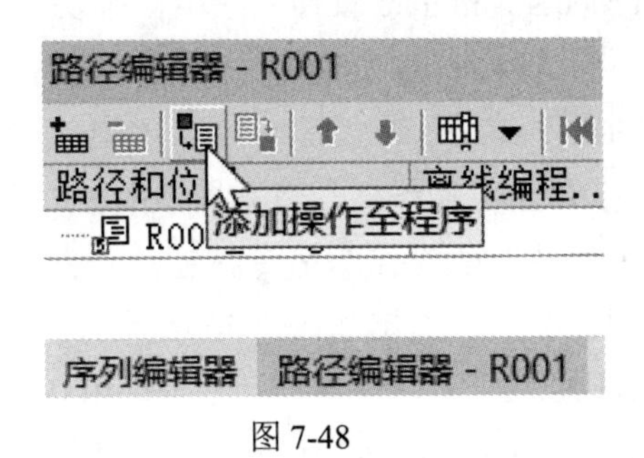

图 7-48

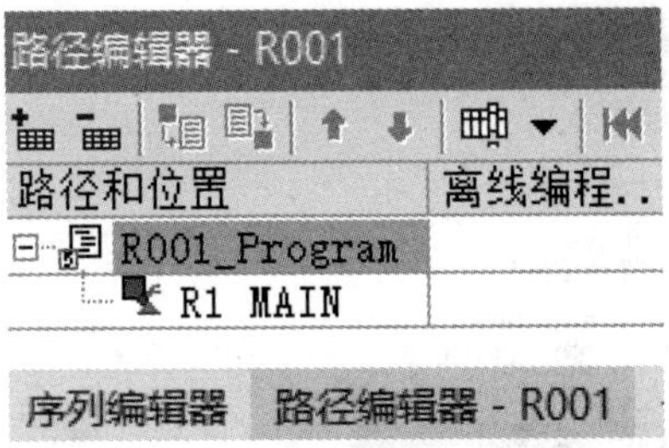

图 7-49

17 在“路径编辑器”中，单击“R1 MAIN”操作的“路径”列对应的行位置（图 7-50），输入数字“2”（图 7-50）。这个数字“2”将作为机器人执行“R1 MAIN”操作的程序号。

图 7-50

18 单击“对象树”查看器“资源”类别中的机器人“R001”，然后单击“控件”菜单栏中的“机器人信号”命令按钮（图 7-51），弹出如图 7-52 所示的“机器人信号”对话框。

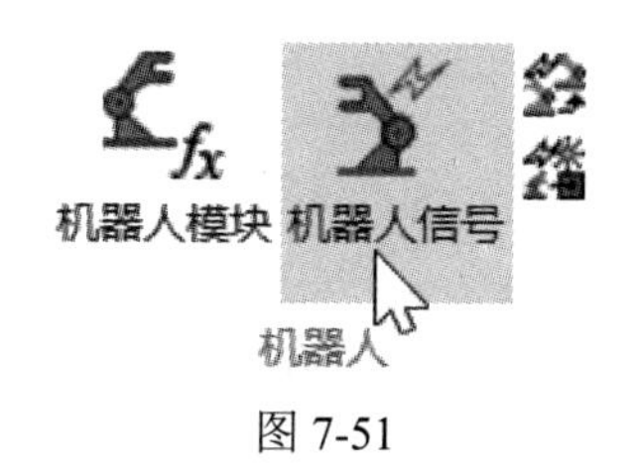

图 7-51

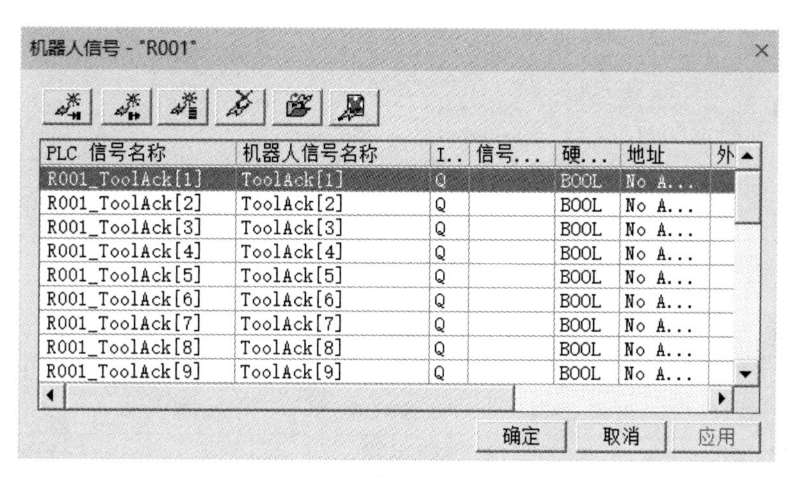

机器人信号 - "R001"

PLC 信号名称	机器人信号名称	I..	信号...	硬...	地址	外
R001_ToolAck[1]	ToolAck[1]	Q		BOOL	No A...	
R001_ToolAck[2]	ToolAck[2]	Q		BOOL	No A...	
R001_ToolAck[3]	ToolAck[3]	Q		BOOL	No A...	
R001_ToolAck[4]	ToolAck[4]	Q		BOOL	No A...	
R001_ToolAck[5]	ToolAck[5]	Q		BOOL	No A...	
R001_ToolAck[6]	ToolAck[6]	Q		BOOL	No A...	
R001_ToolAck[7]	ToolAck[7]	Q		BOOL	No A...	
R001_ToolAck[8]	ToolAck[8]	Q		BOOL	No A...	
R001_ToolAck[9]	ToolAck[9]	Q		BOOL	No A...	

确定 取消 应用

图 7-52

19 单击“机器人信号”对话框中的“创建默认信号”命令按钮（图 7-53），单击“应用”按钮。

机器人信号 - "R001"

创建默认信号

PLC 信号名称	机器人信号名称	I..	信号...	硬...	地址	外
R001_ToolAck[1]	ToolAck[1]	Q		BOOL	No A...	
R001_ToolAck[2]	ToolAck[2]	Q		BOOL	No A...	
R001_ToolAck[3]	ToolAck[3]	Q		BOOL	No A...	
R001_ToolAck[4]	ToolAck[4]	Q		BOOL	No A...	
R001_ToolAck[5]	ToolAck[5]	Q		BOOL	No A...	
R001_ToolAck[6]	ToolAck[6]	Q		BOOL	No A...	
R001_ToolAck[7]	ToolAck[7]	Q		BOOL	No A...	
R001_ToolAck[8]	ToolAck[8]	Q		BOOL	No A...	
R001_ToolAck[9]	ToolAck[9]	Q		BOOL	No A...	

确定 取消 应用

图 7-53

20 单击“机器人信号”对话框中的“新建输出信号”命令按钮（图 7-54），弹出如图 7-55 所示的“输出信号”对话框，分别创建三个新的输出信号（图 7-56）。单击“应用”按钮。

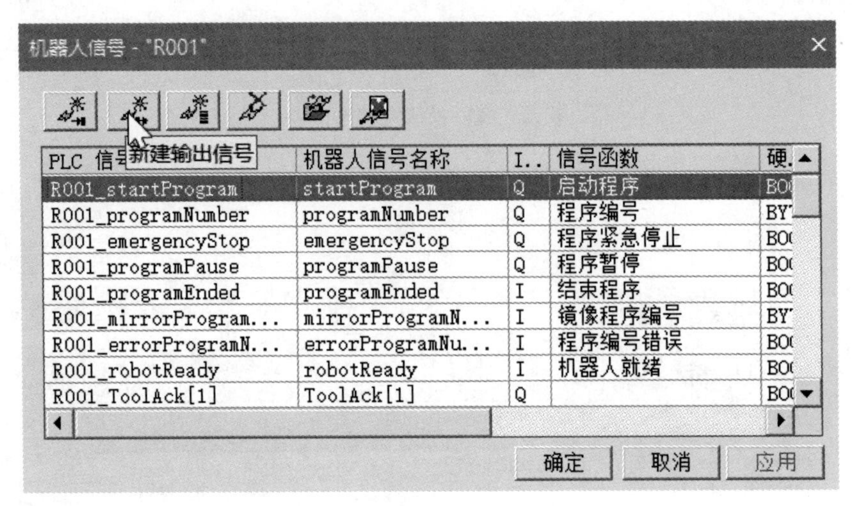

PLC 信号名称	机器人信号名称	I..	信号函数	硬.
R001_startProgram	startProgram	Q	启动程序	BO
R001_programNumber	programNumber	Q	程序编号	BY
R001_emergencyStop	emergencyStop	Q	程序紧急停止	BO
R001_programPause	programPause	Q	程序暂停	BO
R001_programEnded	programEnded	I	结束程序	BO
R001_mirrorProgram...	mirrorProgramN...	I	镜像程序编号	BY
R001_errorProgramN...	errorProgramNu...	I	程序编号错误	BO
R001_robotReady	robotReady	I	机器人就绪	BO
R001_ToolAck[1]	ToolAck[1]	Q		BO

图 7-54

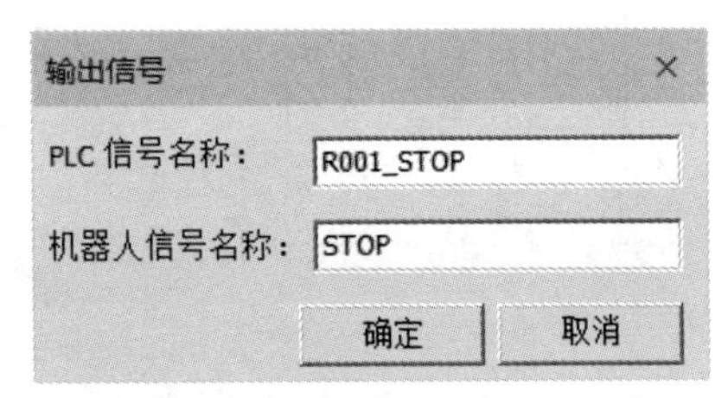

图 7-55

PLC 信号名称	机器人信号名称	输入信号/输出信号
R001_STOP	STOP	输出信号
R001_CONTINUE_1	CONTINUE_1	输出信号
R001_CONTINUE_2	CONTINUE_2	输出信号

图 7-56

21 单击“机器人信号”对话框中的“新建输入信号”命令按钮（图 7-57），弹出如图 7-58 所示的“输入信号”对话框，在“PLC 信号名称”栏中输入 R001_CycleDone，“机器人信号名称”栏中输入 CycleDone，单击“确定”按钮，创建一个新的输入信号。单击“机器人信号”对话框中的“应用”按钮，结果如图 7-59 所示。最后单击“确定”按钮，退出对话框。

机器人信号 - "R001"

新建输入信号

PLC 信号名称	机器人信号名称	I..	信号函数	硬.
R001_Tool[14]	Tool[14]	I		BO
R001_Tool[15]	Tool[15]	I		BO
R001_Tool[16]	Tool[16]	I		BO
R001_at_HOME	HOME	I	姿态信号	BO
R001_at_HOME1	HOME1	I	姿态信号	BO
R001_at_HOME2	HOME2	I	姿态信号	BO
R001_STOP	STOP	Q		BO
R001_CONTINUE_1	CONTINUE_1	Q		BO
R001_CONTINUE_2	CONTINUE_2	Q		BO

确定 取消 应用

图 7-57

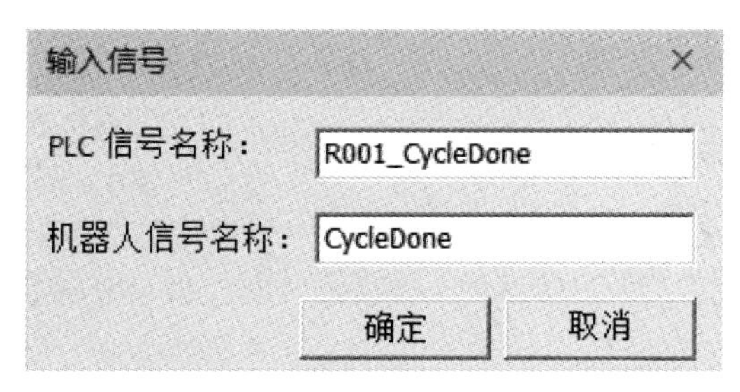

图 7-58

机器人信号 - "R001"

PLC 信号名称	机器人信号名称	I..
R001_Tool[15]	Tool[15]	I
R001_Tool[16]	Tool[16]	I
R001_at_HOME	HOME	I
R001_at_HOME1	HOME1	I
R001_at_HOME2	HOME2	I
R001_STOP	STOP	Q
R001_CONTINUE_1	CONTINUE_1	Q
R001_CONTINUE_2	CONTINUE_2	Q
R001_CycleDone	CycleDone	I

图 7-59

22 单击“路径编辑器”中“R1 MAIN”操作的“离线编程命令”列对应的行位置，如图 7-60 所示，然后单击对话框中的“添加”命令按钮，在下拉菜单中，选择“Free Text”选项，如图 7-61 所示，弹出如图 7-62 所示的“自由文本命令”对话框。

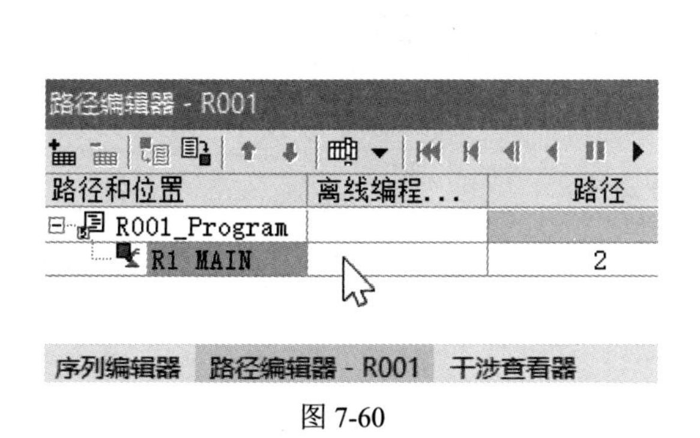

图 7-60

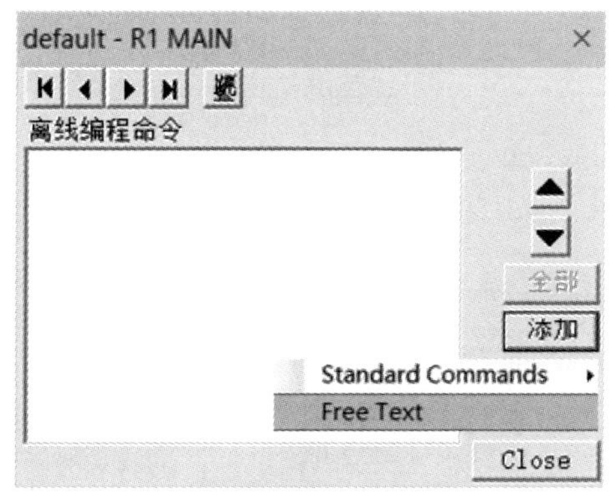

图 7-61

23 如图 7-62 所示，在“自由文本命令”对话框中输入如图 7-63 所示的内容，单击“确定”按钮，再单击“Close”按钮，退出对话框。

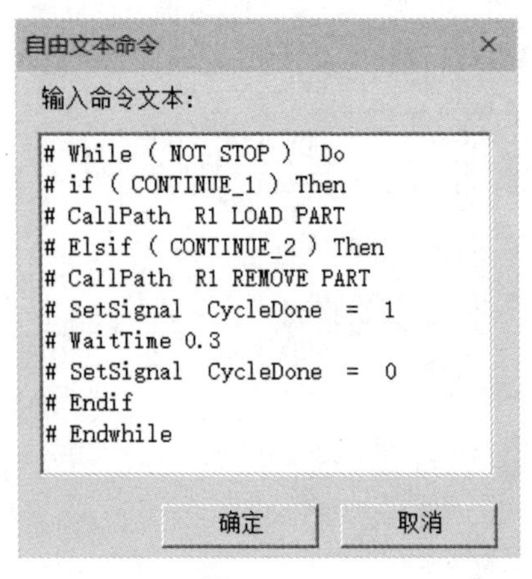

图 7-62

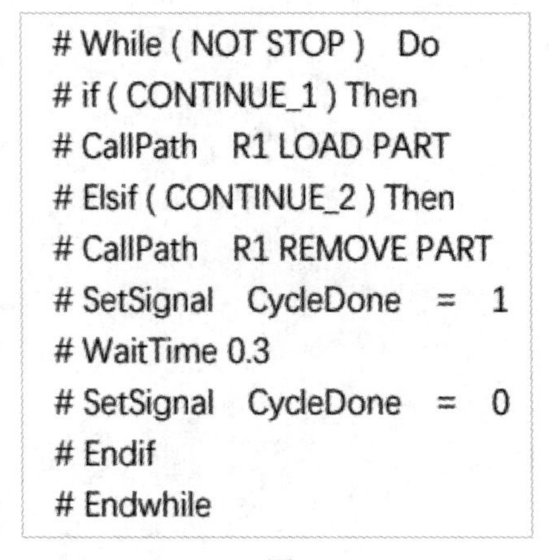

图 7-63

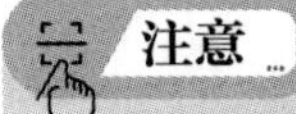

"CallPath"必须通过图 7-64 所示的方式完成输入。

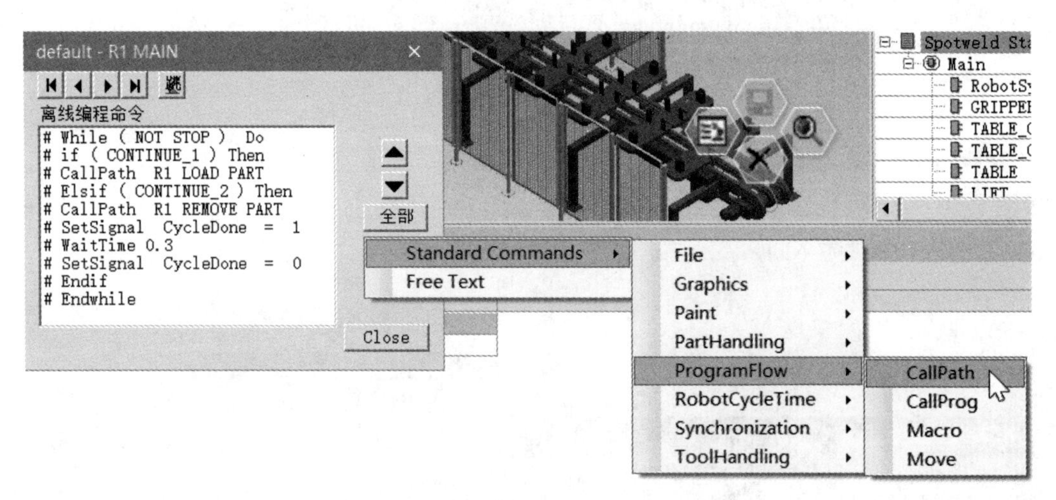

图 7-64

24 在"信号查看器"面板中选择如图 7-65 所示的机器人"R001"相关信号，然后单击"仿真面板"中的"添加信号到查看器"命令按钮（图 7-66），将所选信号添加到"仿真面板"中。

25 单击"序列编辑器"查看器的"正向播放仿真"命令按钮，运行仿真。在"仿真面板"查看器中，将信号"R001_programNumber"的强制值更改为"2"，可以看到信号"R001_mirrorProgramNumber"也自动更改为"2"，表示路径值正确，如图 7-67 所示。如果将信号"R001_programNumber"的强制值更改为不是 2 的其他值，信号"R001_mirrorProgramNumber"将自动更改并保持为"0"，同时信号"R001_errorProgramNumber"将变为 true，如图 7-68 所示。

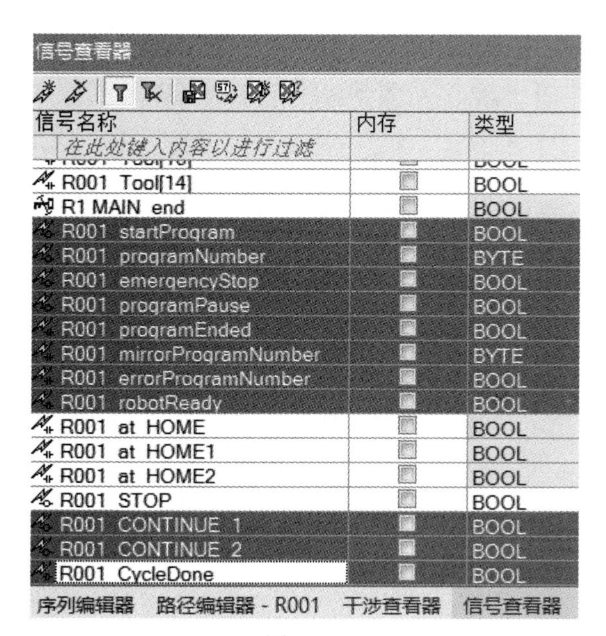

图 7-65

仿真面板

添加信号到查看器

Spotweld Station
- R001_startProgram
- R001_programNumber
- R001_emergencyStop
- R001_programPause
- R001_programEnded
- R001_mirrorProgramNumber
- R001_errorProgramNumber
- R001_robotReady
- R001_CONTINUE_1
- R001_CONTINUE_2
- R001_CycleDone

图 7-66

仿真面板

仿真	输..	输出	逻...	强制!	强制值
Spotweld Station					
R001_startProgram				☐	
R001_programNumber		2		☑	2
R001_emergencyStop				☐	
R001_programPause				☐	
R001_programEnded				☐	
R001_mirrorProgramNumber	2			☐	0
R001_errorProgramNumber				☐	
R001_robotReady				☐	
R001_CONTINUE_1				☐	
R001_CONTINUE_2				☐	
R001_CycleDone				☐	

图 7-67

仿真面板

仿真	输..	输出	逻...	强制!	强制值
Spotweld Station					
R001_startProgram				☐	
R001_programNumber		5		☑	5
R001_emergencyStop				☐	
R001_programPause				☐	
R001_programEnded				☐	
R001_mirrorProgramNumber	0			☐	0
R001_errorProgramNumber				☐	
R001_robotReady				☐	
R001_CONTINUE_1				☐	
R001_CONTINUE_2				☐	
R001_CycleDone				☐	

图 7-68

26 在“仿真面板”查看器中，继续将信号“R001_startProgram”和“R1 CONTINUE_1”都强制赋值为 true，如图 7-69 所示。可以看到机器人“R001”开始执行“R1 LOAD PART”操作，在机器人“R001”开始移动之后，将信号“R1 CONTINUE_1”的强制值改为 false。

仿真面板

仿真	输入	输出	逻...	强制!	强制值
Spotweld Station					
R001_startProgram				☑	
R001_programNumber		2		☑	2
R001_emergencyStop				☐	
R001_programPause				☐	
R001_programEnded				☐	
R001_mirrorProgramNumber	2			☐	0
R001_errorProgramNumber				☐	
R001_robotReady				☐	
R001_STOP				☐	
R001_CONTINUE_1				☑	
R001_CONTINUE_2				☐	
R001_CycleDone				☐	

图 7-69

27 在“仿真面板”查看器中，当焊接完成后，接着将信号“R1 CONTINUE_2”的强制值改为 true，如图 7-70 所示，机器人“R001”开始执行“R1 REMOVE PART”操作。在机器人“R001”开始移动之后，将信号“R1 CONTINUE_2”的强制值改为 false。

仿真面板

仿真	输入	输出	逻...	强制!	强制值
Spotweld Station					
R001_startProgram				☑	
R001_programNumber		0		☑	2
R001_emergencyStop				☐	
R001_programPause				☐	
R001_programEnded				☐	
R001_mirrorProgramNumber	0			☐	0
R001_errorProgramNumber				☐	
R001_robotReady				☐	
R001_STOP				☐	
R001_CONTINUE_1				☑	
R001_CONTINUE_2				☑	
R001_CycleDone				☐	

图 7-70

28 单击“模块查看器”中的“新建模块对象”命令按钮，将新建的模块更名为 R001，如图 7-71 所示。然后，单击“编辑模块”命令按钮（图 7-72），弹出如图 7-73 所示的“模块编辑器”对话框，单击“新建入口”命令按钮，完成机器人“R001”模块的定义。这样可以通过“软 PLC”来实现机器人“R001”执行操作的自动化。执行“R1 LOAD PART”操作的条件是“proximity_sensor”，执行“R1 REMOVE PART”操作的条件是“R3 WELD_end”。我们还可以自动触发启动程序和程序编号。

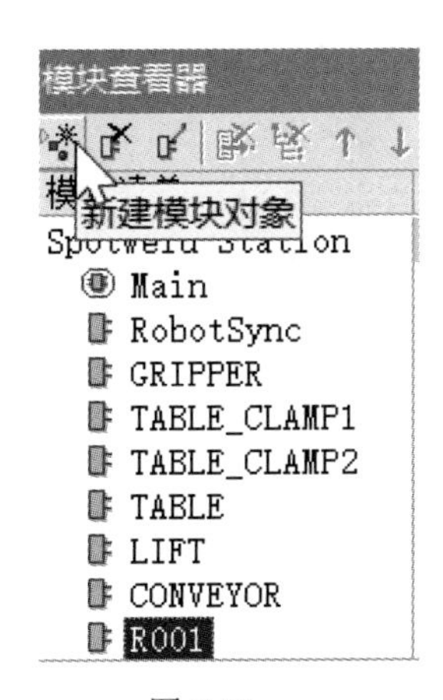

图 7-71

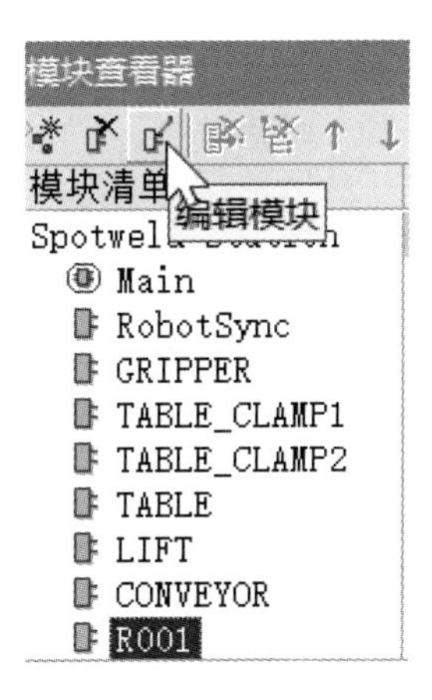

图 7-72

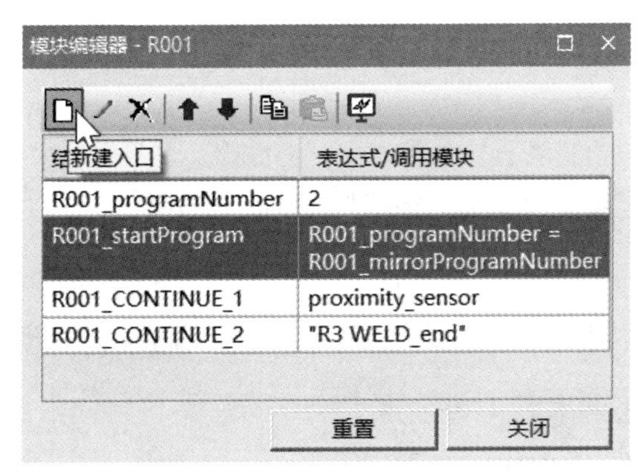

图 7-73

29 接着创建机器人“R002”的程序。

（1）单击“对象树”查看器中的机器人“R002”，然后单击“机器人”菜单栏中的“机器人程序清单”命令按钮，在弹出的“机器人程序清单”对话框中，新建机器人程序“R002_Program”，并设为“默认程序”，最后，通过“在程序编辑器中打开”命令，将机器人程序“R002_Program”放入“路径编辑器”中，如图 7-74 所示。

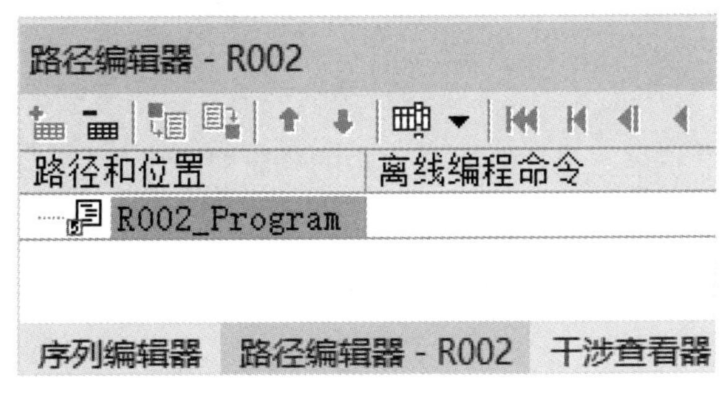

图 7-74

（2）单击“操作树”查看器中的“R2”复合操作，然后单击“操作”菜单栏中的“新建操作”命令按钮，在下拉菜单中，选择“新建通用机器人操作”选项，在弹出的“新建通用机器人操作”对话框中，“名称”栏输入 R2 MAIN，“机器人”栏选择 R002，其余为默认选择，单击“确定”按钮，退出对话框。单击“R2 MAIN”操作，然后单击“路径编辑器”中的“添加操作至程序”命令按钮，将“R2 MAIN”操作添加到“路径编辑器”中。在“路径编辑器”中，单击“R2 MAIN”操作的“路径”列对应的行位置，输入数字“2”。数字“2”将作为机器人执行“R2 MAIN”操作的程序号。结果如图 7-75 所示。

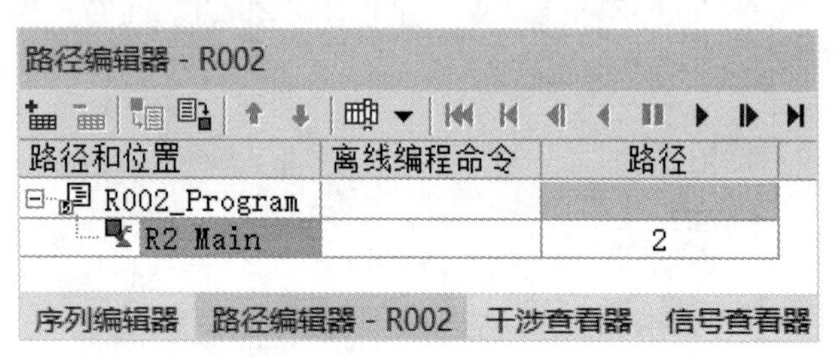

图 7-75

（3）单击“对象树”查看器中的机器人“R002”，然后单击“控件”菜单栏中的“机器人信号”命令按钮，弹出“机器人信号”对话框。单击对话框中的“创建默认信号”命令按钮，单击“应用”按钮。结果如图 7-76 所示。

机器人信号 - "R002"

创建默认信号

PLC 信号名称	信号名称	I..	信号函数	硬...
R002_startProgram	startProgram	Q	启动程序	BOOL
R002_programNu...	programNumber	Q	程序编号	BYTE
R002_emergency...	emergencyStop	Q	程序紧急停止	BOOL
R002_programPause	programPause	Q	程序暂停	BOOL
R002_programEnded	programEnded	I	结束程序	BOOL
R002_mirrorPro...	mirrorProgramN...	I	镜像程序编号	BYTE
R002_errorProg...	errorProgramNu...	I	程序编号错误	BOOL
R002_robotReady	robotReady	I	机器人就绪	BOOL
R002_at_HOME	HOME	I	姿态信号	BOOL
R002_at_HOME1	HOME1	I	姿态信号	BOOL

确定　取消　应用

图 7-76

（4）多次单击“机器人信号”对话框中的“新建输出信号”和“新建输入信号”命令按钮，如图 7-77 所示，在弹出的对话框中分别创建三个新的输出信号和两个输入信号。最后单击“机器人信号”对话框中的“应用”按钮。单击“确定”按钮退出对话框，结果如图 7-78 所示。

机器人	PLC 信号名称	机器人信号名称	输入/输出信号
R002	R002_STOP	STOP	输出信号
	R002_CONTINUE_1	CONTINUE_1	输出信号
	R002_CONTINUE_2	CONTINUE_2	输出信号
	R002_WeldDone	WeldDone	输入信号
	R002_TipDone	TipDone	输入信号

图 7-77

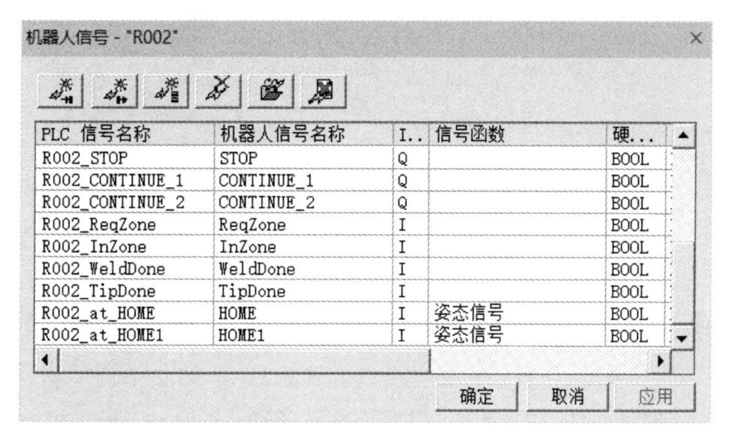

PLC 信号名称	机器人信号名称	I..	信号函数	硬...
R002_STOP	STOP	Q		BOOL
R002_CONTINUE_1	CONTINUE_1	Q		BOOL
R002_CONTINUE_2	CONTINUE_2	Q		BOOL
R002_ReqZone	ReqZone	I		BOOL
R002_InZone	InZone	I		BOOL
R002_WeldDone	WeldDone	I		BOOL
R002_TipDone	TipDone	I		BOOL
R002_at_HOME	HOME	I	姿态信号	BOOL
R002_at_HOME1	HOME1	I	姿态信号	BOOL

图 7-78

（5）单击“路径编辑器”中“R2 MAIN”操作的“离线编程命令”列对应的行位置，弹出如图 7-79 所示的对话框，单击“添加”命令按钮，在下拉菜单中，选择“Free Text”选项，弹出“自由文本命令”对话框。输入如图 7-80 所示的内容，单击“确定”按钮，退出所在对话框。再单击“Close”按钮，退出对话框。

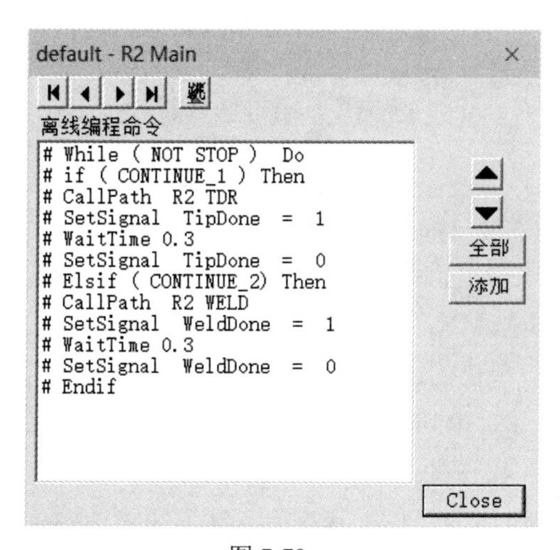

图 7-79

```
# While ( NOT STOP )   Do
# if ( CONTINUE_1 ) Then
# CallPath   R2 TDR
# SetSignal   TipDone   =   1
# WaitTime 0.3
# SetSignal   TipDone   =   0
# Elsif ( CONTINUE_2) Then
# CallPath   R2 WELD
# SetSignal   WeldDone   =   1
# WaitTime 0.3
# SetSignal   WeldDone   =   0
# Endif
# Endwhile
```

图 7-80

（6）单击“模块查看器”中的“新建模块对象”命令按钮，将新建的模块更名为“R002”。然后单击“编辑模块”命令按钮，弹出“模块编辑器”对话框，单击“新建入口”命令按钮，完成机器人“R002”模块的定义，如图 7-81 所示。这样就可以通过“软PLC”来实现机器人“R002”执行操作的自动化。

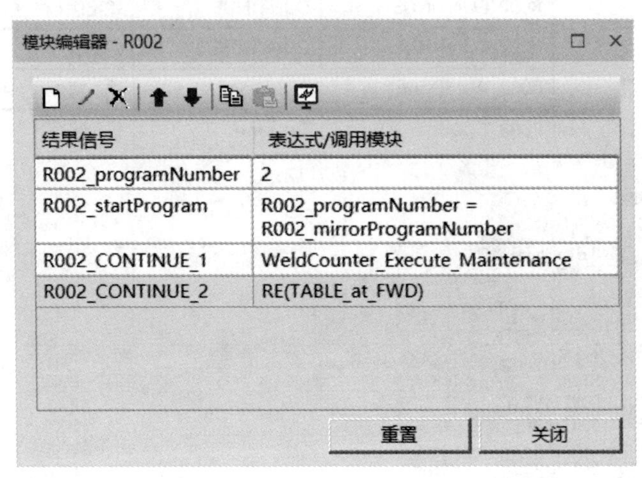

图 7-81

30 最后创建机器人“R003”的程序。

（1）单击“对象树”查看器中的机器人“R003”。然后单击“机器人”菜单栏中的“机器人程序清单”命令按钮，弹出“机器人程序清单”对话框，新建机器人程序“R003_Program”并设为“默认程序”。最后通过“在程序编辑器中打开”命令，将机器人程序“R003_Program”放入“路径编辑器”中，如图 7-82 所示。

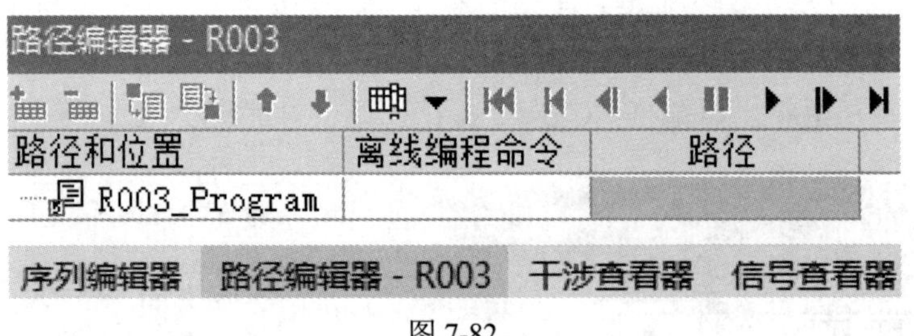

图 7-82

（2）单击“操作树”查看器中的“R3”复合操作。然后单击“操作”菜单栏中的“新建操作”命令按钮，在下拉菜单中选择“新建通用机器人操作”选项，弹出“新建通用机器人操作”对话框，在“名称”栏输入 R3 MAIN，“机器人”栏选择 R003，其余为默认选择，单击“确定”按钮，退出对话框。单击“R3 MAIN”操作，然后单击“路径编辑器”中的“添加操作至程序”命令按钮，将“R3 MAIN”操作添加到“路径编辑器”中。在“路径编辑器”中，单击“R3 MAIN”操作的“路径”列对应的行位置，输入数字“2”。数字“2”将作为机器人执行“R3 MAIN”操作的程序号。结果如图 7-83 所示。

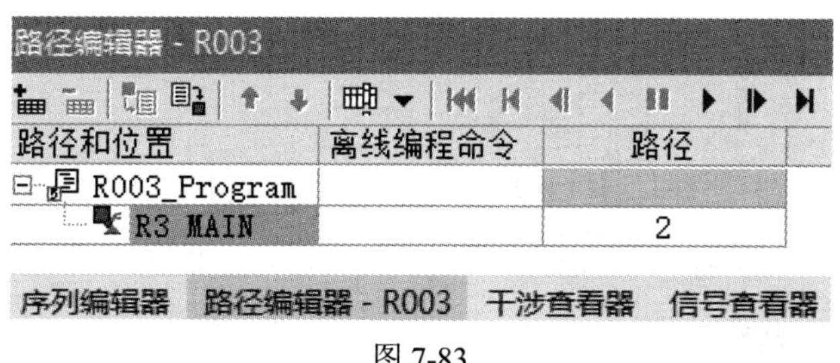

图 7-83

（3）单击“对象树”查看器中的机器人“R003”，然后单击“控件”菜单栏中的“机器人信号”命令按钮，弹出“机器人信号”对话框，单击对话框中的“创建默认信号”命令按钮，单击“应用”按钮。结果如图 7-84 所示。

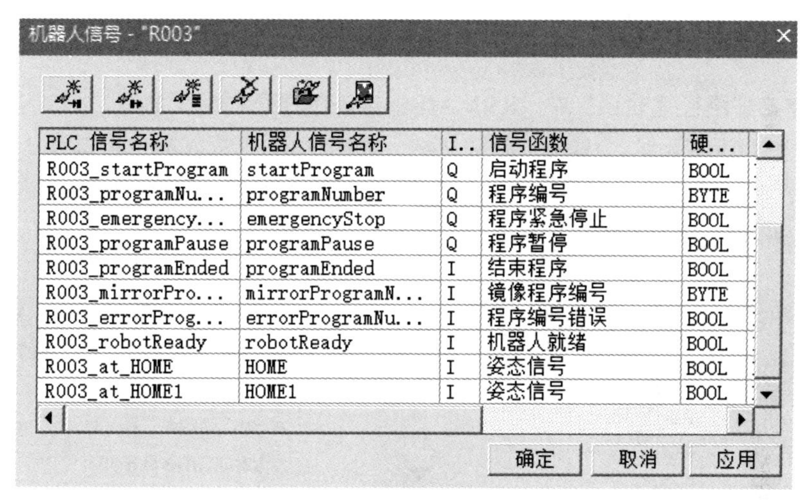

图 7-84

（4）单击“机器人信号”对话框中的“新建输出信号”和“新建输入信号”命令按钮，在弹出的对话框中分别创建三个新的输出信号和两个输入信号，如图 7-85 所示。单击“机器人信号”对话框中的“应用”按钮，单击“确定”按钮退出对话框。结果如图 7-86 所示。

机器人	PLC 信号名称	机器人信号名称	输入/输出信号
R003	R003_STOP	STOP	输出信号
	R003_CONTINUE_1	CONTINUE_1	输出信号
	R003_CONTINUE_2	CONTINUE_2	输出信号
	R003_WeldDone	WeldDone	输入信号
	R003_TipDone	TipDone	输入信号

图 7-85

机器人信号 - "R003"

PLC 信号名称	机器人信号名称	I..	信号函数	硬...
R003_errorProg...	errorProgramNu...	I	程序编号错误	BOOL
R003_robotReady	robotReady	I	机器人就绪	BOOL
R003_at_HOME	HOME	I	姿态信号	BOOL
R003_at_HOME1	HOME1	I	姿态信号	BOOL
R003_STOP	STOP	Q		BOOL
R003_CONTINUE_1	CONTINUE_1	Q		BOOL
R003_CONTINUE_2	CONTINUE_2	Q		BOOL
R003_WeldDone	WeldDone	I		BOOL
R003_TipDone	TipDone	I		BOOL

确定　取消　应用

图 7-86

（5）单击“路径编辑器”中“R3 MAIN”操作的“离线编程命令”列对应的行位置，然后单击弹出对话框中的“添加”命令按钮，如图 7-87 所示，在下拉菜单中选择“Free Text”选项，弹出“自由文本命令”对话框。输入如图 7-88 所示的内容，单击“确定”按钮，退出所在对话框。再单击“Close”按钮，退出对话框。

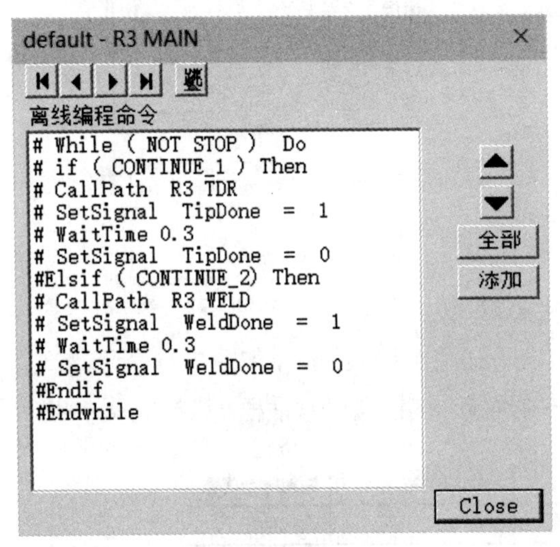

图 7-87

```
# While ( NOT STOP )   Do
# if ( CONTINUE_1 ) Then
# CallPath   R3 TDR
# SetSignal   TipDone   =   1
# WaitTime 0.3
# SetSignal   TipDone   =   0
#Elsif ( CONTINUE_2) Then
# CallPath   R3 WELD
# SetSignal   WeldDone   =   1
# WaitTime 0.3
# SetSignal   WeldDone   =   0
#Endif
#Endwhile
```

图 7-88

（6）单击“模块查看器”中的“新建模块对象”命令按钮，将新建的模块更名为“R003”。然后单击“编辑模块”命令按钮，弹出如图 7-89 所示的“模块编辑器”对话框，单击“新建入口”命令按钮，完成机器人“R003”模块的定义。这样就可以通过“软 PLC”实现机器人“R003”操作的自动化。

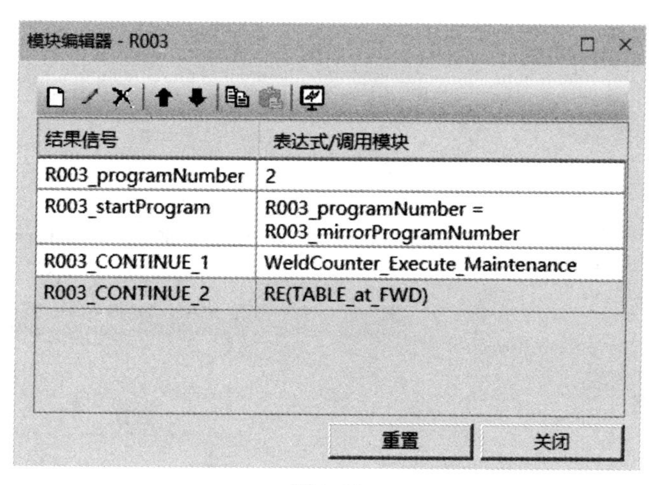

图 7-89

31 在“模块查看器”面板中，将创建好的“R001”“R002”“R003”三个机器人模块拖曳到“模块层次结构”中的“Main”中，如图 7-90 所示。

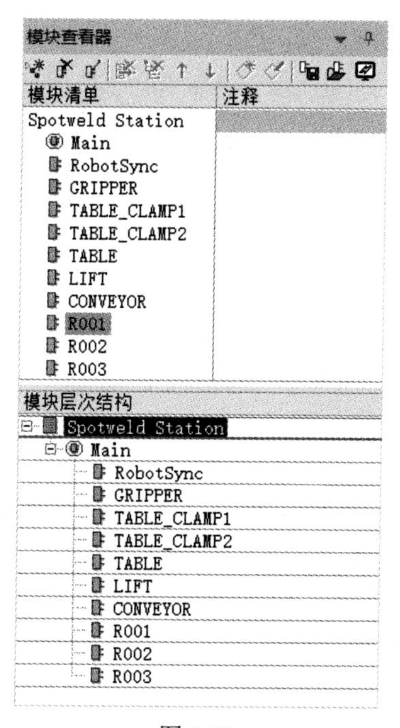

图 7-90

32 单击“序列编辑器”查看器的“正向播放仿真”命令按钮 ▸，运行仿真。可以看到机器人“R002”和“R003”焊接完成后，机器人“R001”没有工作。下面进行检查。

33 首先检查机器人“R001”模块。单击“模块查看器”中的“R001”模块，然后单击“编辑模块”命令按钮（图 7-91），在弹出的“模块查看器”对话框中，可看到机器人“R001”结果信号“R001_CONTINUE_2”的表达式是“R3 WELD_end”。将“R3 WELD_end”修改为“R003_WeldDone”（图 7-92）。

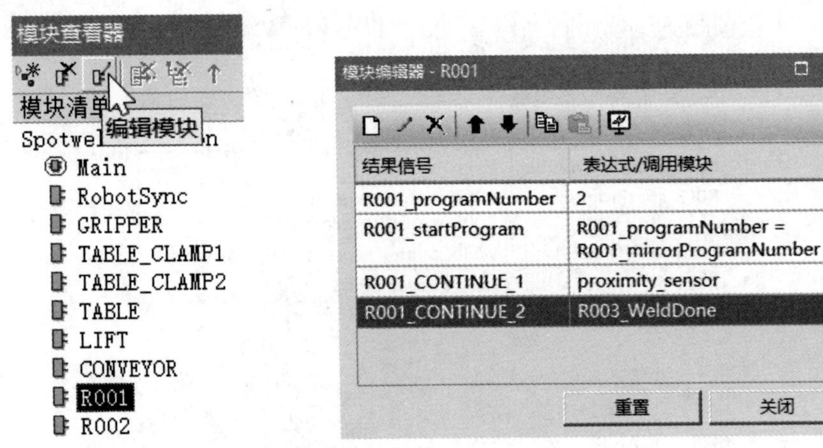

图 7-91　　图 7-92

34 再次单击“序列编辑器”查看器的“正向播放仿真”按钮 ▶，运行仿真。可以看到机器人“R002”和“R003”焊接完成后，机器人“R001”恢复正常工作。但是只完成了一个循环，升降机没有继续输送物料。下面检查过渡条件。

35 双击“INITIALIZATION”操作的过渡条件（图 7-93），在弹出的“过渡编辑器”对话框中，将过渡条件更改为 NOT FIRST OR R001_CycleDone（图 7-94）。

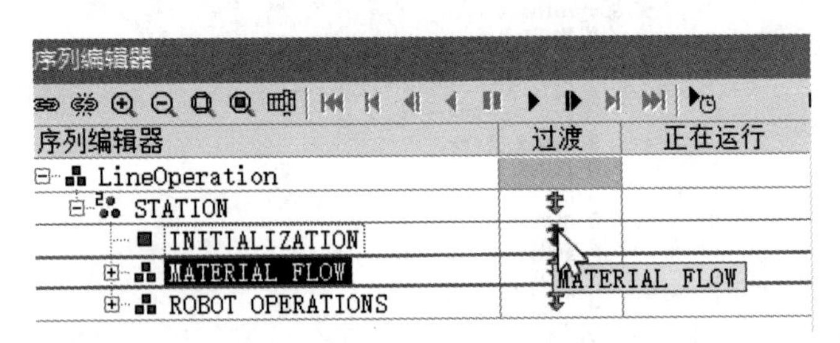

图 7-93

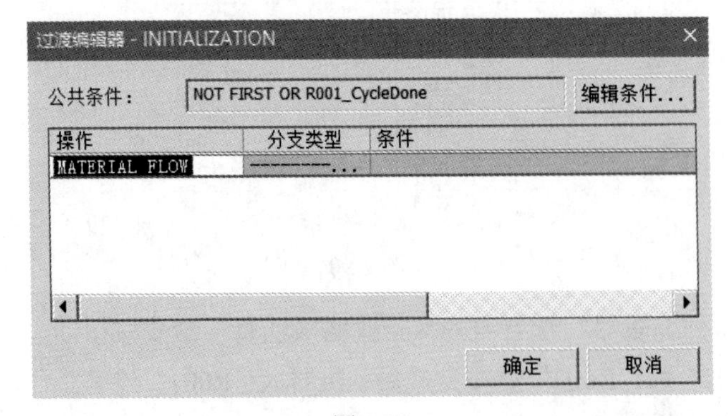

图 7-94

36 单击“序列编辑器”查看器的“正向播放仿真”命令按钮，运行仿真。可以看到整个操作是无限循环的，而且所有机器人的动作都是通过“机器人程序”进行控制，实现有序工作。但是滑橇上运输的工件始终附着在滑橇上，没有卸载。我们继续完成更改。

37 双击“ASSEMBLE PARTS”操作的过渡条件（图 7-95），在弹出的“过渡编辑器”对话框中，将过渡条件更改为 R001_CycleDone（图 7-96）。

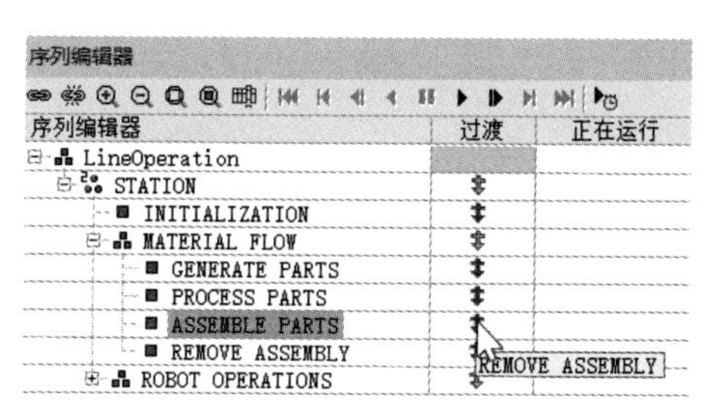

图 7-95

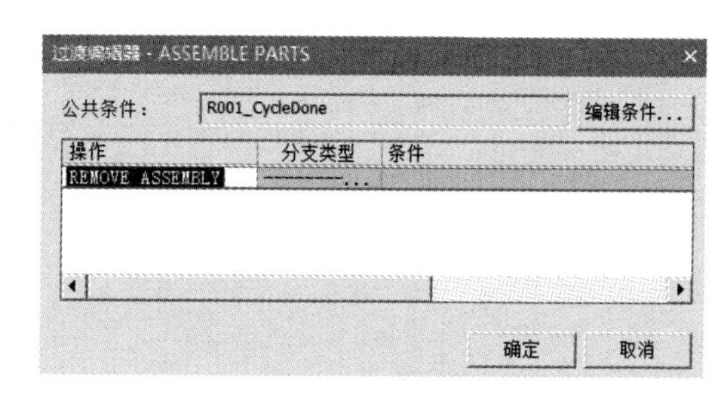

图 7-96

38 同理，将“PROCESS PARTS” 操作的过渡条件也更改为 R001_CycleDone。

39 修改完成后，单击“序列编辑器”查看器的“正向播放仿真”命令按钮，运行仿真。可以看到整个操作是无限循环的，而且所有机器人的动作都是通过“机器人程序”进行控制，实现有序工作。滑橇上运输的工件也自动卸载了。

40 将做好的研究文件另外保存。